全国计算机等级考试
最新真考题库
模拟考场及详解

二级MS Office高级应用

零壹快学计算机等级考试研究院 编著

SPM 南方出版传媒 广东人民出版社
·广州·

图书在版编目（CIP）数据

全国计算机等级考试最新真考题库模拟考场及详解．二级MS Office高级应用／零壹快学计算机等级考试研究院编著．—广州：广东人民出版社，2019.1（2019.2重印）

ISBN 978-7-218-13280-8

Ⅰ．①全…　Ⅱ．①零…　Ⅲ．①电子计算机—水平考试—题解—自学参考资料　②办公自动化—应用软件—水平考试—题解—自学参考资料　Ⅳ．①TP3

中国版本图书馆CIP数据核字（2018）第279217号

QUANGUO JISUANJI DENGJI KAOSHI ZUIXIN ZHENKAO TIKU MONI KAOCHANG JI XIANGJIE · ERJI MS Office GAOJI YINGYONG

全国计算机等级考试最新真考题库模拟考场及详解·二级MS Office高级应用

零壹快学计算机等级考试研究院　编著

出 版 人：肖风华

责任编辑：严耀峰
封面设计：张丹华
内文设计：奔流文化
责任技编：周　杰　吴彦斌

出版发行：广东人民出版社
网　　址：http://www.gdpph.com
地　　址：广州市大沙头四马路10号（邮政编码：510102）
电　　话：（020）83798714（总编室）
传　　真：（020）83780199
天猫网店：广东人民出版社旗舰店
网　　址：https://gdrmcbs.tmall.com
印　　刷：广东鹏腾宇文化创新有限公司
开　　本：787毫米×1092毫米　1/16
印　　张：13.25　　　**字　　数**：300千
版　　次：2019年1月第1版　2019年2月第2次印刷
定　　价：45.00元

CONTENTS >>>> 目录

第4部分 新增机考题库

第5部分 新增机考题库详解

第1部分 应试指南

教育部考试中心主办的“全国计算机等级考试”（National Computer Rank Examination，简称NCRE）是经原国家教育委员会（现教育部）批准，由教育部考试中心主办，面向社会，用于考查应试人员计算机应用知识与技能的全国性计算机水平考试体系。

全国计算机等级考试不限制报名者的年龄、职业、学历等，各界人士均可根据自己的学习情况和实际能力选考相应的级别和科目。考生可按照省级承办机构公布的流程在网上或考点进行报名。每次考试的具体报名时间由各省级承办机构规定，考生可登录各省级承办机构网站查询。

由于办公软件MS Office是现代日常办公中不可或缺的应用软件，各行各业包括企事业单位的各类管理、研发、销售和其他工程技术人员都需要利用MS Office软件进行文字处理、数据统计或演示文稿编撰等工作，因此，掌握好MS Office系统是一个重要的工作基础。

全国计算机等级考试中的“二级MS Office高级应用”考试（以下简称“二级考试”）大纲系统性强，考试要求和考试内容严谨合理，因此获得了各企事业单位的广泛认可，也受到了广大职场人士和在校学生的广泛重视。考生按照考试要求和内容进行学习和复习，通过考试并获得较好成绩，不仅能够较为全面地掌握计算机应用的基础知识，并且能够迅速提高MS Office的应用能力和应用水平，为自己的职场生涯增添一份助力。

1.1 考试报名及考试方式

1. 考试报名

全国计算机等级考试一般会在每年3月、9月和12月各举行一次，每次开考的科目不同，而二级考试一般每次都会安排开考。报名一般在开考前一个月左右进行，具体报名时间以官网通知为准。考生可按照省级承办机构公布的报名流程到考点现场报名或网上报名。

（1）考生凭有效身份证件进行报名。有效身份证件指居民身份证（含临时身份证）、港澳居民来往内地通行证、台湾居民来往大陆通行证和护照。

（2）报名时，考生应提供准确的出生日期（8位字符型），否则将导致成绩合格的考生无法进行证书编号和打印证书。

（3）现场报名的考生应在一式两联的《考生报名登记表》（含照片）上确认信息，对于错误的信息应当场提出，考点更改后再次确认，无误后方可签字；网上报名的考生对自己的填报信息负责。

（4）现场报名的考生领取准考证时，应携带《考生报名登记表》（考生留存）和有效身份证件方能领取，并自行查看考场分布、时间；网上报名的考生，按省级承办机构要求完成相应的工作。

2. 考试方式

二级考试的考试方式为机考，即考试没有纸质试卷，考生直接在电脑上利用机考环境进行考试。考试过程需注意以下事项：

（1）考生应携带本人准考证和有效身份证件参加考试。

（2）考生应在考前15分钟到达考场，交验准考证和有效身份证件。

（3）考生提前5分钟在考试系统中输入自己的准考证号，并核对屏幕显示的姓名、有效身份证件号，如不符合，由监考人员帮忙查找原因。考生信息以报名库和考生签字的《考生报名登记表》信息为准，不得更改报名信息和登录信息。

（4）考试开始后，迟到考生禁止入场，考试开始15分钟后考生才能交卷并离开考场。

（5）在系统故障、死机、死循环、供电故障等特殊情况时，考生举手由监考人员判断原因。如属于考生误操作造成，后果由考生自负，给考点造成经济损失的，由考生个人负担。

（6）对于违规考生，由教育部考试中心根据违规记录进行处理。

3. 考试成绩及证书

考试成绩等第分为优秀、良好、及格、不及格四等，90～100分为优秀、80～89分为良好、60～79分为及格、0～59分为不及格。证书的“成绩”栏，按照考生考试情况打印出“优秀”“良好”或“合格”，不及格者不予颁发证书。考试后两个月内可以查询成绩并领取证书。

考生领取全国计算机等级考试合格证书时，应本人持有效身份证件来领取，并填写领取登记清单。NCRE为考生开通了证书直邮服务，在成绩出来后即可申请。考生应在规定时间内在NCRE官网提交申请，填写正确的邮寄地址及联系电话并交纳相应邮寄费用。

考生对分数的任何疑问，应在省级承办机构下发成绩后5个工作日内，向其报名的考点提出书面申请。

由于个人原因将合格证书遗失、损坏等情况的，可以申请补办合格证明书，由考生个人在中国教育考试网（www.neea.edu.cn）申请办理。

1.2 机考环境

二级考试分为四个部分：一、选择题，20分；二、字处理操作题（Word操作题），30分；三、电子表格操作题（Excel操作题），30分；四、演示文稿操作题（PowerPoint操作题），20分。

考试方式为上机考试，考试时长为120 分钟，满分为100 分。

操作系统：中文版Windows 7。

考试环境：Microsoft Office 2010。

1.3 上机考试流程

上机考试流程如下：

1. 考生启动机考系统后，系统首先进入如图1-1所示的登录界面，输入准考证号后，单击“下一步”按钮，系统即进入一个考试提示语计时界面；

2. 提示界面中有各大题的分数提示与考试时间提示，并有位于下方的“考生须知”提示，如图1-2所示，考生在阅读“考生须知”后，点选“已阅读”，单击“开始考试并计时”，则系统启动考试界面，同时开始倒计时。

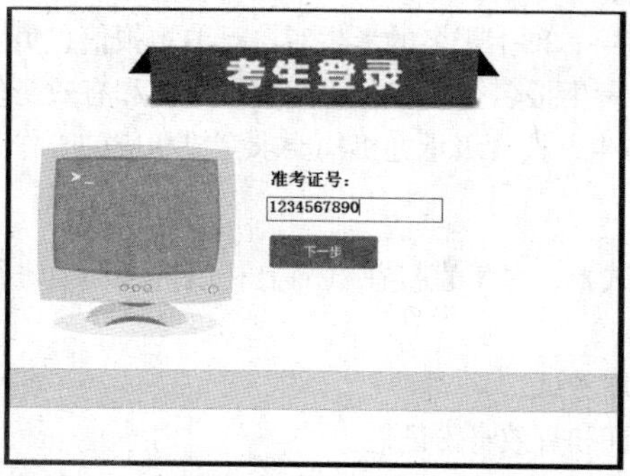

图 1-1 登录界面

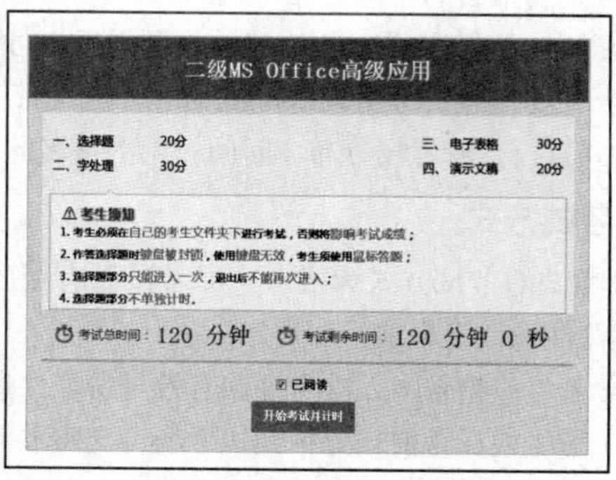

图 1-2 考生须知及开始计时界面

考生须知

1. 考生必须在自己的考生文件夹下进行考试，否则将影响考试成绩。
2. 进行选择题作答时键盘将被封锁，使用键盘无效，考生须使用鼠标答题。
3. 选择题部分只能进入一次，退出后不能再次进入。
4. 选择题部分不单独计时。

1.4 考试注意事项

由于全国计算机等级考试的改卷工作已经完全实现了机改，即试卷的评判是由计算机进行的，因此，考生除了要严格遵守考试纪律以外，还必须要严格按照考试要求进行考试。可以归纳为下列几点：

1. 把握好考试时间，选择题不要超过30分钟；

2. 操作题一定要按要求的文件名将文档保存到“考生文件夹”下，文件扩展名（.docx，.xlsx和.pptx）不要重复，不可有误，否则，整题不得分；

3. 操作题在做题时尽量按次序解答，当遇到不会做的题目时，看看后面的题目要求是否会做，如果会做，也可先解决后面的要求，尽量多解答；

4. 解答操作题时，尽量使用更为快捷的方式进行各种选项设置，例如字体、字号等，可以直接在“开始”选项卡的“字体”和“字号”选项列表中选择，就不必打开对话框进行设置；

5. 每完成一个操作题都要注意先保存后再正常退出Word、Excel或者PowerPoint系统；

6. 如果时间充裕，可以逐项检查操作题的解答是否满足了题目要求，再准时交卷。

第2部分 题库解析

二级考试的题库是基于考试大纲组织的，每年都会新增题目。

最新的考试大纲分为两部分：《全国计算机等级考试二级公共基础知识考试大纲（2018年版）》和《全国计算机等级考试二级 MS Office高级应用考试大纲（2018年版）》。NCRE的考试大纲可以到网址http://www.ncre.cn/html1/report/18121/5452-1.htm下载，也可以到本书的服务网站下载。

如果需要更有针对性地把握考试内容，轻松领悟考试要求和内容，可以阅读本书的姐妹篇《全国计算机等级考试高分宝典·二级MS Office高级应用》。

2.1 最新大纲解析

通过分析考试大纲和历年考试真题，我们可以发现二级考试有三个重要特点：第一，内容全面性；第二，实操性；第三，与时俱进。

1. 内容全面性

“内容全面性”即要求考生对计算机科学与工程，特别是软件工程的基础知识有全面的理解与认识。大纲中，仅选择题的前10题，就包括了“数据结构与算法”“程序设计”“软件工程”“数据库设计”的基础内容，选择题的后10题，又包括了“计算机应用与信息技术基础”“计算机病毒防治”“计算机网络基础”的基础内容以及“MS Office高级应用”的内容。

“数据结构与算法”是计算机科学与工程领域的重要基础课程，是计算机软件的思想基础和技术基础。作为二级考试，应该要有数据结构与算法的内容，但总体要求以重点内容的基本思想、特点和概念为主，细致的数据结构与算法技术细节及其之间的关系则不会涉及。因此，考试大纲将这部分内容定位为“基本数据结构与算法”，一般占选择题中的4题。

“程序设计”是计算机类相关学科的重要基础课程，是软件编程方法的提炼。二级考试也需要包括程序设计的基础内容，而总体要求同样以重点内容的基本思想、特点和概念为主，细致的编程语言和技术细节则不会涉及。程序设计一般在选择题中占2题。

“软件工程”也是计算机类相关学科的重要基础课程，是以系统工程的思想来归纳软件系统整个寿命周期的管理方法的学科，所以其基础内容也纳入了二级考试的要求，总体要求同样以重点内容的基本过程、特点和概念为主，细致的过程管理和控制细节则不会涉及。软件工程在选择题中也占2题。

“数据库设计”归纳了现实世界数据化过程的数据关系，并通过数据模型解决了计算机中的数据存储方式，同样是计算机类相关学科重要的应用基础课程，所以其基础内容也纳入了二级考试的要求，总体要求同样以重点内容的基本模型、特点和概念为主，细致的数据库操作和控制细节则不会涉及。数据库设计的基础内容一般在选择题中占2题。

“计算机应用与信息技术基础”“计算机病毒防治”与“计算机网络基础”包括了计算机和计算机网络的基础知识，一般在二级考试的选择题中占4题，即计算机应用与信息技术基础2题，计算机病毒防治与计算机网络基础各1题，主要是对计算机结构、工作原理、信息技术基础和计算机网络基础概念和知识的归纳。

另外，作为以“MS Office高级应用”为目标的考试，MS Office应用所占分量最大，操作题共80分，选择题占6题（其中Word、Excel和PowerPoint各2题），因此，需要考生熟练掌握MS Office三大组件的应用。

2. 实操性

“实操性”是全国计算机等级考试的一个重要特点：考试内容以实际操作为重点，取材于实际工作。二级考试要求考生对现代办公最重要的应用软件系统MS Office具备熟练的操作能力和较高的操作水平。考生必须全面细致地掌握字处理、电子表格和演示文稿的操作，考题大多是解决实际问题，获得实际的操作结果。

3. 与时俱进

二级考试无论是考试要求还是考试内容，都随时代的发展而逐步发展，要求越来越高，内容越来越新颖，具有鲜明的时代特征。

2.2 题库内容分析

2.2.1 选择题题库内容分析

基于考试大纲的要求，结合对近年来考试真题的分析归纳，选择题题库的内容可以用表2–1表示。

表2–1　二级MS Office高级应用选择题题库内容

内容模块	主要考点	平均分值
数据结构与算法基础	算法的基本概念；算法复杂度的概念和意义（时间复杂度与空间复杂度） 数据结构的定义；数据的逻辑结构与存储结构；数据结构的图形表示；线性结构与非线性结构的概念 线性表的定义；线性表的顺序存储结构及其插入与删除运算 栈和队列的定义；栈和队列的顺序存储结构及其基本运算 线性单链表、双向链表与循环链表的结构及其基本运算 树的基本概念；二叉树的定义及其存储结构；二叉树的前序、中序和后序遍历 顺序查找与二分法查找算法；基本排序算法（交换类排序、选择类排序、插入类排序）	4
程序设计基础	程序设计方法与风格 结构化程序设计 面向对象的程序设计方法，对象，方法，属性及继承与多态性	2
软件工程基础	软件工程基本概念，软件生命周期概念，软件工具与软件开发环境 结构化分析方法，数据流图，数据字典，软件需求规格说明书 结构化设计方法，总体设计与详细设计 软件测试的方法，白盒测试与黑盒测试，测试用例设计，软件测试的实施，单元测试、集成测试和系统测试 程序的调试，静态调试与动态调试	2
数据库设计基础	数据库的基本概念：数据库、数据库管理系统、数据库系统 数据模型，实体联系模型及E–R 图，从E–R图导出关系数据模型 关系代数运算，包括集合运算及选择、投影、连接运算，数据库规范化理论 数据库设计方法和步骤：需求分析、概念设计、逻辑设计和物理设计的相关策略	2

（续上表）

内容模块	主要考点	平均分值
计算机应用与信息技术基础	计算机的发展、类型及其应用领域 计算机软、硬件系统的组成及主要技术指标 计算机中数据的表示与存储 多媒体技术的概念与应用	2
计算机病毒防治	计算机病毒的特征、分类与防治	1
计算机网络基础	计算机网络的概念、组成和分类；计算机与网络信息安全的概念和防控 因特网网络服务的概念、原理和应用	1
Office知识与方法	Word的知识及方法；Excel的知识及方法；PowerPoint的知识及方法	6

其中，前四项共10分，为《全国计算机等级考试二级公共基础知识考试大纲（2018年版）》要求的内容；后四项同样共10分，则为《全国计算机等级考试二级MS Office高级应用考试大纲（2018年版）》要求的内容。

可以看到，选择题涉及面广、系统性强，需要考生具有全面的计算机应用基础知识，并对软件和信息化技术知识有较为系统的掌握。

2.2.2 字处理操作题题库内容分析

字处理操作题会给出一定的素材，要求考生利用MS Office 2010完成一定的Word文档调整编辑，并将调整编辑后的文档以特定的文件名保存到“考生文件夹”。

近年来，操作题的整体要求逐步提高，字处理操作题要求基本超过了10个，每一个要求又可划分为数个子项。所以，需要考生在考前充分熟悉Word的各种功能模块，考试时做到细致而专注，方可取得好成绩。

表2-2 字处理操作题考点分布

模块	内容
Word文档操作	Word的基本功能，包括文档的创建、编辑、保存、另存为、打印和保护等基本操作。分析图文素材，并根据需求提取相关信息引用到Word文档中，利用替换功能全部去除某些特殊字符或格式
文本、段落格式	设置字体、字号、艺术效果，段落格式、段落样式和主题、列表符号和编号等排版操作，包括样式的管理与修改
页面布局	分节管理，页边距、纸张方向、纸张大小，文档的分栏、分页操作，页面水印、背景颜色（纹理、图片、艺术字），文档页眉、页脚、页码的设置等
引用	目录、脚注、题注等文档内容的引用、设置与操作，索引的建立与调整
文档中的表格	文档中表格的制作与编辑，表格的设计与布局
文本框	文本框格式，文本框形状样式、艺术字样式
图形、图像（片）对象	文档中图形、图像（片）对象的编辑和处理，形状与图片样式，文档部件的使用，符号与数学公式的输入与编辑
文档中的图表	图表的插入、转换、编辑、排序、格式、布局

（续上表）

模块	内容
SmartArt	SmartArt图形的分类、插入、设计、格式
文档审阅	文档批注、审阅和修订
邮件合并	利用邮件合并功能批量制作和处理文档，包括多字段域插入和条件

2.2.3　电子表格操作题题库内容分析

电子表格操作题也是基于若干素材，要求考生按照要求进行Excel工作簿的各类设置与数据处理，并将结果文件以特定的文件名保存到“考生文件夹”。

近年来，操作题的整体要求在逐步提高，电子表格操作题在数据处理与数据分析等方面的要求也在不断提高，甚至可能出现某些较为冷僻的函数应用。所以，需要考生考前做好充分准备，特别是对常用函数及调用参数的把握，考试时做到细致而专注，方可取得好成绩。

表2-3　电子表格操作题考点分布

模块	内容
Excel文档操作	Excel工作簿和工作表的基本操作，保存、另存为、工作簿和工作表的保护、共享等。分析数据素材，并根据需求提取相关信息引用到Excel文档中
工作表	工作表新建、复制、移动、保护、标签颜色、隐藏等，外部数据导入、排序（包括基于自定义序列的排序）、筛选、数据工具（分列、删除重复项、数据有效性等）以及分级显示（创建组、取消组合、分类汇总等）
单元格操作与选项	单元格格式选项（字体、边框、填充、对齐方式、合并、自动换行等）、数字格式（包括自定义格式）、粘贴选项。单元格格式（行高、列宽）、样式［条件格式（包括新建规则）、套用表格格式、单元格样式］，单元格命名
页面布局	页边距、纸张方向、大小，打印区域、背景，打印标题
Excel表	套用表格格式，表名称，数据排序、筛选，数据切片器，分类汇总、分组显示和合并计算
图表与迷你图	图表和迷你图的创建，图表类型、编辑、设计、布局与修饰，迷你图的类型等
数据透视表	数据透视表和数据透视图的建立、选项与设计，利用中间表生成多张数据透视表
函数的使用	单元格的引用、公式和函数的使用，绝对引用、相对引用和混合引用，拖拉填充与填充选项（日期型数据填充方式），常用函数的使用（基本运算符、文本截取、文本替换、判断、查询引用、日期型函数、年龄工龄计算、排名、分组求和、条件求和、条件计数、条件计算等）。多个工作表的数据联动引用

2.2.4　演示文稿操作题题库内容分析

演示文稿操作题的模式同样是提供若干素材，要求考生按照要求进行PowerPoint演示文稿的各类编排和设置处理，并将结果文件以特定的文件名保存到“考生文件夹”。因此，考生必须要熟练应用PowerPoint进行幻灯片及各种演示文字、图片和其他多媒体对象的编辑调整、选项设置工作，最后对幻灯片放映效果进行各类调整、设置，以期获得符合要求的放映效果。

近年来，操作题的整体要求在逐步提高，演示文稿操作题在幻灯片分节管理、母版、主题设置、特殊的多媒体对象设置等方面要求也在不断提高。所以，同样需要考生考前做好充分准备，从演示文稿的整体效果和相关对象细节选项配置两方面入手进行演示文稿编制、调整的复习，考试时做到细致而专注，方可取得好成绩。

表2-4 演示文稿操作题考点分布

模块	内容
PPT基本功能	PowerPoint文档的新建、保存、另存为等基本操作，演示文稿的视图模式和使用。新建相册
幻灯片选项	新建幻灯片（包括从大纲、重用幻灯片），幻灯片的设计（页面设置、方向），幻灯片分节管理，幻灯片版式、主题设置，幻灯片背景设置（纹理、图片、艺术字等），母版的设置（包括母版的版式、背景、字体、字号等），页眉和页脚设置，日期和编号
普通对象	幻灯片中文本（字体、字号、字体替换、段落格式等）、图形、图片、音频、视频、艺术字等对象的编辑、格式、布局、动画和应用
SmartArt	SmartArt的类别、文本转换SmartArt，布局、格式、动画等选项
表格与图表	表格的制作与编辑，表格的设计与布局，图表的插入、转换、编辑、格式、布局
动画与切换	幻灯片中对象动画、幻灯片切换效果、超链接操作等交互设置
放映	隐藏幻灯片，自定义放映，设置幻灯片放映方式，演示文稿的打包和输出

第3部分 选择题特训

二级考试的选择题涉及面广，概念性强，要求细致。我们基于近年真考题库的选择题，集合了380多道选择题组成了这个精选的“选择题特训”，并提供了详解，做到了知识点和考点全覆盖，变化多样，与后面的“新增机考题库”基本不重复。考生如果觉得还需要进一步深化和拓展，可以再利用本书提供的配套软件在模拟的真考环境中进一步进行练习。

3.1 选择题真考题库精选

3.1.1 数据结构与算法基础

下列各题A、B、C、D四个选项中，只有一个选项是正确的。

1. 下列关于算法的描述中错误的是（　　）。
   A. 算法可以没有输入或者有多个输入　　B. 算法必须有某种输出
   C. 算法的效率与实现算法的运行环境无关　　D. 算法的效率与运算的数据量大小无关
2. 算法分析的目的是（　　）。
   A. 找出数据结构的合理性　　B. 分析算法的效率以求改进
   C. 研究算法中的输入和输出的关系　　D. 分析算法的易懂性和文档性
3. 下列关于算法叙述中正确的是（　　）。
   A. 算法可以用流程图来描述　　B. 程序+数据结构=算法
   C. 算法设计可以是无穷循环的运算　　D. 算法的空间复杂度即指令占用的存储空间
4. 下列叙述中正确的是（　　）。
   A. 对同一批数据作同一种处理，如果数据存储结构不同，不同算法的时间复杂度肯定不同
   B. 对同一批数据作不同的处理，如果数据存储结构相同，不同算法的时间复杂度肯定相同
   C. 解决同一个问题的不同算法的时间复杂度一般是相同的
   D. 解决同一个问题的不同算法的时间复杂度一般是不同的
5. 下列叙述中正确的是（　　）。
   A. 算法的复杂度是指算法程序中指令的数量
   B. 算法的复杂度是指算法控制结构的复杂程度
   C. 算法的复杂度包括时间复杂度与空间复杂度
   D. 算法的复杂度是指算法所处理的数据量
6. 算法的有穷性是指（　　）。
   A. 算法程序的长度是有限的　　B. 算法程序所处理的数据量是有限的
   C. 算法程序的运行时间是有限的　　D. 算法只能被有限的用户使用
7. 关于算法的时间复杂度，下列叙述中正确的是（　　）。
   A. 算法的时间复杂度与运行算法时特定的输入有关
   B. 算法的时间复杂度与算法程序中的语句条数成正比
   C. 算法的时间复杂度与计算机的运行速度有关
   D. 算法的时间复杂度与算法程序编制者的水平有关

8. 关于算法的空间复杂度，下列叙述中正确的是（　　）。

A. 算法的空间复杂度是指算法程序中指令的条数

B. 压缩数据存储空间不会降低算法的空间复杂度

C. 算法的空间复杂度与算法所处理的数据存储空间有关

D. 算法的空间复杂度是指算法程序控制结构的复杂程度

9. 为了节省内存，要求算法尽量采用原地工作（in place）。原地工作是指（　　）。

A. 执行算法时不使用额外空间

B. 执行算法时不使用任何存储空间

C. 执行算法时所使用的额外空间固定（即不随算法所处理的数据空间大小的变化而变化）

D. 执行算法时所使用的额外空间随算法所处理的数据空间大小的变化而变化

10. 对于算法中的原地工作正确的说法是（　　）。

A. 原地运算优化了算法的时间复杂度

B. 原地运算优化了算法的空间复杂度

C. 原地运算既优化了算法的时间复杂度又优化了空间复杂度

D. 原地运算优化了算法的内存利用率

11. 关于算法与数据的存储结构，下列叙述中正确的是（　　）。

A. 算法的效率决定于数据的存储结构

B. 算法的效率受数据的存储结构影响

C. 算法的效率与数据的存储结构无关

D. 算法的效率与数据的存储结构既可以有关也可以无关

12. 下列叙述中错误的是（　　）。

A. 非空线性结构中只有一个结点没有前件

B. 非空线性结构中只有一个结点没有后件

C. 具有两个以上指针域的链式结构一定属于非线性结构

D. 向量是线性结构

13. 关于数据结构，下列叙述中错误的是（　　）。

A. 数据结构中的数据元素即最基本的数据类型

B. 数据结构中的数据元素可以是另一数据结构

C. 空数据结构可以是线性结构也可以是非线性结构

D. 非空数据结构可以没有根结点

14. 下列叙述中正确的是（　　）。

A. 只有一个根结点和一个叶子结点的必定是线性结构

B. 非线性结构可以为空

C. 只有一个根结点的必定是线性结构或二叉树

D. 没有根结点的一定是非线性结构

15. 设数据结构DS=（D，R），其中D={a，b，c，d，e}，R={（c，b），（d，a），（b，d），（a，e）}，该数据结构为（　　）。

A. 非线性结构　　B. 循环队列　　C. 循环链表　　D. 线性结构

16. 设数据结构DS=（D，R），其中D={a，b，c，d，e，f}，R={（d，c），（e，a），（c，f），（e，d），（a，b）}，该数据结构为（　　）。

A. 树形结构　　B. 线性结构　　C. 循环队列　　D. 循环链表

17. 设数据结构DS=（D，R），其中D={a，b，c，d}，R={（a，d），（c，a），（d，b），（b，c）}，该数据结构为（　　）。

A．树形结构　B．循环队列　C．循环链表　D．非线性结构

18．设数据集合为D=｛1，2，3，4，5｝。下列数据结构DS=（D，R）中一定为非线性结构的是（　　）。

A．R=｛（1，3），（5，4），（4，1），（3，2）｝

B．R=｛（1，2），（2，3），（3，4），（4，5）｝

C．R=｛（4，2），（3，1），（2，5），（3，4）｝

D．R=｛（5，4），（4，3），（3，2），（2，1）｝

19．下列叙述中错误的是（　　）。

A．空数据结构可以是线性结构也可以是非线性结构

B．数据结构中的数据元素只能是另一数据结构

C．数据结构中的数据元素可以是另一数据结构

D．非空数据结构可以没有根结点

20．在线性表的顺序存储结构中，其存储空间连续，各个元素所占的字节数（　　）。

A．相同，元素的存储顺序与逻辑顺序一致

B．相同，但其元素的存储顺序可以与逻辑顺序不一致

C．不同，但元素的存储顺序与逻辑顺序一致

D．不同，且其元素的存储顺序可以与逻辑顺序不一致

21．线性表是具有n个（　　）的有限序列（n>=0）。

A．数据项　B．字符　C．表元素　D．数据元素

22．下列叙述中正确的是（　　）。

A．矩阵是非线性结构　B．数组是长度固定的线性表

C．对线性表只能作插入与删除运算　D．线性表中各元素的数据类型可以不同

23．下列叙述中正确的是（　　）。

A．能采用顺序存储的必定是线性结构

B．所有的线性结构都可以采用顺序存储结构

C．具有两个以上指针的链表必定是非线性结构

D．循环队列是队列的链式存储结构

24．关于链表，下列叙述中不正确的是（　）。

A．插入、删除操作不需要移动元素　B．可随机访问任一元素

C．所需空间与链表长度成正比　D．不必事先估计存储空间

25．线性表的顺序存储结构与链式存储结构相比，顺序存储结构的优点是（　　）。

A．不会造成数据溢出　B．存储利用率更高

C．插入或删除数据时不需要移动其他数据　D．可以随机访问数据元素

26．线性表的链式存储结构与顺序存储结构相比，链式存储结构的优点有（　　）。

A．便于查找　B．插入与删除运算效率高

C．节省存储空间　D．排序时减少元素的比较次数

27．一个栈的初始状态为空。现将元素A、B、C、D、E、3、2、1依次入栈，然后再依次出栈，则元素出栈的顺序是（　　）。

A．ABCDE123　B．321ABCDE

C．123EDCBA　D．EDCBA321

28．下列关于栈的叙述正确的是（　）。

A．栈顶元素最先能被删除　B．栈顶元素最后才能被删除

C．栈底元素永远不能被删除　D．栈底元素最先被删除

29. 设有栈S和队列Q，初始状态均为空。首先依次将e，d，c，b，a入栈，然后从栈中退出三个元素依次入队，将X，Y，Z入队，再将栈中所有元素退出并依次入队，最后将队列中所有元素出队，则出队元素的顺序为（ ）。

A. abcXYZde　　B. abcZYXde　　C. edcXYZba　　D. abcZYXde

30. 下列处理中与队列有关的是（ ）。

A. 二叉树的遍历　　B. 执行程序中的过程调用

C. 操作系统中的作业调度　　D. 执行程序中的循环控制

31. 支持子程序调用的数据结构是（ ）。

A. 树　　B. 栈　　C. 队列　　D. 二叉树

32. 设栈的存储空间为S(1:n)，初始状态为top=n+1。经过一系列入栈与退栈操作后，top=1。现又要将一个元素进栈，栈顶指针top值变为（ ）。

A. 0　　B. 2　　C. n　　D. 发生栈满的错误

33. 设栈的存储空间为 S(1:30)，初始状态为 top=31。现经过一系列正常的入栈与退栈操作后，top=10，则栈中的元素个数为（ ）。

A. 11　　B. 10　　C. 21　　D. 20

34. 设栈的存储空间为 S(1:60)，初始状态为 top=61。现经过一系列正常的入栈与退栈操作后，top=25，则栈中的元素个数为（ ）。

A. 25　　B. 26　　C. 35　　D. 36

35. 设栈的顺序存储空间为 S(1:m)，初始状态为top=m+1，进行一系列入栈和出栈操作后，top=n（0<n<=m），此时，栈中的数据元素个数为（ ）。

A. m−n　　B. m−n+1　　C. n−m　　D. n−m+1

36. 设栈的存储空间为S(1:50)，初始状态为top=−1。现经过一系列正常的入栈与退栈操作后，top=20，则栈中的元素个数为（ ）。

A. 21　　B. 20　　C. 31　　D. 30

37. 设栈的存储空间为S(1:m)，初始状态为top=m+1。经过一系列入栈与退栈操作后，top=m。现又在栈中退出一个元素后，栈顶指针top值为（ ）。

A. m−1　　B. m+1　　C. 产生栈空错误　　D. 0

38. 与顺序存储的栈相比，栈采用链式存储的优点是（ ）。

A. 入栈操作时不会受栈存储空间的限制而发生溢出

B. 可以省略栈底指针

C. 访问数据元素更快捷

D. 入栈与退栈操作方便

39. 带链栈空的条件是（ ）。

A. top=NULL 且 bottom=−1　　B. top=−1 且 bottom=NULL

C. top=bottom=NULL　　D. top=bottom=−1

40. 某带链栈的初始状态为top=bottom=NULL，经过一系列正常的入栈与退栈操作后，top=bottom=20。该栈中的元素个数为（ ）。

A. 21　　B. 20　　C. 1　　D. 0

41. 在带链栈中，经过一系列正常的操作后，如果top=bottom，则栈中的元素个数为（ ）。

A. 0　　B. 1　　C. 0或1　　D. 栈满

42. 某带链栈的初始状态为top=bottom=NULL，经过一系列正常的入栈与退栈操作后，top=10，bottom=20。该栈中的元素个数为（ ）。

A. 0　　B. 1　　C. 10　　D. 不确定

43．下列叙述中错误的是（　　）。

A．顺序栈的栈底指针在操作过程中是固定不变的

B．链栈的栈底指针在操作过程中是有可能改变的

C．不管是顺序栈还是链栈，在操作过程中其栈底指针均是固定不变的

D．不管是顺序栈还是链栈，在操作过程中其栈顶指针均是动态变化的

44．下列叙述中正确的是（　　）。

A．循环队列是链式存储结构　　B．循环队列的插入运算不会发生溢出现象

C．循环队列是顺序存储结构　　D．循环队列是非线性结构

45．下列叙述中正确的是（　　）。

A．若带链队列的队头指针与队尾指针相同，则队列为空

B．带链栈的栈底指针是随栈的操作而动态变化的

C．若带链队列的队头指针与队尾指针相同，则队列中至少有一个元素

D．不管是顺序栈还是带链的栈，在操作过程中其栈底指针均是固定不变的

46．下列叙述中正确的是（　　）。

A．循环链表是循环队列的链式存储结构

B．每一个结点有两个指针域的链表一定是非线性结构

C．所有结点的指针域都为非空的链表一定是非线性结构

D．线性结构的存储结点也可以有多个指针

47．下列结构中属于线性结构链式存储的是（　　）。

A．循环队列　　B．双向链表　　C．二叉链表　　D．二维数组

48．设循环队列的存储空间为Q(1:28)，初始状态为front=rear=28。现经过一系列入队与退队操作后，front=rear=1，此后又正常地插入了两个元素，最后该队列中的元素个数为（　　）。

A．2　　B．3　　C．26　　D．28

49．某循环队列的存储空间为Q(1:m)，初始状态为front=rear=m。现经过一系列的入队操作和退队操作后，front=m，rear=m−2，则该循环队列中的元素个数为（　　）。

A．m−2　　B．m−1　　C．2　　D．1

50．设循环队列的存储空间为Q(1:m)，初始状态为空。现经过一系列正常的入队与退队操作后，front=m−1，rear=m，此后再向该循环队列中插入一个元素，则队列中的元素个数为（　　）。

A．1　　B．2　　C．m−1　　D．m

51．设循环队列的存储空间为Q(1:m)，初始状态为空。现经过一系列正常的入队与退队操作后，front=m，rear=m−1，此后从该循环队列中删除一个元素，则队列中的元素个数为（　　）。

A．0　　B．1　　C．m−1　　D．m−2

52．带链队列空的条件是（　　）。

A．front=rear=−1　　B．front=−1 且 rear=NULL

C．front=NULL 且 rear=−1　　D．front=rear=NULL

53．在带链队列中，经过一系列正常的操作后，如果front=rear，则队列中的元素个数为（　　）。

A．0　　B．1　　C．0 或 1　　D．队列满

54．某带链的队列初始状态为front=rear=NULL。经过一系列正常的入队与退队操作后，front=10，rear=5。该队列中的元素个数为（　　）。

A．4　　B．5　　C．6　　D．不确定

55．某带链的队列初始状态为front=rear=NULL。经过一系列正常的入队与退队操作后，front=rear=10。该队列中的元素个数为（　　）。

A．0　　B．1　　C．1或0　　D．不确定

56．下列数据结构中为非线性结构的是（　　）。

A．循环队列　　B．二叉链表　　C．循环链表　　D．双向链表

57．某棵树中共有37个结点，且只有度为3的结点和叶子结点，其中叶子结点有12个，则该树中度为3的结点数为（　　）。

A．25　　B．24　　C．12　　D．不存在这样的树

58．设一棵树的度为3，共有28个结点，其中度为3，1，0的结点数分别为3，10，8。该树中度为2的结点数为（　　）。

A．6　　B．5　　C．4　　D．不可能有这样的树

59．一棵度为3的树共有32个结点，其中度为3，1的结点个数分别为3，4。则该树中的叶子结点数为（　　）。

A．16　　B．15　　C．14　　D．不可能有这样的树

60．设某棵树的度为3，其中度为2，1，0的结点个数分别为3，4，16。则该树中总结点数为（　　）。

A．28　　B．29　　C．30　　D．不可能有这样的树

61．设一棵度为3的树，其中度为2，1，0的结点数分别为2，1，7。该树中度为3的结点数为（　　）。

A．1　　B．2　　C．3　　D．不可能有这样的树

62．在深度为5的满二叉树中，叶子结点的个数为（　　）。

A．32　　B．31　　C．16　　D．15

63．深度为8的完全二叉树的结点数不可能是（　　）。

A．256　　B．255　　C．129　　D．128

64．下列叙述中错误的是（　　）。

A．二叉树是非线性结构

B．二叉树通常用链表存储结构

C．用层次结构可以把二叉树用顺序存储结构表示出来

D．二叉树是树形结构的特例

65．某二叉树共有246个结点，其中叶子结点有38个，则度为1的结点数为（　　）。

A．170　　B．171　　C．172　　D．173

66．某二叉树共有845个结点，其中叶子结点有45个，则度为1的结点数为（　　）。

A．400　　B．402　　C．754　　D．756

67．某二叉树共有328个结点，其中度为1的结点有20个，则叶子结点个数为（　　）。

A．153　　B．154　　C．155　　D．不存在这样的二叉树

68．某完全二叉树共有256个结点，则该完全二叉树的深度为（　　）。

A．6　　B．7　　C．8　　D．9

69．在具有2n个结点的完全二叉树中，叶子结点个数为（　　）。

A．n−1　　B．n　　C．n+1　　D．n/2

70．深度为5的完全二叉树的结点数不可能是（　　）。

A．18　　B．17　　C．16　　D．15

71．某二叉树的深度为7，其中有64个叶子结点，则该二叉树中度为1的结点数为（　　）。

A．63　　B．64　　C．0　　D．1

72．深度为7的二叉树共有127个结点，则下列说法中错误的（　　）。

A．该二叉树是满二叉树

B．该二叉树是完全二叉树

C．该二叉树有一个度为1的结点

D．该二叉树有64个叶子结点

73．设有二叉树如右图所示，则其后序序列为（　　）。

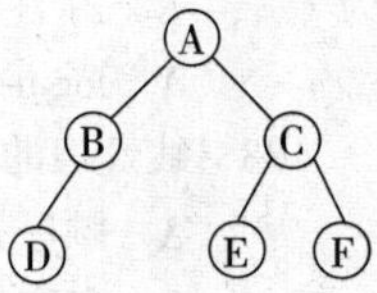

A．ABDCEF

B．DBFECA

C．DBEFCA

D．DBAECF

74．设有二叉树如右图所示，则前序序列为（　　）。

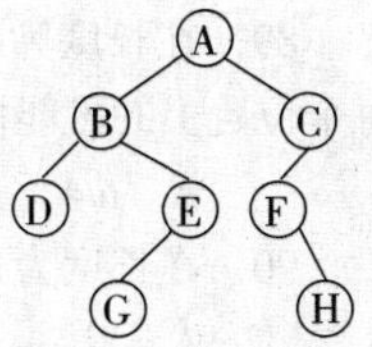

A．ABDEGCFH

B．DBGEAFHC

C．DGEBHFCA

D．ABCDEFGH

75．设有二叉树如右图所示，则其中序序列为（　　）。

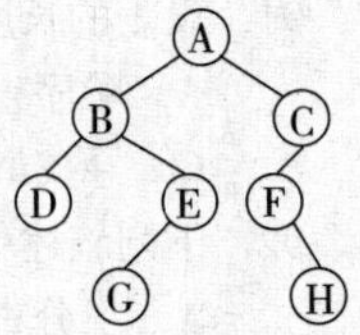

A．DGEBHFCA

B．DBGEAFHC

C．ABCDEFGH

D．ABDEGCFH

76．某二叉树的中序序列为BDCA，后序序列为DCBA，则前序序列为（　　）。

A．BADC　　B．ABCD　　C．BDCA　　D．DCBA

77．某二叉树的前序序列为ABDC，中序序列为BDAC，则该二叉树的深度为（　　）。

A．4　　B．3　　C．2　　D．不确定

78．某二叉树的后序序列为DCBA，中序序列为ABDC，则该二叉树的深度为（　　）。

A．4　　B．3　　C．2　　D．不确定

79．设二叉树的前序序列与中序序列均为ABCDEFGH，则该二叉树的后序序列为（　　）。

A．ABCDHGFE　　B．HGEFDCBA　　C．EFGHABCD　　D．HGFEDCBA

80．某二叉树的前序序列为ABCDEFG，中序序列为DCBAEFG，则该二叉树的深度（根结点在第1层）为（　　）。

A．5　　B．4　　C．3　　D．2

81．某二叉树的前序遍历序列为 ABCDE，中序遍历序列为 CBADE，则后序遍历序列为（　　）。

A．EDABC　　B．CBADE　　C．CBEDA　　D．EDCBA

82．某二叉树的前序序列为ABDFHCEG，中序序列为HFDBACEG。该二叉树按层次输出（同一层从左到右）的序列为（　　）。

A．HGFEDCBA　　B．HFDBGECA　　C．ACEGBDFH　　D．ABCDEFGH

83．设二叉树中共有12个结点，其中的结点值互不相同。如果该二叉树的前序序列与中序序列相同，则该二叉树的深度为（　　）。

A．4　　B．6　　C．12　　D．不存在这样的二叉树

84．设二叉树中共有18个结点，其中的结点值互不相同。如果该二叉树的后序序列与中序序列相同，则该二叉树的深度为（　　）。

A．18　　B．9　　C．8　　D．不存在这样的二叉树

85．下列各序列中不是堆的是（　　）。

A．（8，13，15，24，37，18，16，32）　　B．（63，63，47，52，48，32，36，39）

C．（9，18，12，36，23，15，19，38）　　D．（65，62，32，48，50，34，38，28）

86．在长度为64的顺序表中按顺序查找某一个数，平均比较次数为（　　）。

A．32　　B．33　　C．64　　D．65

87．设有序线性表的长度为n，则在有序线性表中进行二分查找，最坏情况下的比较次数为（　　）。（注：log_2n表示以2为底的对数。）

A．log_2n+1　　B．$nlog_2n+1$　　C．n(n−1)/2　　D．n

88．线性表的长度为n。在最坏情况下，比较次数为n−1的算法是（　　）。

A．顺序查找　　B．同时寻找最大项与最小项

C．有序表的插入　　D．寻找最大项

89．在长度为n的顺序表中查找一个元素，假设需要查找的元素一定在表中，并且元素出现在表中每个位置上的可能性是相同的，则在平均情况下需要比较的次数为（　　）。

A．n/4　　B．n　　C．3n/4　　D．(n+1)/2

90．在长度为128的顺序有序表中作二分查找，最多需要的比较次数为（　　）。

A．8　　B．9　　C．64　　D．65

91．设表的长度为n。下列查找算法中，在最坏情况下，比较次数最少的为（　　）。

A．顺序查找　　B．有序表的二分查找

C．寻找最小项　　D．寻找最大项

92．下列叙述中正确的是（　　）。

A．二分查找法适用于有序双向链表　　B．二分查找法只适用于顺序存储的有序线性表

C．二分查找法适用于有序循环链表　　D．二分查找法适用于任何存储结构的有序线性表

93．设序列长度为n，在最坏情况下比较次数低于O(n^2)的排序方法是（　　）。（注：n^2表示n的平方。）

A．希尔排序　　B．直接插入排序　　C．冒泡排序　　D．快速排序

94．对长度为n的线性表排序，在最坏情况下，比较次数不是n(n−1)/2的排序方法是（　　）。

A．直接插入排序　　B．冒泡排序　　C．堆排序　　D．快速排序

95．下列排序方法中，最坏情况下的时间复杂度最低的是（　　）。

A．希尔排序　　B．冒泡排序　　C．堆排序　　D．快速排序

96．下列各组排序法中，最坏情况下比较次数相同的是（　　）。

A．简单选择排序与堆排序　　B．冒泡排序与快速排序

C．简单插入排序与希尔排序　　D．希尔排序与堆排序

97．在最坏情况下，堆排序的时间复杂度是（　　）。

A．$O(n^2)$　　B．$O(n^{1.5})$　　C．$O(nlog_2n)$　　D．$O(log_2n)$

98．设表的长度为32。在最坏情况下，快速排序所需要的比较次数为（　　）。

A．33　　B．160　　C．192　　D．496

99．在快速排序法中，每经过一次数据交换（或移动）后（　）。

A．只能消除一个逆序

B．能消除多个逆序

C．不会产生新的逆序

D．消除的逆序个数一定比新产生的逆序个数多

3.1.2　程序设计基础

下列各题A、B、C、D四个选项中，只有一个选项是正确的。

1．下面对软件描述错误的是（　　）。

A．软件是程序、数据及相关文档的集合

B．软件由适合计算机执行的指令（语句）序列组成

C．文档是软件的组成部分

D．文档是不可执行的

2．计算机能直接识别和执行的语言是（　　）。

A．机器语言　B．汇编语言　C．数据库语言　D．高级语言

3．软件按功能可分为应用软件、系统软件和支撑软件（或工具软件）。下面属于应用软件的是（　　）。

A．MS Office　B．编译程序　C．安卓系统　D．汇编程序

4．下列特征中，不属于机器语言特征的是（　　）。

A．与具体处理器相关，不易移植　B．编写的代码精简，可以直接运行

C．有丰富的控制语句，易于实现算法　D．没有丰富的数据结构

5．下列特征中，不属于高级语言特征的是（　　）。

A．接近自然语言，容易掌握　B．与处理器无关，易于移植

C．有丰富的控制语句，易于实现算法　D．编写的代码精简，可以直接运行

6．下列特点中，属于汇编语言特点的是（　　）。

A．接近自然语言，易于掌握　B．与处理器无关，易于移植

C．与处理器相关，不易移植　D．具有丰富的数据结构

7．下面属于良好程序设计风格的是（　　）。

A．程序效率第一　B．源程序文档化

C．随意使用无条件转移语句　D．程序输入输出的随意性

8．结构化程序设计风格强调的是（　　）。

A．程序的执行效率　B．程序的可移植性　C．程序的可维护性　D．程序的灵活性

9．结构化程序包括的基本控制结构是（　　）。

A．顺序结构　B．选择结构　C．循环结构　D．以上全部

10．结构化程序的三种基本控制结构是（　　）。

A．过程、子程序和分程序　B．顺序、选择和调用

C．调用、返回和跳转　D．顺序、选择和重复（循环）

11．结构化程序所要求的基本结构不包括（　　）。

A．顺序结构　B．goto跳转

C．选择（分支）结构　D．重复（循环）结构

12．结构化程序设计风格强调的是（　　）。

A．程序的执行效率　B．程序的易读性

C．不考虑goto语句的限制使用　D．程序的可移植性

13．下面不属于结构化程序设计原则的是（　　）。

A．逐步求精　B．模块化　C．可继承性　D．自顶向下

14．耦合性和内聚性是对模块独立性度量的两个标准。下列叙述中正确的是（　　）。

A．提高耦合性、降低内聚性有利于提高模块的独立性

B．耦合性是指一个模块内部各个元素间彼此结合的紧密程度

C．降低耦合性、提高内聚性有利于提高模块的独立性

D．内聚性是指模块间互相连接的紧密程度

15．信息隐蔽的概念与下述哪一种概念直接相关（　　）。

A．软件结构定义　B．模块独立性　C．模块类型划分　D．模块耦合度

16．对象实现了数据和操作（方法）的结合，其实现的机制是（　　）。

A．封装　B．隐蔽　C．继承　D．抽象

17. 类和对象之间关系描述正确的是（　　）。
A. 类是对象的具体实例，类具有唯一性　　B. 类是对象的抽象，类具有唯一性
C. 对象是类的抽象，对象具有唯一性　　D. 对象是类的具体实例，对象具有唯一性
18. 下面不属于对象主要特征的是（　　）。
A. 唯一性　　B. 多态性　　C. 封装性　　D. 可复用性
19. 在面向对象方法中，不属于对象基本特点的是（　　）。
A. 一致性　　B. 唯一性　　C. 分类性　　D. 多态性
20. 不属于对象构成成分的是（　　）。
A. 属性　　B. 规则　　C. 方法（或操作）　　D. 标识
21. 面向对象的方法中，继承是指（　　）。
A. 一组对象所具有的相似性质　　B. 类之间共享属性和操作的机制
C. 各对象之间的共同性质　　D. 一个对象具有另一个对象的性质
22. 属于结构化程序设计原则的是（　　）。
A. 模块化　　B. 可继承性　　C. 可封装性　　D. 多态性
23. 下面对"对象"概念描述错误的是（　　）。
A. 一个对象是其对应类的实例　　B. 对象不具有封装性
C. 对象间的通信是靠消息传递的　　D. 对象是属性和方法的封装体
24. 下面对"对象"概念描述正确的是（　　）。
A. 操作就是对象　　B. 对象是对象名和方法的封装体
C. 操作是对象的动态属性　　D. 任何对象都必须有继承性
25. 下面对"对象"概念描述正确的是(　　)。
A. 对象间的通信靠消息传递　　B. 对象是名字和方法的封装体
C. 任何对象必须有继承性　　D. 对象的多态性是指一个对象有多个操作
26. 将自然数集设为整数类I，则下面属于类I实例的是（　　）。
A. 1.23E-3　　B. 1.23E3　　C. -123　　D. 12.3
27. 将C语言的整数设为整数类I，则下面属于类I实例的是（　　）。
A. "567"　　B. 56.7　　C. 5.67E-3　　D. -567
28. 将Excel中的数字格式"数值"设为浮点数类Float，则下面不属于Float实例的是（　　）。
A. 128　　B. 12.8　　C. "1.28"　　D. 1.28E-2
29. 下面是面向对象主要特征之一的是（　　）。
A. 对象是类的抽象　　B. 多态性体现复用
C. 对象唯一性　　D. 数据和操作（方法）无关
30. 下面面向对象主要特征之一说法正确的是（　　）。
A. 面向对象的程序是高内聚、高耦合的　　B. 面向对象的程序是高内聚、低耦合的
C. 面向对象的程序是低内聚、高耦合的　　D. 面向对象的程序是低内聚、低耦合的
31. 对面向对象中"继承"技术描述错误的是（　　）。
A. 继承具有传递性
B. 继承是一个类可以直接使用另一个类的所有属性和方法
C. 继承是指关联的类包含同名的方法
D. 继承保证了面向对象的方法的共享机制
32. 下面属于工具（支撑）软件的是（　　）。
A. Studio.NET　　B. 数据库管理系统
C. 财务管理系统　　D. iOS系统

33．下面属于系统软件的是（　　）。

A．办公自动化系统　　B．Linux系统

C．ERP系统　　D．学生成绩管理系统

3.1.3　软件工程基础

下列各题A、B、C、D四个选项中，只有一个选项是正确的。

1．关于软件过程，下列叙述中正确的是（　　）。

A．软件过程是软件维护过程

B．软件过程是软件开发过程和软件维护过程

C．软件过程是软件定义、开发和维护过程

D．软件过程是把输入转化为输出的一组彼此相关的资源和活动

2．下面描述中，不属于软件危机表现的是（　　）。

A．软件开发生产率低　　B．软件过程不规范

C．软件质量难以控制　　D．软件成本不断提高

3．关于软件工程，下列叙述中正确的是（　　）。

A．软件工程是为了解决软件生产率问题

B．软件工程的三要素是方法、工具和进程

C．软件工程是用工程、科学和数学的原则与方法研制、维护计算机软件的有关技术及管理方法

D．软件工程是用于软件的定义、开发和维护的方法

4．关于软件工程的三要素，下列叙述中正确的是（　　）。

A．软件工程包含三个要素：方法、工具和过程

B．软件工程的三要素是：方法、工具和进程

C．软件工程的三要素是：需求、成本和进度

D．软件工程的三要素是：有效性、可靠性和可理解性

5．软件生命周期是指（　　）。

A．软件产品的需求分析、设计与实现过程

B．软件产品的运行和维护过程

C．软件产品的实现和维护过程

D．软件产品的提出、实现、使用维护到停止使用退役的过程

6．软件生命周期可分为定义阶段、开发阶段和维护阶段，下面属于定义阶段任务的是（　　）。

A．软件需求分析　　B．确定软件开发目标

C．软件总体设计　　D．数据库设计

7．一般而言，可行性分析在（　　）明确。

A．需求分析之前　　B．需求分析过程中

C．需求分析之后，软件设计中　　D．软件设计后

8．软件生存周期中，解决软件“做什么”的阶段是（　　）。

A．可行性研究　　B．需求分析　　C．软件设计　　D．软件实现

9．需求分析一般分4个步骤进行，下列选项中，不属于需求分析步骤的是（　　）。

A．需求获取　　B．需求描述　　C．需求检验　　D．需求提炼

10．需求分析过程会采用图形与自然语言相结合的方法描述目标系统的数据、功能及行为，可以使用多种工具，其中，不包括下列的哪种描述工具（　　）。

A．数据流图　　B．软件结构图

C．控制流图　　D．实体关系图

11．下面不属于软件需求规格说明书内容的是（　　）。

A．软件的功能需求　　B．软件的性能需求

C．软件的可验证性　　D．软件的外部接口

12．下面可以作为软件需求分析工具的是（　　）。

A．PFC图　　B．DFD图　　C．N–S图　　D．PAD图

13．数据流图是在软件开发的（　　）阶段产生的。

A．需求分析　　B．软件设计　　C．软件编码　　D．软件测试

14．数据流图的基本符号包括数据流、加工、数据存储文件和（　　）。

A．过程　　B．数据源　　C．数据汇点　　D．外部实体

15．数据流与数据字典的关系是（　　）。

A．数据流包含数据字典　　B．数据流与数据字典相互独立，互不关联

C．数据字典包括数据流　　D．数据流与数据字典既相互独立，又相互关联

16．关于结构化的分析，错误的是（　　）。

A．结构化的分析是一种对业务的业务建模过程

B．结构化的分析采用“自顶向下，逐层分解”的分析、开发策略

C．结构化的分析采用“自底向上，逐层分析”的分析、开发策略

D．数据字典是结构化分析的结果之一

17．对软件设计中应遵循的准则描述正确的是（　　）。

A．高内聚低耦合　　B．高耦合低内聚

C．模块独立性仅与内聚度相关　　D．内聚与耦合无关

18．软件设计的基本思想包括抽象、模块化、信息隐蔽和（　　）。

A．模块耦合性　　B．模块内聚性　　C．模块控制性　　D．模块独立性

19．（　　）是划分模块时要遵守的准则，也是判断模块构造是否合理的标准，同时也是获得良好设计的关键。

A．模块耦合性　　B．模块内聚性

C．模块独立性　　D．模块控制性

20．下面属于软件设计建模工具的图是（　　）。

A．实体联系图（E–R图）　　B．程序流程图（PFD图）

C．数据流程图（DFD图）　　D．用例图（USE CASE图）

21．将E–R图转换为关系模式时，实体和联系都可以表示为（　　）。

A．键　　B．属性　　C．域　　D．关系

22．在E–R图中，用来表示实体联系的图形是（　　）。

A．椭圆形　　B．矩形　　C．菱形　　D．三角形

23．软件系统总体结构图的作用是（　　）。

A．描述软件系统的控制流　　B．描述软件系统结构的图形工具

C．描述软件系统的数据流　　D．描述软件系统的数据结构

24．在数据分析方面，面向对象的分析与面向过程的分析相比，哪个说法是正确的（　　）。

A．面向对象的分析需要对数据进行抽象，面向过程的分析不需要进行数据的抽象

B．面向对象的分析不需要对数据进行抽象，面向过程的分析需要进行数据的抽象

C．二者都需要对数据进行抽象，但方法不同

D．二者都需要对数据进行抽象，且方法相同

25．面向数据流的设计方法把数据流映射成（　　）。

A．控制结构　　B．信息流　　C．系统结构　　D．逻辑结构

26．对软件系统总体结构图，下面描述中错误的是（　　）。

A．扇入是一个模块直接调用的其他模块数

B．扇出是一个模块直接调用的其他模块数

C．深度等于控制的层数

D．原子模块一定是结构图中位于叶子结点的模块

27．对软件系统总体结构图，下面描述中错误的是（　　）。

A．原子模块的扇出数为零　　B．扇入数即模块的被调用模块数

C．扇出数即上级模块的所有下级模块数　　D．系统宽度取决于模块的跨度

28．某系统结构图如右图所示，该系统结构图的深度是（　　）。

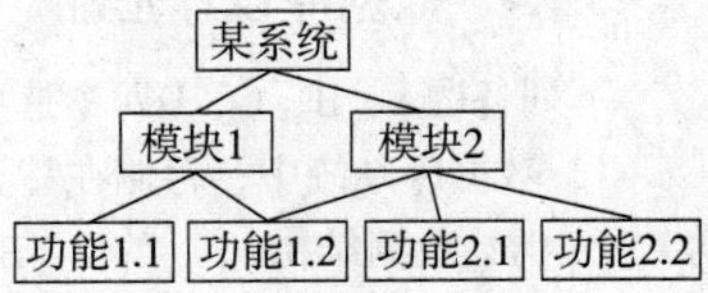

A．3

B．4

C．6

D．7

29．某系统结构图如右图所示，该系统结构图的最大扇出数是（　　）。

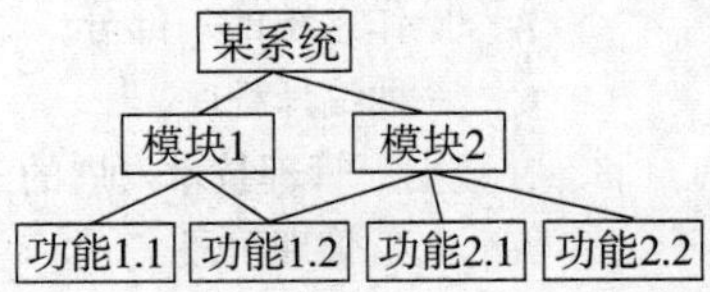

A．2

B．3

C．6

D．7

30．某系统总体结构如右图所示，该系统结构图的宽度是（　　）。

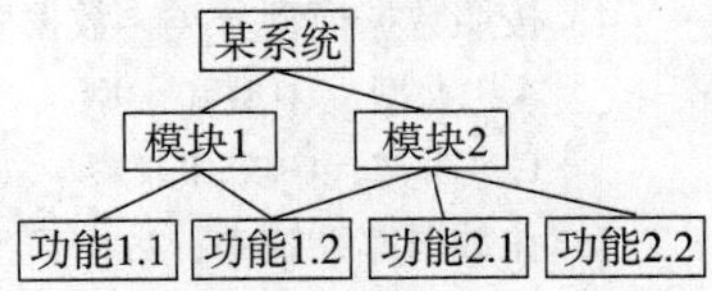

A．3

B．4

C．5

D．7

31．某系统结构图如右图所示。该系统结构图的最大扇入数是（　　）。

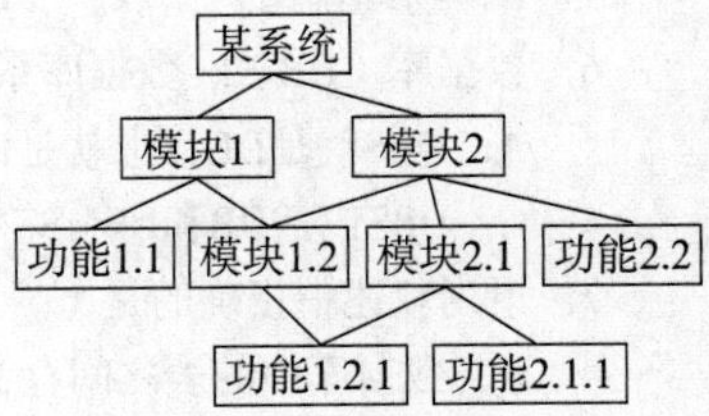

A．2

B．3

C．8

D．9

32．软件测试的目的是（　　）。

A．执行测试用例　　B．发现并改正程序中的错误

C．发现程序中的错误　　D．诊断和改正程序中的错误

33．程序调试的任务是（　　）。

A．设计和运行测试用例　　B．诊断和改正程序中的错误

C．发现程序中的错误　　D．发现并改正程序中的错误

34．软件测试实施的步骤是（　　）。

A．单元测试、集成测试、确认测试　　B．集成测试、确认测试、系统测试

C．确认测试、集成测试、单元测试　　D．单元测试、集成测试、回归测试

35．软件测试用例包括（　　）。

A．测试计划和测试数据　　B．输入数据和输出数据

C．被测程序和测试规程　　D．输入数据和预期输出结果

36．下面属于白盒测试方法的是（　　）。

A．判定—条件覆盖　　B．等价类划分法　　C．因果图法　　D．错误推测法（猜错法）

37. 下面属于黑盒测试方法的是（　　）。
A. 路径测试　　B. 边界值分析法　　C. 条件覆盖　　D. 语句覆盖
38. 下面不属于白盒测试方法的是（　　）。
A. 条件覆盖　　B. 路径测试　　C. 错误推测　　D. 语句覆盖
39. 下面属于白盒测试方法的是（　　）。
A. 等价类划分法　　B. 逻辑覆盖　　C. 边界值分析法　　D. 错误推测法
40. 使用白盒测试方法时，设计测试用例应根据（　　）。
A. 使用说明书　　B. 程序的复杂结构　　C. 程序的功能　　D. 程序的内部逻辑

3.1.4 数据库设计基础

下列各题A、B、C、D四个选项中，只有一个选项是正确的。

1. 数据库系统中，存储在计算机内有结构的数据集合称为（　　）。
A. 数据结构　　B. 数据模型　　C. 数据库管理系统　　D. 数据库
2. 数据库管理系统是（　　）。
A. 操作系统的一部分　　B. 在操作系统支持下的系统软件
C. 一种编译程序　　D. 一种操作系统
3. 在数据库管理技术发展的三个阶段中，没有专门的软件对数据进行管理的是（　　）。
A. 人工管理阶段　　B. 文件系统阶段
C. 人工管理阶段和文件系统阶段　　D. 文件系统阶段和数据库阶段
4. 按照数据模型分类，数据库系统可分为（　　）。
A. 大型、中型和小型　　B. 网状、层次型和关系型
C. 西文、中文和兼容　　D. 数据、图形和多媒体
5. 在数据库系统中，数据模型包括概念模型、逻辑模型和（　　）。
A. 物理模型　　B. 空间模型　　C. 时间模型　　D. 关系模型
6. 数据库（DB）、数据库系统（DBS）和数据库管理系统（DBMS）之间的关系是（　　）。
A. DBS就是DB，也就是DBMS　　B. DBMS包括DB和DBS
C. DBS包括DB和DBMS　　D. DB包括DBS和DBMS
7. 下列叙述中正确的是（　　）。
A. 数据库中的表之间存在联系但数据项之间无联系
B. 数据库中的任意两个表之间不存在联系但数据项存在联系
C. 数据库的数据项之间以及表之间都不存在联系
D. 数据库的表之间存在联系，并且数据项之间也存在联系
8. 数据库管理系统的基本功能不包括（　　）。
A. 数据库定义　　B. 数据库和网络中其他系统的通信
C. 数据库的建立和维护　　D. 数据库访问
9. 层次型、网状型和关系型数据库的划分原则是（　　）。
A. 记录长度　　B. 联系的复杂程度　　C. 文件的大小　　D. 数据之间的联系方式
10. 在数据库中存储的是（　　）。
A. 数据以及数据之间的联系　　B. 操作信息
C. 数据的操作　　D. 数据模型
11. 将数据库的结构划分成多个层次，是为了提高数据库的（　　）。
A. 管理规范性　　B. 数据处理并发性
C. 逻辑独立性和物理独立性　　D. 数据共享

12. 能够减少相同数据重复存储的是（ ）。

A. 记录 B. 数据库 C. 文件 D. 字段

13. 下列叙述中正确的是（ ）。

A. 数据库系统去除了一切冗余

B. 数据库系统比文件系统能管理更多的数据

C. 数据库系统减少了数据冗余

D. 数据库系统比文件系统有更多冗余

14. 下列叙述中正确的是（ ）。

A. 数据库系统中数据的一致性是指数据类型一致

B. 数据库系统中数据的一致性是指数据结构一致

C. 数据库系统中数据的一致性是指数据记录一致

D. 数据的一致性是指在系统中同一数据在不同位置的出现应保持相同的值

15. 关系数据库中的关键字是指（ ）。

A. 能唯一决定关系的字段

B. 不可改动的专用保留字

C. 关键的很重要的字段

D. 能唯一标识元组的属性或属性集合

16. 数据库系统的数据独立性是指（ ）。

A. 不会因为存储策略的变化而影响存储结构

B. 不会因为数据的变化而影响应用程序

C. 不会因为系统数据存储结构与数据逻辑结构的变化而影响应用程序

D. 不会因为某些存储结构的变化而影响其他的存储结构

17. 在关系数据库中，描述全局数据逻辑结构的是（ ）。

A. 概念模式 B. 用户模式 C. 内模式 D. 物理模式

18. 下列不属于数据库外模式特点的是（ ）。

A. 一个数据库可以有多个外模式

B. 外模式是用户视图，一般是模式的子集

C. 外模式也称为存储模式

D. 外模式是保证数据安全性的有力措施

19. 在数据库技术中，为提高数据库的逻辑独立性和物理独立性，数据库的结构被划分成用户级、存储级和（ ）。

A. 外部级 B. 概念级 C. 管理员级 D. 内部级

20. 在数据库中，数据模型包括数据结构、数据操作和（ ）。

A. 数据类型 B. 数据约束 C. 关系运算 D. 查询

21. 关系数据模型的三个组成部分中不包括（ ）。

A. 关系的数据操纵

B. 关系的数据结构

C. 关系的并发控制

D. 关系的完整性约束

22. 下面模型中为概念模型的是（ ）。

A. 关系模型 B. 层次模型 C. 网状模型 D. 实体—联系模型

23. 在数据库的三级模式中，外模式（用户模式或子模式）有（ ）。

A. 1个 B. 2个 C. 3个 D. 任意多个

24. 数据库系统中完成数据的模式定义与数据的物理存取构建使用的语言是（ ）。

A. 数据定义语言 B. 数据操纵语言 C. 数据控制语言 D. 数据并发语言

25. 数据库中对概念模式内容进行说明的语言是（ ）。

A. 数据控制语言 B. 数据操纵语言 C. 数据规划语言 D. 数据定义语言

26. 数据库管理系统能实现对数据库中数据的查询、插入、修改和删除，这类功能称为（ ）。

A. 数据控制功能 B. 数据定义功能 C. 数据存储功能 D. 数据操纵功能

27. 建立表示学生选修课程活动的实体联系模型，其中的两个实体分别是（ ）。

A. 学生和课程　　B. 学号和课程号　　C. 学号和成绩　　D. 学生和学号

28. 一个运动队有多个队员，一个队员仅属于一个运动队，一个队员可以参与多项比赛，则实体运动员和比赛的联系是（ ）。

A. 一对一　　B. 多对一　　C. 多对多　　D. 一对多

29. 一个学校有多间宿舍，一间宿舍住1到4名学生，则实体宿舍与实体学生的联系是（ ）。

A. 一对一　　B. 一对多　　C. 多对一　　D. 多对多

30. 一个运动队有多个队员，一个队员仅属于一个运动队，一个队员可以参与多项比赛，则实体运动队和运动员的联系是（ ）。

A. 一对一　　B. 一对多　　C. 多对多　　D. 多对一

31. 若实体A和B是一对多的联系，实体B和C是一对一的联系，则实体A和C的联系是（ ）。

A. 多对多　　B. 多对一　　C. 一对多　　D. 一对一

32. 在采购关系中，实体“供应商”和实体“货物”之间的联系是（ ）。

A. 多对多　　B. 一对一　　C. 多对一　　D. 一对多

33. 当数据库中数据总体逻辑结构发生变化，而应用程序不受影响，称为数据的（ ）。

A. 逻辑独立性　　B. 应用独立性　　C. 物理独立性　　D. 概念独立性

34. E-R图中用来表示实体的图形是（ ）。

A. 三角形　　B. 菱形　　C. 椭圆形　　D. 矩形

35. 在关系数据库设计中，关系模式是用来记录用户数据的（ ）。

A. 实体　　B. 二维表　　C. 属性　　D. 视图

36. 用树形结构表示实体之间联系的模型是（ ）。

A. 层次模型　　B. 关系模型　　C. 网状模型　　D. 运算模型

37. 一个学校的数据库中，表示学院和学生的关系为：学院（学院编号，学院名称，院长，电话，地点），学生（学号，姓名，性别，入学日期，专业，学院编号），则关系学生中的主键和外键分别是（ ）。

A. 学号，无　　B. 学号，专业　　C. 学号，姓名　　D. 学号，学院编号

38. 在关系表中，属性值必须是另一个表主键的有效值或空值，这样的属性是（ ）。

A. 主键　　B. 外键　　C. 候选键　　D. 次键

39. 关系的实体完整性要求关系中不能为空的属性是（ ）。

A. 候选键属性　　B. 外键属性　　C. 主键属性　　D. 全部属性

40. 下面选项中不是关系数据库基本特征的是（ ）。

A. 不同的列应有不同的列名　　B. 行的次序无关性

C. 不同的列应有不同的数据类型　　D. 行的个数有限性

41. 下列关于关系模型中键（码）的描述中正确的是（ ）。

A. 关系模式的候选关键字只能有1个

B. 关系模式必须有2个以上的候选关键字

C. 关系模式的候选关键字可以有1个或多个

D. 关系模式可以没有候选关键字

42. 员工管理系统中有关系模式 S(S#,Sn,Sg,Sd,Sa)，其中属性S#、Sn、Sg、Sd、Sa分别是员工编号、姓名、性别、部门和年龄，关键字是S#。检索全部男员工姓名的表达式为（ ）。

A. $\sigma_{Sg='男'}(S)$　　B. $\pi_{S\#}(\sigma_{Sg='男'}(S))$

C. $\pi_{Sn}(\sigma_{Sg='男'}(S))$　　D. $\pi_{Sg}(\sigma_{Sg='男'}(S))$

43．图书馆数据库系统中有下列模式：

书（书号，类别，书名，出版社，年份，作者，价格，总藏书量，现有库存）

借书卡（卡号，姓名，单位，类别）

借书记录（卡号，书号，借期，还期）

其中关系书和关系借书卡的主键分别为书号和卡号，关系借书记录的主键为（　　）。

A．书号，借期　　　　B．卡号，书号

C．卡号，书号，借期　　　　D．卡号，借期

44．有三个关系R、S和T如下图所示，则由关系R和S得到关系T的操作是（　　）。

R

A	B	C
r	t	3
s	t	4
q	p	5

S

A	B	C
r	p	5
s	t	4
r	t	3

T

A	B	C
r	p	5
r	t	3
s	t	4
q	p	5

A．选择　　B．交　　C．并　　D．差

45．有三个关系R、S和T如下图所示，则由关系R和S得到关系T的操作是（　　）。

R

A	B	C
a	34	s
b	25	s
d	33	t
c	32	t

S

A	B	C
c	32	t
e	33	t
b	25	s

T

A	B	C
b	25	s
c	32	t

A．交　　B．并　　C．选择　　D．差

46．有三个关系R、S和T如下图所示，则由关系R和S得到关系T的操作是（　　）。

R

A	B	C
w	p	12
s	p	12
t	q	13
u	q	13

S

A	B	C
w	p	13
s	p	12
u	q	13

T

A	B	C
w	p	12
t	q	13

A．选择　　B．差　　C．交　　D．并

47．有两个关系R和T如下图所示，则由关系R得到关系T的运算是（　　）。

R

A	B	C
a	34	s
b	25	s
d	33	t
c	32	t

T

A	C
a	s
b	s
d	t
c	t

A．交　　B．除　　C．选择　　D．投影

48．关系R经过运算$\sigma_{A=B \vee C>D}(R)$的结果为（　　）。

R

A	B	C	D
a	b	12	8
c	d	3	3
a	a	6	11
b	b	9	6

A．（b，b，9，6）

B．（a，a，6，11）

C．（a，b，12，8）

D．（a，b，12，8）和（a，a，6，11）和（b，b，9，6）

49．关系R经过运算$\sigma_{B<C \wedge A="c"}(R)$的结果为（　　）。

R

A	B	C
a	15	8
c	12	3
c	5	6
d	3	9

A．（c，5，6）　　B．（c，5，6）和（c，12，3）

C．（a，15，8）　　D．（c，5，6）和（d，3，9）

50．有三个关系R、S和T如下图所示，则由关系R和S得到关系T的运算是（　　）。

R

A	B	C
w	7	5
y	2	3
z	6	3
w	3	9

S

B	D
1	d
6	f
7	c

T

A	B	C	D
z	6	3	f
w	7	5	c

A．交　　B．除　　C．投影　　D．自然连接

51．有三个关系R、S和T如下图所示，则由关系R和S得到关系T的运算是（　　）。

R

A	B	C
a	15	x
b	12	x
c	5	y
d	3	z
c	5	z

S

C
y
z

T

A	B
c	5

A．交　　B．除　　C．投影　　D．自然连接

52．由关系R和S得到关系T的操作是（　　）。

R

A	B	C
15	a	7
8	b	3
21	a	9

S

D	E
a	x
b	y

T

A	B	C	E
15	a	7	x
8	b	3	y
21	a	9	x

A．交　　B．并　　C．等值连接　　D．笛卡尔积

53．如果客户购买产品的关系模式是CP(C#,P#,Q)，其中C#为客户号，P#为产品号，Q为数量，关系T=$\pi_{C\#,P\#}$(CP)/P表示（　　）。

CP

C#	P#	Q
C1	P1	65
C2	P1	89
C2	P2	73
C3	P1	68
C3	P2	39
C4	P2	48

P

P#
P1
P2

T

C#
C2
C3

A．全部客户的客户　　B．购买了产品P1或P2的客户号
C．没有购买产品P1或产品P2的客户号　　D．购买了表P中全部产品的客户号

54．关系数据库规范化不能解决关系数据库中的（　　）。
A．数据冗余问题　　B．查询速度低的问题
C．插入、删除异常的问题　　D．数据维护的问题

55．在进行数据库逻辑设计时，将E-R图中实体之间联系转换为关系数据库的（　　）。
A．元组　　B．关系　　C．属性　　D．属性的值域

56．在关系数据库设计中，关系模式设计属于（　　）。
A．概念设计　　B．物理设计　　C．逻辑设计　　D．需求分析

57．定义学生选修课程的关系模式为：学生：S(S#,Sn,Sd,Sa)（其属性分别为学号、姓名、所在系、年龄）；课程：C(C#,Cn,P#)（其属性分别为课程号、课程名、先选课）；成绩：SC(S#,C#,G)（其属性分别为学号、课号和成绩）。则检索课程名为“数据结构”的成绩在90分以上（含90分）的学生姓名的表达式是（　　）。

A．$\pi_{S\#}(\pi_{C\#}(\sigma_{Cn=\text{"数据结构"}}(C))\bowtie\sigma_{G\geq 90}(SC))\bowtie S)$

B．$\pi_{Sn}(\pi_{S\#}(\pi_{C\#}(\sigma_{Cn=\text{"数据结构"}}(C))\bowtie\sigma_{G\geq 90}(SC)))$

C．$\pi_{Sn}(\pi_{S\#}(\pi_{C\#}(\sigma_{Cn=\text{"数据结构"}}(C))\bowtie\sigma_{G\geq 90}(SC))\bowtie S)$

D．$\pi_{Sn}(\pi_{S\#}(\pi_{C\#}(\sigma_{C\#=2,G\geq 90}(C))\bowtie\pi_{S\#,Sa}(S))$

58．定义学生选修课程的关系模式为：学生：S(S#,Sn,Sd,Sa)（其属性分别为学号、姓名、所在系、年龄）；课程：C(C#,Cn,P#)（其属性分别为课程号、课程名、先选课）；成绩：SC(S#,C#,G)（其属性分别为学号、课程号和成绩）。则检索选修了课程号为2且成绩不及格的学生的姓名的表达式是（　　）。

A．$\sigma_{C\#=2\wedge G<60}(SC)$　　B．$\pi_{Sn}(\pi_{S\#}(\sigma_{C\#=2\wedge G<60}(SC)))$
C．$\pi_{Sn}(\pi_{S\#}(\sigma_{C\#=2\wedge G<60}(SC))\bowtie\pi_{S\#,Sn}(S))$　　D．$\pi_{Sn}(\pi_{S\#}(\sigma_{C\#=2\wedge G<60}(SC))\bowtie S)$

59．关系模型中的关系模式至少应是（　　）。
A．1NF　　B．2NF　　C．3NF　　D．BCNF

60．第二范式是在第一范式的基础上消除了（　　）。
A．多值依赖　　B．非主属性对键的传递函数依赖
C．非主属性对键的部分函数依赖　　D．以上说法均不正确

61．第三范式是在第二范式的基础上消除了（　　）。
A．多值依赖　　B．非主属性对键的传递函数依赖
C．非主属性对键的部分函数依赖　　D．以上说法均不正确

62．定义部门关系模式如下：部门（部门号，部门名，部门成员，部门经理），使它不满足第一范式的属性是（　　）。
A．部门名　　B．部门成员　　C．部门经理　　D．部门号

63. 在采购管理中，如果要求每项货物的采购必须单独入账，定义采购单关系模式如下：采购单（采购单号，货物号，货物名称，采购数量，供应商编号），该关系满足了哪个级别的范式（　　）。

A. 第一范式　B. 第二范式　C. 第三范式　D. BCNF范式

64. 在采购管理中，如果定义采购单关系模式如下：采购单（采购单号，计划号，货物，采购数量，供应商编号），则使它不满足第一范式的属性是（　　）。

A. 采购单号　B. 计划号　C. 货物　D. 供应商编号

65. 定义学生、课程和成绩的关系模式S (S#,Sn,Sd,Dc,Sa)（其属性分别为学号、姓名、所在系、所在系的系主任、年龄）；C（C#,Cn,P#）（其属性分别为课程号、课程名、先修课）；SC（S#,C#,G)（其属性分别为学号、课程号和成绩），则该关系为（　　）。

A. 第一范式　B. 第二范式　C. 第三范式　D. BCNF范式

66. 定义学生、课程和成绩的关系模式：S (S#,Sn,Sd, Sa)（属性分别为学号、姓名、所在系、年龄）；C（C#,Cn,P#）（属性分别为课程号、课程名、先修课）；SC（S#,C#,G)（属性分别为学号、课程号和成绩）。则该关系为（　　）。

A. 第一范式　B. 第二范式　C. 第三范式　D. BCNF范式

67. 如果将学生选修课程的关系模式定义如下：SC(S#,Sn,C#,Cn,G)（其属性分别为学号、姓名、课程号、课程名、成绩），该关系的范式最高达到（　　）。

A. 1NF　B. 2NF　C. 3NF　D. BCNF

68. 某图书集团数据库中有关系模式R（书店编号，书籍编号，库存数量，部门编号，部门负责人），其中要求：（1）每个书店的每种书籍只在该书店的一个部门销售；（2）每个书店的每个部门只有一个负责人；（3）每个书店的每种书籍只有一个库存数量。则关系模式R最高的是（　　）。

A. 1NF　B. 2NF　C. 3NF　D. BCNF

3.1.5　计算机应用与信息技术基础、计算机病毒防治与计算机网络基础

下列各题A、B、C、D四个选项中，只有一个选项是正确的。

1. 作为现代计算机基本结构的冯·诺依曼体系包括（　　）。

A. 输入、过程控制和输出3个部分

B. 输入、数据计算、数据传递和输出4个部分

C. 输入、数据存储、数据转换和输出4个部分

D. 输入、存储、运算、控制和输出5个部分

2. 一般情况下，划分计算机4个发展阶段的主要依据是（　　）。

A. 计算机的处理速度　B. 计算机所采用的基本元器件

C. 计算机用途的变化　D. 计算机所跨越的年限长短

3. 计算机能直接识别和执行的语言是（　　）。

A. 机器语言　B. 汇编语言　C. 数据库语言　D. 高级语言

4. 组成计算机的CPU的两大部件是（　　）。

A. 控制器和寄存器　B. 运算器和控制器

C. 运算器和内存　D. 控制器和内存

5. CPU的参数如2.6GHz，指的是（　　）。

A. CPU的速度　B. CPU的大小　C. CPU的字长　D. CPU的时钟主频

6. 计算机工作时，CPU要执行的程序都必须加载到（　　）。

A. 存储器　B. 硬盘　C. 内存　D. 显示器

7. 以下属于内存储器的是（　　）。

A. RAM　B. 硬盘　C. CD-ROM　D. U盘

8．手写板或鼠标属于（　　）。

A．中央处理器　　B．存储器　　C．输入设备　　D．输出设备

9．智能手机触摸屏属于（　　）。

A．控制器和显示器　　B．显示器和输出设备

C．控制器和输出设备　　D．输入设备和输出设备

10．计算机中控制器的功能主要是（　　）。

A．指挥、协调计算机各相关硬件和软件工作

B．指挥、协调计算机各相关软件工作

C．指挥、协调计算机各相关硬件工作

D．控制数据的输入和输出

11．现代计算机普遍采用总线结构，包括数据总线、地址总线、控制总线，通常与数据总线位数对应相同的部件是（　　）。

A．存储器　　B．控制总线　　C．地址总线　　D．CPU

12．小王使用了一部标配为4G运行内存的手机，因存储空间不够，他将一张128G的MircoSD卡插到了手机上。此时，这部手机上的4G和128G参数分别代表的指标是（　　）。

A．内存、内存　　B．内存、外存　　C．外存、内存　　D．外存、外存

13．计算机中数据存储容量的基本单位是（　　）。

A．字　　B．字符　　C．位　　D．字节

14．计算机信息计量单位中的K代表（　　）。（答案选项中n^m表示n的m次方）

A．10^2　　B．2^10　　C．10^3　　D．2^8

15．1MB的存储容量相当于（　　）。

A．一百万个字节　　B．2的10次方个字节　　C．1000KB　　D．2的20次方个字节

16．安卓系统属于（　　）。

A．计算机语言　　B．操作系统　　C．社交应用软件　　D．办公软件

17．为了保证独立的微机能够正常工作，必须安装的软件是（　　）。

A．办公应用软件　　B．高级程序开发语言

C．网站开发工具　　D．操作系统

18．从用户的观点看，操作系统是（　　）。

A．用户与计算机之间的接口

B．合理地组织计算机工作流程的软件

C．控制和管理计算机资源的软件

D．由若干层次的程序按照一定的结构组成的有机体

19．如果某台微机用于日常办公事务，除了操作系统外，还应该安装的软件类别是（　　）。

A．JAVA、C、C++ 开发工具　　B．社交软件

C．办公应用软件，如Microsoft Office　　D．SQL Server 2005及以上版本

20．Visual Studio属于（　　）。

A．计算机语言　　B．数据库管理系统　　C．操作系统　　D．办公软件

21．现代计算机普遍采用总线结构，按照信号的性质划分，总线一般分为（　　）。

A．地址总线、控制总线、电源总线　　B．电源总线、数据总线、地址总线

C．数据总线、地址总线、控制总线　　D．控制总线、电源总线、数据总线

22．某台微机安装的是64位操作系统，“64位”指的是（　　）。

A．CPU的时钟主频　　B．CPU的字长　　C．CPU的型号　　D．CPU的运算速度

23．字长是计算机的一个重要指标，在工作频率不变和CPU体系结构相似的前提下，字长与计算机

性能的关系是（　　）。

A．字长越短，计算机的数据处理速度越快

B．字长越短，表示计算机的并行能力越强

C．字长越长，计算机的数据处理速度越快

D．字长表示计算机的存储容量大小，字长越长计算机的读取速度越快

24．作为现代计算机理论基础的冯·诺依曼原理和思想是（　　）。

A．十进制和存储程序概念　　B．十六进制和存储程序概念

C．二进制和存储程序概念　　D．自然语言和存储器概念

25．计算机中，关于字节和位的关系是（　　）。

A．字节和位是不同的概念，字节用十进制表示一个数，位用二进制表示一个数

B．字节和位是一个概念，一个字节就等于一位

C．在计算机中，一个字节由8位二进制数字组成

D．字节是计算机数据的最小单位，而位是计算机存储容量的基本单位

26．USB 3.0接口的理论最快传输速率为（　　）。

A．5.0Gbps　　B．3.0Gbps　　C．800Mbps　　D．652Mbps

27．某种操作系统能够支持位于不同终端的多个用户同时使用一台计算机，彼此独立互不干扰，用户感到好像一台计算机全为他所用，这种操作系统属于（　　）。

A．批处理操作系统　　B．分时操作系统　　C．实时操作系统　　D．网络操作系统

28．随着计算机技术的发展，存储器空间越来越大，对于硬盘空间，一般定义1TGB=1KGB，则理论上，2T的硬盘存储容量为（　　）。（答案选项中n^m表示n的m次方）

A．2×10^6MB　　B．2×10^8MB　　C．2×2^30 B　　D．2×2^40 B

29．在计算机技术指标中，MIPS用料描述计算机的（　　）。

A．传输速度　　B．时钟主频　　C．运算速度　　D．存储容量

30．对图像进行量化时，如果一个像素按三原色被量化为三个字节，则一幅128像素×128像素的未经编码压缩的图像所占存储空间为（　　）。

A．48KB　　B．49.152K　　C．16 KB　　D．16.384 KB

31．小张的手机还剩余10GB存储空间，如果每个视频文件平均为320MB，他可以下载到手机中的视频文件数量为（　　）。

A．31　　B．32　　C．61　　D．62

32．4K的分辨率为4096像素×2160像素，则一张真彩色4K分辨率的BMP数字格式图像，所需存储空间是（　　）。

A．8.44MB　　B．8.85MB　　C．25.31MB　　D．26.54MB

33．若对音频信号以10kHz采样率、16位量化精度进行数字化，则每分钟的双声道数字化声音信号产生的数据量约为（　　）。

A．1.2MB　　B．1.6MB　　C．2.4MB　　D．4.8MB

34．HDMI接口可以外接（　　）。

A．硬盘　　B．打印机　　C．鼠标或键盘　　D．高清电视

35．一台ADSL Modem的传输率为12Mbps，则理想状态下，每分钟能下载的文档大小为（　　）。

A．720MB　　B．90MB　　C．12MB　　D．1.5MB

36．微机中访问速度最快的存储器是（　　）。

A．内存　　B．U盘　　C．硬盘　　D．CD-ROM

37．十进制数32对应的二进制数为（　　）。

A．100000　　B．10000　　C．011111　　D．11111

38. 用8位二进制数能表示的最大的无符号整数等于十进制整数（ ）。

A. 127 B. 128 C. 255 D. 256

39. 二进制数111111转换成十进制数是（ ）。

A. 71 B. 65 C. 63 D. 62

40. 下面四个二进制数中，与十六进制数AE等值的一个是（ ）。

A. 10100111 B. 10101110 C. 10010111 D. 11101010

41. 将八进制数365转换为二进制数为（ ）。

A. 010110101 B. 011111101 C. 011101110 D. 011110101

42. 与十进制数254等值的二进制数是（ ）。

A. 11111110 B. 11011111 C. 11110111 D. 11011101

43. 在计算机内部，大写字母“G”的ASCII码为“1000111”，大写字母“K”的ASCII码为（ ）。

A. 1001001 B. 1001100 C. 1001010 D. 1001011

44. 汉字的拼音输入码属于汉字的（ ）。

A. 内码 B. ASCII码 C. 标准码 D. 外码

45. 计算机对汉字信息的处理过程实际上是各种汉字编码间的转换过程，这些编码不包括（ ）。

A. 汉字状态码 B. 汉字输入码 C. 汉字内码 D. 汉字字形码

46. 在拼音输入法中，输入拼音“zhongguo”，其编码属于（ ）。

A. 字形码 B. 外码 C. 内码 D. 地址码

47. 计算机中的字符包括西文字符和中文字符，关于字符编码，下列说法错误的是（ ）。

A. 计算机中最常用的西文字符编码是ASCII，被国际标准化组织指定为国际标准

B. 在计算机中，对于西文与中文字符，由于形式的不同，使用不同的编码

C. 在计算机中，西文字符和中文字符采用相同的二进制字符编码进行处理

D. 国标码是一种汉字的编码，一个国标码用两个字节来表示一个汉字

48. 计算机对汉字信息的处理过程实际上是各种汉字编码间的转换过程，这些编码主要包括（ ）。

A. 汉字外码、汉字内码、汉字国标码、汉字输出码等

B. 汉字外码、汉字内码、汉字输出码等

C. 汉字输入码、汉字区位码、汉字国标码、汉字输出码等

D. 汉字输入码、汉字内码、汉字地址码、汉字字形码等

49. 根据汉字国标GB2312—80的规定，二级次常用汉字个数是（ ）。

A. 3000个 B. 7445个 C. 3008个 D. 3755个

50. 下列不属于计算机人工智能应用领域的是（ ）。

A. 机器翻译 B. 在线订票 C. 智能机器人 D. 医疗诊断

51. 利用计算机在互联网上进行资料检索，所属的计算机应用领域是（ ）。

A. 过程控制 B. 科学计算 C. 数据/信息处理 D. 虚拟现实

52. 某家庭采用ADSL宽带接入方式连接Internet，ADSL调制解调器连接一个4口的路由器，路由器再通过网线或者Wi-Fi连接多台计算机实现上网的共享，这种家庭网络的拓扑结构为（ ）。

A. 星型拓扑 B. 总线型拓扑 C. 网状拓扑 D. 环型拓扑

53. 要表示256级灰度图像，表示每个像素点的数据最少需要的二进制位数为（ ）。

A. 4 B. 8 C. 16 D. 256

54. 办公软件中的字体在操作系统中有对应的字体文件，字体文件中存放的汉字编码是（ ）。

A. 字形码 B. 地址码 C. 外码 D. 内码

55. 下列扩展名的文件，属于视频文件格式的是（ ）。

A. .MP3 B. .PNG C. .RM D. .WAV

56．利用智能机器人代替人类进行一些高危工种作业，所属的计算机应用领域通常是（　　）。

A．网络通信　　B．科学计算　　C．多媒体应用　　D．人工智能

57．企业局域网通过路由器和服务器与互联网相连，要防止外来的网络攻击，必须（　　）。

A．定期重新关闭路由器，并更新服务器防病毒软件

B．开启服务器防火墙，并定时更新服务器防病毒软件

C．开启路由器防火墙，并定时更新服务器防病毒软件

D．定期重启服务器，并更新服务器防病毒软件

58．计算机安全是指计算机资产安全，即（　　）。

A．计算机信息系统资源不受自然有害因素的威胁和危害

B．信息资源不受自然和人为有害因素的威胁和危害

C．计算机硬件系统不受人为有害因素的威胁和危害

D．计算机信息系统资源和信息资源不受自然和人为有害因素的威胁和危害

59．以下关于计算机病毒的说法，不正确的是（　　）。

A．计算机病毒一般寄生在其他程序中　　B．计算机病毒一般传染其他文件

C．计算机病毒一般具有自愈性　　D．计算机病毒一般具有潜伏性

60．为了保证公司网络的安全运行，预防计算机病毒的破坏，可以在计算机上采取的方法是（　　）。

A．磁盘扫描　　B．修改注册表

C．开启防病毒软件　　D．安装浏览器加载项

61．造成计算机中存储数据丢失的主要原因是（　　）。

A．以下全部　　B．计算机存储器硬件损坏

C．计算机电磁辐射　　D．病毒侵蚀、人为窃取

62．先于或随着操作系统的系统文件装入内存储器，从而获得计算机特定控制权并进行传染和破坏的病毒是（　　）。

A．网络病毒　　B．宏病毒　　C．引导型病毒　　D．文件型病毒

63．下列关于计算机病毒的说法中，正确的是（　　）。

A．计算机病毒是一种有逻辑错误的程序

B．计算机病毒是一种通过自我复制进行传染的，破坏计算机程序和数据的小程序

C．计算机病毒发作后，可能烧毁CPU

D．计算机病毒是一种有损计算机操作人员身体健康的生物病毒

64．下面关于计算机病毒的叙述中，不正确的是（　　）。

A．计算机病毒有破坏性，凡是软件作用到的计算机资源，都可能受到病毒的破坏

B．计算机病毒有潜伏性，它可能长期潜伏在合法的程序中，遇到一定条件才开始进行破坏活动

C．计算机病毒有传染性，它能不断扩散

D．计算机病毒是开发程序时未经测试而附带的一种寄生性程序，它能在计算机系统中存在和传播

65．下列关于计算机病毒的说法中，错误的是（　　）。

A．计算机病毒只会破坏软件和数据，不会损坏硬件

B．计算机病毒具有传染性

C．计算机病毒是一种恶意的代码

D．计算机病毒具有潜伏性

66．下列选项中不是计算机病毒预防的方法是（　　）。

A．清理磁盘碎片　　B．定期升级杀毒软件

C．及时更新系统补丁　　D．开启防火墙

67．宏病毒不会感染下列哪种文件（　　）。

A．doc或docx　　B．xls或xlsx　　C．ppt或pptx　　D．txt

68．防病毒软件一般不会进行下列哪种操作（　　）。

A．监控硬件异常　　B．监控引导区异常　　C．监控文件异常　　D．监控内存异常

69．下列关于计算机病毒的叙述中，正确的选项是（　　）。

A．计算机病毒只感染.exe或.com文件

B．计算机病毒可以通过读写软件、光盘或Internet网络进行传播

C．计算机病毒是通过电力网进行传播的

D．计算机病毒是由于软件片表面不清洁而造成的

70．关于计算机病毒和网络攻击，错误的说法是（　　）。

A．计算机病毒与网络攻击都可能造成计算机系统的破坏

B．计算机病毒与网络攻击可以同时发生

C．计算机病毒与网络攻击可以不同时发生

D．防止了计算机病毒就防止了网络攻击

71．下列关于计算机病毒的叙述中，正确的是（　　）。

A．反病毒软件可以查、杀任何种类的病毒

B．计算机病毒是一种被破坏了的程序

C．反病毒软件必须随着新病毒的出现而升级，提高查、杀病毒的功能

D．感染过计算机病毒的计算机具有对该病毒的免疫性

72．某企业为了构建网络办公环境，每位员工使用的计算机上应当具备的设备是（　　）。

A．路由器　　B．集线器　　C．网卡　　D．无线鼠标

73．计算机网络是一个（　　）。

A．在协议控制下的多机互联系统　　B．网上购物系统

C．编译系统　　D．管理信息系统

74．在Internet中，网络之间互联通常使用的设备是（　　）。

A．路由器　　B．集线器　　C．Wi-Fi　　D．服务器

75．某企业需要在一个办公室构建适用于20多人的小型办公网络环境，这样的网络环境属于（　　）。

A．城域网　　B．局域网　　C．广域网　　D．互联网

76．如果用户希望通过电话网将计算机接入Internet，那么他必须使用的设备为（　　）。

A．调制解调器　　B．集线器　　C．交换机　　D．中继器

77．Internet的四层结构分别是（　　）。

A．应用层、传输层、通信子网层和物理层　　B．应用层、表示层、传输层和网络层

C．网络接口层、网络层、传输层和应用层　　D．物理层、数据链路层、网络层和传输层

78．某企业为了建设一个可供客户在互联网上浏览的网站，需要申请一个（　　）。

A．密码　　B．域名　　C．用户名和密码　　D．邮编

79．某企业需要在一个办公室构建适用于小型办公的网络环境，这样的网络环境属于（　　）。

A．互联网　　B．城域网　　C．广域网　　D．局域网

80．以下所列的IP地址，正确的是（　　）。

A．8:8:8:8　　B．8.8.8.128　　C．8.8.8.265　　D．8.8.128

81．以下所列的IP地址正确的是（　　）。

A．202.112.111.1　　B．202.202.5　　C．202.258.14.12　　D．202.3.3.256

82．Web浏览器收藏夹的作用是（　　）。

A．收集感兴趣的页面内容　　B．收集感兴趣的文件名

C. 记忆感兴趣的页面内容　　D. 收集感兴趣的页面地址

83. 在Internet中实现文件传输服务的协议是（　　）。

A. TCP/IP　　B. FTP　　C. SMTP　　D. POP

84. 用“ISDN”接入因特网的优点是上网、通话两不误，它的中文名称是（　　）。

A. 综合数字网　　B. 综合数字电话网　　C. 业务数字网　　D. 综合业务数字网

85. 在Internet中实现信息浏览查询服务的是（　　）。

A. DNS　　B. WWW　　C. FTP　　D. ADSL

86. 企业与客户之间通过互联网进行产品、服务及信息交换的电子商务模式是（　　）。

A. C2B　　B. O2O　　C. B2C　　D. B2B

3.1.6 Word操作基础

下列各题A、B、C、D四个选项中，只有一个选项是正确的。

1. 在Word功能区中，拥有的选项卡分别是（　　）。

A. 开始、插入、页面布局、引用、邮件、审阅等

B. 开始、插入、编辑、页面布局、选项、邮件等

C. 开始、插入、编辑、页面布局、引用、邮件等

D. 开始、插入、页面布局、引用、选项、帮助等

2. 在Word文档中有一段应用了“标题1”样式的文本，现在需要使该段文本不允许被别人修改，以下最优的操作方式是（　　）。

A. 选中该段文本，在“开始”选项卡下的“字体”功能组中，勾选“隐藏”复选框，将该段文字隐藏起来

B. 选中该段文本，在“审阅”选项卡下的“保护”功能组中，勾选“格式设置限定”中的“限制对选定的样式设置格式”和勾选“编辑限制”中的“仅允许在文档中进行此类型的编辑”，并单击“是，启动强制保护”按钮，设置密码

C. 选中该段文本，在“审阅”选项卡下，单击“批注”功能组中的“新建批注”命令，给该段文本添加批注信息，提示“禁止修改”字样

D. 单击“文件”选项卡，在下拉列表中选择“另存为”命令，使用“工具”按钮中的“常规选项”，设置文件修改时的密码

3. 下列文件扩展名，不属于Word模板文件的是（　　）。

A. .DOCX　　B. .DOTM　　C. .DOTX　　D. .DOT

4. 以下不属于Word文档视图的是（　　）。

A. 阅读版式视图　　B. Web版式视图　　C. 放映视图　　D. 大纲视图

5. 在Word文档中，选择从某一段落位置到文档开头的全部内容，最优的操作方法是（　　）。

A. 将指针移动到该位置，按住Shift键，单击文档的开始位置

B. 将指针移动到该位置，按Ctrl+Home组合键

C. 将指针移动到该位置，按Ctrl+Shift+End组合键

D. 将指针移动到该位置，按Alt+Ctrl+Shift+PageUp组合键

6. 在编辑Word 2010文档过程中，为了防止意外而不使文档丢失，Word设置了自动保存功能，欲使自动保存时间间隔为10分钟，下列操作中最优的操作方法是（　　）。

A. 每隔10分钟，单击一次快速访问工具栏上的“自动保存”按钮

B. 选择“文件”选项卡下“选项”下的“保存”按钮，再设置自动保存时间间隔

C. 使用快捷键Ctrl+S，设置“自动保存”时间

D. 选择“文件”选项卡下的“保存”命令

7．在Word文档中有一个占用3页篇幅的表格，如这个表格的标题行都需出现在各页面首行，最优的操作方法是（　　）。

A．将表格的标题行复制到另外2页中

B．打开“表格属性”对话框，在列属性中进行设置

C．利用“重复标题行”功能

D．打开“表格属性”对话框，在行属性中进行设置

8．在Word文档中，不可直接操作的是（　　）。

A．插入Excel图表　　B．录制屏幕操作视频

C．插入SmartArt　　D．屏幕截图

9．Word“开始”选项卡的“文本效果”不能设置的是文本的哪种特殊效果（　　）。

A．轮廓　　B．引用　　C．三维旋转　　D．发光

10．在Word文档编辑状态下，将光标定位于任一段落位置，设置2.5倍行距后，结果将是（　　）。

A．文档没有任何改变，但按回车键后会按2.5倍行距生成新段落

B．文档按2.5倍行距调整段落格式

C．光标所在行按2.5倍行距调整格式

D．光标所在段落按2.5倍行距调整格式

11．Word文档的结构层次为“章—节—小节”，如章“1”为一级标题、节“1.1”为二级标题、小节“1.1.1”为三级标题，采用多级列表的方式已经完成了对第一章中章、节、小节的设置，如需完成剩余几章内容的多级列表设置，最优的操作方法是（　　）。

A．逐个对其他章节对应的“章、节、小节”标题应用“多级列表”格式，并调整段落结构层次

B．利用格式刷功能，分别复制第一章中的“章、节、小节”格式，并应用到其他章节对应段落

C．复制第一章中的“章、节、小节”段落，分别粘贴到其他章节对应位置，然后替换标题内容

D．将第一章中的“章、节、小节”格式保存为标题样式，并将其应用到其他章节对应段落

12．小刘手头上有一份Word文档，为了让页面排版更加美观和紧凑，需要对当前页面上半部分设置为一栏，下半部分设置为两栏显示，小刘打算使用Word中的分隔符进行排版，以下最优的操作方式是（　　）。

A．将光标置于需要分栏的位置，使用“页面布局”选项卡下的“分隔符/分页符”，对文档的下半部分设置“分栏/两栏”

B．光标置于需要分栏的位置，使用“页面布局”选项卡下的“分隔符/分栏符”，对文档的下半部分设置“分栏/两栏”

C．将光标置于需要分栏的位置，使用“页面布局”选项卡下的“分隔符/（分节符）下一页”，对文档的下半部分设置“分栏/两栏”

D．将光标置于需要分栏的位置，使用“页面布局”选项卡下的“分隔符/（分节符）连续”，对文档的下半部分设置“分栏/两栏”

13．小张的毕业论文设置为2栏页面布局，现需在分栏之上插入一横跨两栏内容的论文标题，最优的操作方法是（　　）。

A．在两栏内容之前空出几行，打印出来后手动写上标题

B．在两栏内容之上插入一个文本框，输入标题，并设置文本框的环绕方式

C．在两栏内容之上插入一个分节符，然后设置论文标题位置

D．在两栏内容之上插入一个艺术字标题

14．在某一包含多个标题的Word文档中，要选中标题和标题后的文字最快捷的方法是（　　）。

A．将光标停留在标题文字后，在键盘上按快捷键Ctrl+A

B．在导航窗格中单击鼠标右键，在右键菜单中单击“选择标题和内容”

C. 在文档上按住Ctrl键单击标题前面空白处

D. 在文档上用鼠标双击标题

15. 在Word文档编辑过程中，如需将特定的计算机应用程序窗口画面作为文档的插图，最优的操作方法是（　　）。

A. 使所需画面窗口处于活动状态，按下PrintScreen键，再粘贴到Word文档指定位置

B. 使所需画面窗口处于活动状态，按下Alt+PrintScreen组合键，再粘贴到Word文档指定位置

C. 利用Word插入“屏幕截图”功能，直接将所需窗口画面插入到Word文档指定位置

D. 在计算机系统中安装截屏工具软件，利用该软件实现屏幕画面的截取

16. 小张完成了毕业论文，现需要在正文前添加论文目录以便检索和阅读，最优的操作方法是（　　）。

A. 利用Word提供的“手动目录”功能创建目录

B. 直接输入作为目录的标题文字和相对应的页码创建目录

C. 使用“插入引文”的方式建立目录

D. 将文档的各级标题设置为内置“标题”样式，然后基于内置标题样式自动插入目录

17. 小明需要将Word文档内容以稿纸格式输出，最优的操作方法是（　　）。

A. 利用Word中的“文档网格”功能即可

B. 利用Word中的“表格”功能绘制稿纸，然后将文字内容复制到表格中

C. 利用Word中的“稿纸设置”功能即可

D. 适当调整文档内容的字号，然后将其直接打印到稿纸上

18. Word文档操作中，可以用鼠标拖动的方法实现文本块的复制。此时，应该先选定Word文本块，然后（　）。

A. 直接拖动鼠标　　　　B. 按住Shift键并拖动鼠标

C. 按住Alt键并拖动鼠标　　　　D. 按住Ctrl键并拖动鼠标

19. 在Word 2010中打开一个有100页的文档文件，能够快速准确地定位到98页的最优操作方法是（　）。

A. 利用PageUp键或PageDown键及光标上下移动键，定位到98页

B. 拖拉垂直滚动条中的滚动块快速移动文档，定位到98页

C. 点击垂直滚动条的上下按钮，快速移动文档，定位到98页

D. 单击“开始”选项卡下“编辑”功能组中的“查找/转到”，在对话框中输入页号“98”，定位到98页

20. 要在Word文档中快速插入一个用鼠标画的草图，最为简捷的方法是（　　）。

A. 使用插入选项卡“插入对象”功能，插入一张Bitmap图片

B. 使用审阅选项卡下的“墨迹”功能

C. 使用“插入图片”功能

D. 使用复制、粘贴功能

21. 小张是出版社的一名编辑，现在需要对一本杂志进行排版，在将页边距根据页面的内侧、外侧进行设置时，小张对页面设置的操作中最优的操作方式是（　　）。

A. 在“页面布局”选项卡下将“页边距”中的页码范围设置为“书籍折页”

B. 在“页面布局”选项卡下将“页边距”中的页码范围设置为“拼页”

C. 在“页面布局”选项卡下将“页边距”中的页码范围设置为“对称页边距”

D. 在“页面布局”选项卡下将“页边距”中的页码范围设置为“反向书籍折页”

22. 小王利用Word撰写专业学术论文时，需要在论文结尾处罗列出所有参考文献或书目，最优的操作方法是（　　）。

A．直接在论文结尾处输入所参考文献的相关信息

B．把所有参考文献信息保存在一个单独表格中，然后复制到论文结尾处

C．利用Word中的“管理源”和“插入书目”功能，在论文结尾处插入参考文献或书目列表

D．利用Word中的“插入尾注”功能，在论文结尾处插入参考文献或书目列表

23．在Word文档中，学生“赵爱民”的名字被多次错误地输入为“赵爱明”“赵爱名”“赵爱鸣”，纠正该错误的最优操作方法是（　　）。

A．利用Word“查找”功能搜索文本“赵爱”，并逐一更正

B．利用Word“查找和替换”功能搜索文本“爱*”，并将其全部替换为“爱民”

C．利用Word“查找和替换”功能搜索文本“赵爱*”，并将其逐一替换为“赵爱民”

D．利用Word“查找和替换”功能搜索文本“赵爱?”，并将其全部替换为“赵爱民”

24．在Word文档中包含了文档目录，将文档目录转变为纯文本格式的最优操作方法是（　　）。

A．文档目录本身就是纯文本格式，不需要再进一步操作

B．在文档目录上单击鼠标右键，然后执行“转换”命令

C．使用Ctrl+Shift+F9 组合键

D．复制文档目录，然后通过选择性粘贴功能以纯文本方式显示

25．如果将某个文本文件中的6行文字复制到一个Word文档的表格中的一列，且每行在表格中占一行，最优的操作方法是（　　）。

A．在文本文件中选中这6行文字，复制到剪贴板，然后回到Word文档中，将光标置于指定列的第一个单元格，将剪贴板内容粘贴过来

B．在文本文件中选中这6行文字，复制到剪贴板，然后回到Word文档中，选中对应列的6个单元格，将剪贴板内容粘贴过来

C．在文本文件中选中这6行文字，复制到剪贴板，然后回到Word文档中，选中该表格，将剪贴板内容粘贴过来

D．将文本文件中的6行文字，一行一行地复制、粘贴到Word文档表格对应列的6个单元格中

26．某份Word文档当前的设置为每页两栏，现在要求在每一栏的下面都插入相应的页码，也就是将原来的第1页设置为1、2页，第2页设置为3、4页，以此类推，下列操作中最优的操作方法是（　　）。

A．在页脚左侧和右侧位置，单击“插入”选项卡下“页眉和页脚”功能组中的“页码”按钮，在当前位置插入页码

B．在页脚左侧位置，单击“插入”选项卡下“文本”功能组中的“文档部件/域”，在“域”对话框中选择“等式和公式”，在页脚左侧插入域代码“{={page}*2-1}”，在页脚右侧位置插入域代码“{={page}*2}”，最后使用Alt+F9组合键隐藏域代码，显示页码

C．在页脚左侧位置，单击“插入”选项卡下“文本”功能组中的“文档部件/域”，在“域”对话框中选择“等式和公式”，在页脚左侧插入域代码“{={page}*2-1}”，在页脚右侧插入域代码“{={page}*2}”，最后使用Shift+F9组合键隐藏域代码，显示页码

D．在页脚左侧位置，单击“插入”选项卡下“文本”功能组中的“文档部件/域”，在“域”对话框中选择“等式和公式”，在页脚左侧插入域代码“{={page}*2-1}”，在页脚右侧插入域代码“{={page}*2}”，最后使用Ctrl+F9组合键隐藏域代码，显示页码

27．对于一个包含多个章节的大文档，如果希望每一章都能自动从新的一页开始，最优的操作方法是（　　）。

A．在每一章最后连续按回车键Enter，直到下一页面开始处

B．将每一章标题指定为标题样式，并将样式的段落格式修改为“段前分页”

C．将每一章标题的段落格式设为“段前分页”

D．在每一章最后按Ctrl+Enter键插入分页符

28．在Word中，邮件合并功能支持的数据源不包括（　　）。

A．PowerPoint演示文稿　　B．HTML文件

C．Excel工作表　　D．Word数据源

29．小王计划邀请30家客户参加答谢会，并为客户发送邀请函。快速制作30份邀请函的最优操作方法是（　　）。

A．发动同事帮忙制作邀请函，每个人写几份

B．先制作好一份邀请函，然后复印30份，在每份上添加客户名称

C．利用Word的邮件合并功能自动生成

D．先在Word中制作一份邀请函，通过复制、粘贴功能生成30份，然后分别添加客户名称

30．在Word中修改一篇长文档时，时常会更换光标位置，若希望返回最近编辑过的位置，最快捷的操作方法是（　　）。

A．按Shift+F5组合键　　B．按Alt+F5组合键

C．按Ctrl+F5组合键　　D．操作滚动条找到最近编辑过的位置并单击

31．如果需要邀请50家客户参加发布会，为客户发送邀请函，快速制作邀请函的最优操作方法是（　　）。

A．先在Word中制作一份邀请函，通过复制、粘贴功能生成50份，然后分别添加客户名称

B．利用Word的邮件合并功能自动生成

C．先制作好一份邀请函，然后复印50份，在每份上添加客户名称

D．将邀请函复制到Excel中，通过拖拉复制获得50份邀请函，再将表格复制回Word后转换为文本

32．李老师休假前正在审阅一份Word书稿，他希望回来上班时能够快速找到上次编辑的位置，在Word 2010中最优的操作方法是（　　）。

A．在当前位置插入一个书签，通过“查找”功能定位书签

B．记住一个关键词，下次打开书稿时，通过“查找”功能找到该关键词

C．记住当前页码，下次打开书稿时，通过“查找”功能定位页码

D．下次打开书稿时，直接通过滚动条找到该位置

33．如果要将拥有多个章节标题的某一个章节调整为另一个章节，例如将第3章第2节调整为第2章第3节，最简捷的方法是（　　）。

A．在编辑窗口选中章节标题和文字，用鼠标拖拉到需要的位置

B．在导航窗格中选中章节，用鼠标拖拉到需要的位置

C．在编辑窗口选中章节标题和文字，然后剪切，再到需要的位置粘贴

D．在编辑窗口选中章节标题和文字，然后复制，再到需要的位置粘贴

34．如果需要在Word文档中将应用了“标题1”样式的所有段落格式调整为“段前、段后各2.5行，单倍行距”，最优的操作方法是（　　）。

A．利用查找替换功能，将“样式：标题1”替换为“行距：单倍行距，段落间距段前：2.5行，段后：2.5行”

B．将其中一个段落设置为“段前、段后各2.5行，单倍行距”，然后利用格式刷功能将格式复制到其他段落

C．修改“标题1”样式，将其段落格式设置为“段前、段后各2.5行，单倍行距”

D．将每个段落逐一设置为“段前、段后各1.5行，单倍行距”

35．如果需要在文档中插入圆角式的文本框，可以采用的方法是（　　）。

A．插入文本框，然后在文本框的“格式”选项卡中更换“形状样式”

B．插入“边线型引述”式文本框

C．插入“传统型提要栏”式文本框

D．插入一个“圆角矩形”形状，然后在其中添加文本

36．小赵在一篇Word文档中创建了一个漂亮的页眉，如果希望在其他文档中还可以直接使用该页眉格式，最优的操作方法是（　　）。

A．下次创建新文档时，直接从该文档中将页眉复制到新文档中

B．将该页眉保存在页眉文档部件库中，以备下次调用

C．将该文档另存为新文档，并在此基础上修改即可

D．将该文档保存为模板，下次可以在该模板的基础上创建新文档

37．在一个表格中选中了一行，然后在表格的“布局”选项卡删除命令中选择“删除列”，效果是（　　）。

A．删除了选中行

B．删除了整个表格

C．删除了选中行后面的表格

D．系统报错，提示“请重新选择要删除的列”

38．小王利用Word编辑一份书稿，出版社要求目录和正文的页码分别采用不同的格式，且均从第1页开始，最优的操作方法是（　　）。

A．在目录与正文之间插入分页符，在分页符前后设置不同的页码

B．将目录和正文分别存在两个文档中，分别设置页码

C．在目录与正文之间插入分节符，在不同的节中设置不同的页码

D．在Word中不设置页码，将其转换为PDF格式时再增加页码

39．在Word中编辑文稿时，如需快速选取一个较长段落文字区域，最快捷的操作方法是（　　）。

A．在段落的左侧空白处双击鼠标　　B．在段首单击，按下Shift键不放再按End键

C．直接用鼠标拖动选择整个段落　　D．在段首单击，按下Shift键不放再单击段尾

40．小刘使用Word编写与互联网相关的文章时，文中频繁出现“@”符号，他希望能够在输入“(a)”后自动变为“@”，最优的操作方法是（　　）。

A．将“(a)”定义为自动图文集

B．先全部输入为“(a)”，最后再一次性替换为“@”

C．将“(a)”定义为自动更正选项

D．将“(a)”定义为文档部件

3.1.7　Excel操作基础

下列各题A、B、C、D四个选项中，只有一个选项是正确的。

1．操作Excel工作表时，如果需要对C、D、E三列设置相同的格式，同时选中这三列的最快捷操作方法是（　　）。

A．在名称框中输入地址“C、D、E”，按回车键完成选择

B．按下Ctrl键不放，依次单击C、D、E三列的列标

C．用鼠标直接在C、D、E三列的列标上拖动完成选择

D．在名称框中输入地址“C:E”，按回车键完成选择

2．小刘用Excel 2010制作了一份员工档案表，但经理的计算机中只安装了Office 2003，能让经理正常打开员工档案表的最优操作方法是（　　）。

A．将文档另存为PDF格式

B．将文档另存为Excel 97-2003文档格式

C．建议经理安装Office 2010

D．小刘自行安装Office 2003，并重新制作一份员工档案表

3．如果希望在Excel的每个工作簿中输入数据时，字体、字号总能自动设为Calibri、9磅，最优的操作方法是（　　）。

A．通过“页面布局”选项卡，更改主题的字体与字号

B．先选中整个工作表并设置字体、字号，之后将其保存为模板，再依据该模板创建新工作簿并输入数据

C．通过Excel选项的常规，设置新建工作簿时默认的字体、字号

D．先选中整个工作表，设置字体、字号后再输入数据

4．以下对Excel高级筛选功能，说法正确的是（　　）。

A．高级筛选之前必须对数据进行排序

B．利用“数据”选项卡中的“排序和筛选”组内的“筛选”命令可进行高级筛选

C．高级筛选通常需要在工作表中设置条件区域

D．高级筛选就是自定义筛选

5．在Excel工作表中快速选中单元格BE370，以下最优的操作方法是（　　）。

A．拖动滚动条

B．执行“开始”选项卡下“编辑”功能组中的“查找和选择”命令，在查找对话框的“查找内容”框输入“BE370”，单击“查找下一个”按钮

C．先使用Ctrl+→键移到BE列，再使用Ctrl+↓键移动370行

D．在名称框中直接输入“BE370”，输入完成后按Enter键

6．在Excel工作簿中，有关移动和复制工作表的说法，正确的是（　　）。

A．工作表可以移动到其他工作簿内，也可以复制到其他工作簿内

B．工作表可以移动到其他工作簿内，不能复制到其他工作簿内

C．工作表只能在所在工作簿内移动，不能复制

D．工作表只能在所在工作簿内复制，不能移动

7．现有一个学生成绩工作表，工作表中有4列数据，分别为：学号、姓名、班级、成绩，其中班级列中有三种取值，分别为：一班、二班和三班。如果需要在工作表中筛选出“三班”学生的信息，以下最优的操作方法是（　　）。

A．鼠标单击数据表外的任一单元格，执行“数据”选项卡下“排序和筛选”功能组中的“筛选”命令，鼠标单击“班级”列的向下箭头，从下拉列表中选择筛选项

B．鼠标单击数据表中的任一单元格，执行“数据”选项卡下“排序和筛选”功能组中的“筛选”命令，鼠标单击“班级”列的向下箭头，从下拉列表中选择筛选项

C．执行“开始”选项卡下“编辑”功能组中的“查找和选择”命令，在查找对话框的“查找内容”框输入“三班”，单击“关闭”按钮

D．执行“开始”选项卡下“编辑”功能组中的“查找和选择”命令，在查找对话框的“查找内容”框输入“三班”，单击“查找下一个”按钮

8．在Excel工作表多个不相邻的单元格中输入相同的数据，最优的操作方法是（　　）。

A．在其中一个位置输入数据，然后逐次将其复制到其他单元格

B．在输入区域最左上方的单元格中输入数据，双击填充柄，将其填充到其他单元格

C．在其中一个位置输入数据，将其复制后，利用Ctrl键选择其他全部输入区域，再粘贴内容

D．同时选中所有不相邻单元格，在活动单元格中输入数据，然后按Ctrl+Enter组合键

9．在 Excel 工作表单元格中，输入下列表达式，错误的是（　　）。

A．=(15−A1)/3　　　　B．SUM(A2:A4)/2

C．= A2/C1　　　　D．=A2+A3+D4

10．在Excel 2010中，仅把A1单元格的批注复制到B1单元格中，以下最优的操作方法是（　　）。

A．复制A1单元格，到B1单元格中执行粘贴命令

B．选中A1单元格，单击“格式刷”按钮，接着在B1单元格上单击

C．复制A1单元格，到B1单元格中执行选择性粘贴命令

D．复制A1单元格中的批注内容，在B1单元格中执行“插入批注”，然后将从A1单元格中复制的批注内容粘贴过来

11．初二年级各班的成绩单分别保存在独立的Excel工作簿文件中，李老师需要将这些成绩单合并到一个工作簿文件中进行管理，最优的操作方法是（　　）。

A．将各班成绩单中的数据分别通过复制、粘贴的命令整合到一个工作簿中

B．通过移动或复制工作表功能，将各班成绩单整合到一个工作簿中

C．打开一个班的成绩单，将其他班级的数据录入到同一个工作簿的不同工作表中

D．通过插入对象功能，将各班成绩单整合到一个工作簿中

12．小王是某公司销售部的文员，使用Excel 2010对单位第一季度的销售数据进行统计分析，其中工作表“销售额”中的B2:E309中包含所有的销售数据，现在需要在工作表“汇总”中计算销售总额，以下最优的操作方法是（　　）。

A．在工作表“汇总”中输入公式“=销售额！(B2:E309)”，对“销售额”中数据进行统计

B．在工作表“汇总”中输入公式“=SUM(B2:E309)”，对“销售额”中数据进行统计

C．在工作表“销售额”中，选中B2:E309区域，并在名称框中输入“sales”，然后在工作表“汇总”中输入公式“=sales”

D．在工作表“销售额”中，选中B2:E309区域，并在名称框中输入“sales”，然后在工作表“汇总”中输入公式“=SUM(sales)”

13．以下错误的Excel公式形式是（　　）。

A．=SUM(B3:G3)*$H$3　　B．=SUM(B3:$G3)*H3

C．=SUM(B3:3G)*H3　　D．=SUM(B3:G3)*H$3

14．小李在Excel中整理职工档案，希望“性别”一列只能从“男”“女”两个值中进行选择，否则系统提示错误信息，最优的操作方法是（　　）。

A．通过IF函数进行判断，控制“性别”列的输入内容

B．请同事帮忙进行检查，错误内容用红色标记

C．设置条件格式，标记不符合要求的数据

D．设置数据有效性，控制“性别”列的输入内容

15．Excel工作表B列保存了11位手机号码信息，为了保护个人隐私，手机号码的后4位均需用“*”表示，以B2单元格为例，最优的操作方法是（　　）。

A．=REPLACE(B2,7,4,"****")　　B．=REPLACE(B2,8,4,"****")

C．=MID(B2,7,4,"****")　　D．=MID(B2,8,4,"****")

16．小李使用Excel 2010制作了一份“产品销量统计表”，并且已经为该表创建了一张柱形分析图，制作完成后发现该表格缺少一个产品的销售数据，现在需要将缺少的数据添加到分析图中，以下最优的操作方法是（　　）。

A．在工作表中添加销售记录，选中柱状分析图，单击“设计”选项卡下“类型”功能组中的“更改图表类型”按钮

B．直接在工作表中添加销售记录，因为图表和数据产生了关联，在图表中会自动产生一个新的数据系列

C．在工作表中添加销售记录，选中柱状分析图，单击“设计”选项卡下“数据”功能组中的“选择数据”按钮，重新选择数据区域

D. 在工作表中添加销售记录，选中柱状分析图，按Delete键将其删除，然后重新插入一个柱状分析图

17. 在Excel工作表中，编码与分类信息以“编码|分类”的格式显示在了一个数据列内，若将编码与分类分为两列显示，最优的操作方法是（　　）。

A. 重新在两列中分别输入编码列和分类列，将原来的编码与分类列删除

B. 使用文本函数将编码与分类信息分开

C. 在编码与分类列右侧插入一个空列，然后利用Excel的分列功能将其分开

D. 将编码与分类列在相邻位置复制一列，将一列中的编码删除，另一列中的分类删除

18. 张老师使用Excel 2010软件统计班级学生考试成绩，工作表的第1行为标题行，第1列为考生姓名。由于考生较多，在Excel的一个工作表中无法完全显示所有行和列的数据，为方便查看数据，现需要对工作表的首行和首列进行冻结操作，以下最优的操作方法是（　　）。

A. 选中工作表的A1单元格，单击“视图”选项卡下“窗口”功能组中的“冻结窗格”按钮，在下拉列表中选择“冻结拆分窗格”

B. 选中工作表的B2单元格，单击“视图”选项卡下“窗口”功能组中的“冻结窗格”按钮，在下拉列表中选择“冻结拆分窗格”

C. 首先选中工作表的A列，单击“视图”选项卡下“窗口”功能组中的“冻结窗格”按钮，在下拉列表中选择“冻结首列”，再选中工作表的第1行，单击“视图”选项卡下“窗口”功能组中的“冻结窗格”按钮，在下拉列表中选择“冻结首行”

D. 首先选中工作表的第1行，单击“视图”选项卡下“窗口”功能组中的“冻结窗格”按钮，在下拉列表中选择“冻结首行”，再选中工作表的A列，单击“视图”选项卡下“窗口”功能组中的“冻结窗格”按钮，在下拉列表中选择“冻结首列”

19. 在Excel成绩单工作表中包含了382个同学成绩，C列为成绩值，第1行为标题行。在不改变行列顺序的情况下，在D列统计成绩排名，最优的操作方法是（　　）。

A. 在D2单元格中输入“=RANK(C2,C$2:C$383)”，然后向下拖动该单元格的填充柄到D21单元格

B. 在D2单元格中输入“=RANK(C2,C$2:C$383)”，然后双击该单元格的填充柄

C. 在D2单元格中输入“=RANK(C2,$C2:$C383)”，然后向下拖动该单元格的填充柄到D21单元格

D. 在D2单元格中输入“=RANK(C2,$C2:$C383)”，然后双击该单元格的填充柄

20. 某公司需要统计各类商品的全年销量冠军。在Excel中，最优的操作方法是（　　）。

A. 在销量表中直接找到每类商品的销量冠军，并用特殊的颜色标记

B. 分别对每类商品的销量进行排序，将销量冠军用特殊的颜色标记

C. 通过设置条件格式，分别标出每类商品的销量冠军

D. 通过自动筛选功能，分别找出每类商品的销量冠军，并用特殊的颜色标记

21. 在Excel操作中，如果单元格中出现“#DIV/0!”的信息，这表示（　　）。

A. 公式中出现被零除的现象　　B. 单元格引用无效

C. 没有可用数值　　D. 结果太长，单元格容纳不下

22. 小谢在Excel工作表中计算每个员工的工作年限，每满一年计一年工作年限，最优的操作方法是（　　）。

A. 根据员工的入职时间计算工作年限，然后手动录入到工作表中

B. 直接用当前日期减去入职日期，然后除以365，并向下取整

C. 使用TODAY函数返回值减去入职日期，然后除以365，并向下取整

D. 使用YEAR函数和TODAY函数获取当前年份，然后减去入职年份

23．小胡利用Excel对销售人员的销售额进行统计，销售工作表中已包含每位销售人员对应的产品销量，且产品销售单价为308元，计算每位销售人员销售额的最优操作方法是（　　）。

A．直接通过公式“=销量×308”计算销售额

B．将单价308输入到某个单元格中，然后在计算销售额的公式中相对引用该单元格

C．将单价308输入到某个单元格中，然后在计算销售额的公式中绝对引用该单元格

D．将单价308定义名称为“单价”，然后在计算销售额的公式中引用该名称

24．在Excel中，要显示公式与单元格之间的关系，可通过以下方式实现（　　）。

A．“公式”选项卡的“函数库”组中有关功能

B．“公式”选项卡的“公式审核”组中有关功能

C．“审阅”选项卡的“校对”组中有关功能

D．“审阅”选项卡的“更改”组中有关功能

25．在Excel中，设定与使用“主题”的功能是指（　　）。

A．标题　　B．一组格式集合

C．一个表格　　D．一段标题文字

26．假设在D2单元格存有一公式为“=SUM(B$2:C$4)”，将D2单元格复制到E5后，公式变为（　　）。

A．=SUM(B$5:C$5)　　B．=SUM(C$5:D$5)

C．=SUM(B$2:C$4)　　D．=SUM(C$2:D$4)

27．在Excel工作表中，单元格 D5 中有公式“=$B$2+C4 ”，删除第A列后C5单元格中的公式为（　）。

A．=$A$2+B4　　B．=$B$2+B4　　C．=SA$2+C4　　D．=$B$2+C4

28．在Excel工作表A1单元格里存放了18位二代身份证号码，在A2单元格中利用公式计算该人的年龄，最优的操作方法是（　　）。

A．=YEAR(TODAY())–MID(A1,6,4)　　B．=YEAR(TODAY())–MID(A1,6,8)

C．=YEAR(TODAY())–MID(A1,7,4)　　D．=YEAR(TODAY())–MID(A1,7,8)

29．假设B1为文字"100"，B2为数字"3"，则COUNT(B1:B2)等于（　　）。

A．103　　B．100　　C．3　　D．1

30．当在某单元格内输入一个公式并确认后，单元格内容显示为#REF!，它表示（　　）。

A．公式引用了无效的单元格　　B．某个参数不正确

C．公式被零除　　D．单元格太小

31．Excel工作表D列保存了18位身份证号码信息，为了保护个人隐私，需将身份证信息的第9到12位用“*”表示，以D2单元格为例，最优的操作方法是（　　）。

A．=MID(D2,9,4,"****")　　B．=CONCATENATE(MID(D2,1,8),"****",MID(D2,13,6))

C．=REPLACE(D2,9,4,"****")　　D．=MID(D2,1,8)+"****"+MID(D2,13,6)

32．不可以在Excel工作表中插入的迷你图类型是（　　）。

A．迷你柱形图　　B．迷你散点图　　C．迷你盈亏图　　D．迷你折线图

33．如果Excel单元格值大于0，则在本单元格中显示“已完成”；单元格值小于0，则在本单元格中显示“还未开始”；单元格值等于0，则在本单元格中显示“正在进行中”，最优的操作方法是（　　）。

A．使用IF函数　　B．使用自定义函数

C．使用条件格式命令　　D．通过自定义单元格格式，设置数据的显示方式

34．小王正在Excel中编辑一个包含上千人的工资表，他希望在编辑过程中总能看到表明每列数据性质的标题行，最优的操作方法是（　　）。

A．通过Excel的新建窗口功能，创建一个新窗口，并将两个窗口水平并排显示，其中上方窗口

显示标题行

B．通过Excel的拆分窗口功能，使得上方窗口显示标题行，同时在下方窗口中编辑内容

C．通过Excel的冻结窗格功能将标题行固定

D．通过Excel的打印标题功能设置标题行重复出现

35．在Excel操作中，某公式中引用了一组单元格，它们是(B5:C9,B1:G1)，该公式引用的单元格总数为（　　）。

A．14　　B．15　　C．16　　D．17

36．在Excel中，如果单元格A5的值是单元格A1、A2、A3、A4的平均值，则不正确的输入公式为（　　）。

A．=AVERAGE(A1:A4)　　B．=AVERAGE(A1,A2,A3,A4)

C．=(A1+A2+A3+A4)/4　　D．=AVERAGE(A1+A2+A3+A4)

37．在Excel某列单元格中，快速填充2011—2013年每月最后一天日期的最优操作方法是（　　）。

A．在第一个单元格中输入“2011-1-31”，然后选中36个单元格，执行“开始”选项卡中的“填充”命令

B．在第一个单元格中输入“2011-1-31”，然后使用MONTH函数填充其余35个单元格

C．在第一个单元格中输入“2011-1-31”，然后使用格式刷直接填充其余35个单元格

D．在第一个单元格中输入“2011-1-31”，拖动填充柄，然后使用“自动填充选项-以月填充”自动填充其余35个单元格

38．小赵在Excel中整理职工档案，希望“性别”一列只能从“男”“女”两个值中进行选择，否则系统提示错误信息，最优的操作方法是（　　）。

A．设置条件格式，标记不符合要求的数据

B．设置数据有效性，控制“性别”列的输入内容

C．通过IF函数进行判断，控制“性别”列的输入内容

D．利用条件格式，对错误内容用红色标记

39．小赵要将一份通过Excel整理的调查问卷统计结果送交经理审阅，这份调查表包含统计结果和中间数据两个工作表。他希望经理无法看到其存放中间数据的工作表，最优的操作方法是（　　）。

A．将存放中间数据的工作表隐藏，然后设置保护工作簿结构

B．将存放中间数据的工作表删除

C．将存放中间数据的工作表隐藏，然后设置保护工作表隐藏

D．将存放中间数据的工作表移动到其他工作簿保存

40．小张在Excel中制作了一份通讯录，并为工作表数据区域设置了合适的边框和底纹，她希望工作表中默认的灰色网格线不再显示，最快捷的操作方法是（　　）。

A．在“页面设置”对话框中设置不显示网格线

B．在后台视图的高级选项下，设置工作表不显示网格线

C．在后台视图的高级选项下，设置工作表网格线为白色

D．在“页面布局”选项卡上的“工作表选项”组中设置不显示网格线

3.1.8 PowerPoint操作基础

下列各题A、B、C、D四个选项中，只有一个选项是正确的。

1．如需在PowerPoint演示文档的一张幻灯片后增加一张新幻灯片，最优的操作方法是（　　）。

A．执行“插入”选项卡中的“插入幻灯片”命令

B．执行“文件”后台视图的“新建”命令

C．执行“视图”选项卡中的“新建窗口”命令

D．在普通视图左侧的幻灯片缩略图中按Enter键

2．在PowerPoint 2010的普通视图下，若要插入一张新幻灯片，其操作为（　　）。

A．单击“文件”选项卡下的“新建”命令

B．单击“插入”选项卡“幻灯片”组中的“新建幻灯片”按钮

C．单击“开始”选项卡“幻灯片”组中的“新建幻灯片”按钮

D．单击“设计”选项卡“幻灯片”组中的“新建幻灯片”按钮

3．在一个包含多张幻灯片的演示文稿中新增一张幻灯片，系统默认的幻灯片版式是（　　）。

A．标题幻灯片　　B．标题和内容

C．标题和竖排文字　　D．空白版式

4．可以在PowerPoint内置主题中设置的内容是（　　）。

A．字体、颜色和效果　　B．效果、背景和图片

C．字体、颜色和表格　　D．效果、图片和表格

5．在PowerPoint中，下列关于幻灯片主题的说法中，错误的是（　　）。

A．选定的主题只能应用于所有的幻灯片　　B．选定的主题可以应用于所有的幻灯片

C．选定的主题可以应用于选定的幻灯片　　D．选定的主题可以应用于当前幻灯片

6．小王负责新员工的入职培训，在培训演示文稿中需要制作公司的组织结构图。在PowerPoint中最优的操作方法是（　　）。

A．通过插入形状制作组织结构图

B．直接在幻灯片的适当位置通过绘图工具绘制出组织结构图

C．通过插入SmartArt图形制作组织结构图

D．通过插入图片或对象的方式，插入在其他程序中制作好的组织结构图

7．PowerPoint 2010中，要隐藏某张或某几张幻灯片，可以先在幻灯片缩略图窗格选中这些幻灯片，然后（　　）。

A．在选中幻灯片上单击右键，选择“隐藏幻灯片”命令

B．单击“视图”选项卡“隐藏幻灯片”命令按钮

C．单击“设计”选项卡“设置”组中的“隐藏幻灯片”命令按钮

D．按键盘上的Delete键

8．如果需要在一个演示文稿的每页幻灯片左下角相同位置插入学校的校徽图片，最优的操作方法是（　　）。

A．打开幻灯片浏览视图，将校徽图片插入幻灯片中

B．打开幻灯片普通视图，将校徽图片插入幻灯片中

C．打开幻灯片母版视图，将校徽图片插入母版中

D．打开幻灯片放映视图，将校徽图片插入幻灯片中

9．在PowerPoint普通视图中编辑幻灯片时，需将文本框中的文本级别由第二级调整为第三级，最优的操作方法是（　　）。

A．当光标位于文本中时，单击“开始”选项卡上的“提高列表级别”按钮

B．当光标位于文本最右边时按Tab键

C．在段落格式中设置文本之前缩进距离

D．在文本最右边添加空格形成缩进效果

10．李老师在用PowerPoint制作课件，她希望将学校的徽标图片放在除标题页之外的所有幻灯片右下角，并为其指定一个动画效果。最优的操作方法是（　　）。

A．先在一张幻灯片上插入徽标图片，并设置动画，然后将该徽标图片复制到其他幻灯片上

B．分别在每一张幻灯片上插入徽标图片，并分别设置动画

C．先制作一张幻灯片并插入徽标图片，为其设置动画，然后多次复制该张幻灯片

D．在幻灯片母版中插入徽标图片，并为其设置动画

11．在PowerPoint中制作演示文稿时，希望将所有幻灯片中标题的中文字体和英文字体分别统一为微软雅黑、Arial，正文的中文字体和英文字体分别统一为仿宋、Arial，最优的操作方法是（　　）。

A．通过PowerPoint选项设置“默认字体”

B．在幻灯片母版中通过“字体”对话框分别设置占位符中的标题和正文字体

C．在一张幻灯片中设置标题、正文字体，然后通过格式刷应用到其他幻灯片的相应部分

D．通过自定义主题字体进行设置

12．在PowerPoint演示文稿中，不可以使用的对象是（　　）。

A．图片　　B．超链接　　C．视频　　D．书签

13．在PowerPoint中关于表格的叙述，错误的是（　　）。

A．可以为表格设置图片背景

B．只要将光标定位到幻灯片中的表格，立即出现“表格工具”选项卡

C．在幻灯片浏览视图模式下，不可以向幻灯片中插入表格

D．不能在表格单元格中插入斜线

14．小王正在整理介绍公司各产品线的PowerPoint演示文稿，因幻灯片内容较多，不易于对各产品线演示内容进行管理。快速分类和管理幻灯片的最优操作方法是（　　）。

A．为不同的产品线幻灯片分别指定不同的设计主题，以便浏览

B．利用自定义幻灯片放映功能，将每个产品线定义为独立的放映单元

C．利用节功能，将不同的产品线幻灯片分别定义为独立节

D．将演示文稿拆分成多个文档，按每个产品线生成一份独立的演示文稿

15．在PowerPoint演示文稿中利用“大纲”窗格组织、排列幻灯片中的文字时，输入幻灯片标题后进入下一级文本输入状态的最快捷方法是（　　）。

A．按Ctrl+Enter组合键

B．按Shift+Enter组合键

C．按Enter键后，再按Tab键

D．按Enter键后，从右键菜单中选择“降级”

16．张老师需将PowerPoint演示文稿内容制作成一份Word版本讲义，以便后续可以灵活编辑及打印，最优的操作方法是（　　）。

A．将演示文稿中的幻灯片以粘贴对象的方式一张张复制到Word文档中

B．在PowerPoint中利用“创建讲义”功能，直接创建Word讲义

C．将演示文稿另存为“大纲/RTF文件”格式，然后在Word中打开

D．切换到演示文稿的“大纲”视图，将大纲内容直接复制到Word文档中

17．江老师使用Word编写完成了课程教案，需根据该教案创建PowerPoint课件，最优的操作方法是（　　）。

A．在Word中直接将教案大纲发送到PowerPoint

B．参考Word教案，直接在PowerPoint中输入相关内容

C．从Word文档中复制相关内容到幻灯片中

D．通过插入对象的方式将Word文档内容插入到幻灯片中

18．李老师制作完成了一个带有动画效果的PowerPoint教案，她希望在课堂上可以按照自己讲课的节奏自动播放，最优的操作方法是（　　）。

A．为每张幻灯片设置特定的切换持续时间，并将演示文稿设置为自动播放

B．在练习过程中，利用“排练计时”功能记录适合的幻灯片切换时间，然后播放即可

C．根据讲课节奏，设置幻灯片中每一个对象的动画时间，以及每张幻灯片的自动换片时间

D．将PowerPoint教案另存为视频文件

19．若需在PowerPoint演示文稿的每张幻灯片中添加包含单位名称的水印效果，最优的操作方法是（　　）。

A．在幻灯片母版的特定位置放置包含单位名称的文本框

B．利用PowerPoint插入“水印”功能实现

C．添加包含单位名称的文本框，并置于每张幻灯片的底层

D．制作一个带单位名称的水印背景图片，然后将其设置为幻灯片背景

20．小张在一次校园活动中拍摄了很多数码照片，现需将这些照片整理到一个PowerPoint演示文稿中，快速制作的最优操作方法是（　　）。

A．创建一个PowerPoint相册文件

B．创建一个PowerPoint演示文稿，然后批量插入图片

C．创建一个PowerPoint演示文稿，然后在每页幻灯片中插入图片

D．在文件夹中选中所有照片，然后单击鼠标右键直接发送到PowerPoint演示文稿中

21．在制作新的演示文稿时，如果想借鉴以前制作的某个文稿中的部分幻灯片，最优的操作方法是（　　）。

A．将原演示文稿中有用的幻灯片逐一复制到新文稿

B．通过“重用幻灯片”功能将原文稿中有用的幻灯片引用到新文稿中

C．单击“插入”选项卡上的“对象”按钮，插入原文稿中的幻灯片

D．直接在原演示文稿中进行增删修改，并另行保存

22．要将六个标题文字转换SmartArt列表，最简捷的方法是（　　）。

A．将这六个标题的文字放在一个文本框中，单击“开始”选项卡中的“转换为SmartArt”功能按钮

B．将这六个标题的文字分别放在六个文本框中，单击“开始”选项卡中的“转换为SmartArt”功能按钮

C．将这六个标题的文字放在一个文本框中，单击“插入”选项卡中的“转换为SmartArt”功能按钮

D．将这六个标题的文字放在六个文本框中，单击“插入”选项卡中的“转换为SmartArt”功能按钮

23．在PowerPoint中，旋转图片的最快捷方法是（　　）。

A．拖动图片四个角的任一控制点　　B．设置图片格式

C．拖动图片上方的绿色控制点　　D．设置图片效果

24．在PowerPoint中，幻灯片浏览视图主要用于（　　）。

A．预览幻灯片切换效果，设计幻灯片的播放效果

B．预览幻灯片动画，对幻灯片的内容进行动画设计

C．对幻灯片的内容进行编辑修改及格式调整

D．对演示文稿所有幻灯片进行整理编排或次序调整，设置切换效果并预览

25．在PowerPoint演示文稿中通过分节组织幻灯片，如果要求一节内的所有幻灯片切换方式一致，最优的操作方法是（　　）。

A．选中该节的第1张幻灯片，然后按住Shift键，单击该节的最后一张幻灯片，再设置切换方式

B．选中该节的一张幻灯片，然后按住Ctrl键，逐个选中该节的其他幻灯片，再设置切换方式

C．在幻灯片缩略图窗格中单击节标题，再设置切换方式

D．分别选中该节的每一张幻灯片，逐个设置其切换方式

26. 小李使用PowerPoint 2010创建了一份关于公司新业务推广的演示文稿，现在发现第3张幻灯片的内容太多，需要将该张幻灯片分成两张显示，以下最优的操作方法是（　　）。

A. 选中第3张幻灯片，使用“复制/粘贴”，生成一张新的幻灯片，然后将原来幻灯片的后一部分内容删除，将新幻灯片的前一部分内容删除

B. 选中第3张幻灯片，单击“开始”选项卡下“幻灯片”功能组中的“新建幻灯片”按钮，产生一张新的幻灯片，接着将第3张幻灯片中的部分内容“复制/粘贴”到新幻灯片中

C. 将幻灯片切换到大纲视图下，将光标置于需要分页的段落末尾处，按Enter键产生一个空段落，此时再切换回幻灯片设计视图即可分为两张幻灯片

D. 将幻灯片切换到大纲视图下，将光标置于需要分页的段落末尾处，按Enter键产生一个空段落，再单击“开始”选项卡下“段落”功能组中的“降低列表级别”按钮，此时再切换回幻灯片设计视图即可分为两张幻灯片

27. 如果想更改正在编辑的演示文稿中所有幻灯片标题的字体，以下最优的操作方法是（　　）。

A. 打开“开始”选项卡，逐一更改字体　　B. 全选所有幻灯片再统一更改字体

C. 在幻灯片母版里面更改字体　　D. 在幻灯片模板里面更改字体

28. 希望在演示文稿的每一张幻灯片下端显示播放时的日期，日期跟随系统自动更新，最快捷的操作方法是（　　）。

A. 通过插入域的方式插入日期和时间

B. 通过插入对象功能，插入一个可以链接到原文件的日期

C. 通过插入页眉页脚，或者插入日期功能，插入特定格式的日期并设置为自动更新

D. 插入一个文本框，直接手动输入日期，然后将其格式设置为可以自动更新

29. 设置PowerPoint演示文稿中的SmartArt图形动画，要求一个分支形状展示完成后再展示下一分支形状内容，最优的操作方法是（　　）。

A. 将SmartArt动画效果设置为“一次按级别”　B. 将SmartArt动画效果设置为“整批发送”

C. 将SmartArt动画效果设置为“逐个按分支”　D. 将SmartArt动画效果设置为“逐个按级别”

30. 在PowerPoint中，选定了文字、图片等对象后，可以插入超链接，超链接可以链接到的“现有文件或网页”选项中的现有文件可以是（　　）。

A. 其他演示文稿　　B. 某个可执行文件　　C. 某张图片文件　　D. 以上都可以

31. 小陈利用PowerPoint制作产品宣传方案，并希望在演示时能够满足不同对象的需要，处理该演示文稿的最优操作方法是（　　）。

A. 制作一份包含适合所有人群的全部内容的演示文稿，放映前隐藏不需要的幻灯片

B. 制作一份包含适合所有人群的全部内容的演示文稿，然后利用自定义幻灯片放映功能创建不同的演示方案

C. 制作一份包含适合所有人群的全部内容的演示文稿，每次放映时按需要进行删减

D. 针对不同的人群，分别制作不同的演示文稿

32. 某公司销售部的文员，现在正在制作一份关于公司新产品的推广宣传演示文稿，而宣传场地的计算机并未安装PowerPoint软件，为确保不影响推介会的顺利开展，以下最优的操作方法是（　　）。

A. 必须在另外一台计算机上安装好PowerPoint软件才能播放文件

B. 需要把演示文稿和PowerPoint软件都复制到另一台计算机上去

C. 将演示文稿转换成直接放映格式（*.ppsx）文件类型

D. 使用PowerPoint的“打包”工具并包含全部PowerPoint程序

33. 小张利用PowerPoint制作一份考试培训的演示文稿，他希望在每张幻灯片中添加包含“样例”文字的水印效果，最优的操作方法是（　　）。

A. 在一张幻灯片中插入包含“样例”二字的文本框，然后复制到其他幻灯片

B. 在幻灯片母版中插入包含“样例”二字的文本框，并调整其格式及排列方式

C. 将“样例”二字制作成图片，再将该图片作为背景插入并应用到全部幻灯片中

D. 通过“样例”选项卡上的“插入水印”功能输入文字并设定版式

34. 王老师是初三班的物理老师，为了便于教学，他使用PowerPoint 2010制作了相关课程的课件，其中文件“1-2节.pptx”中保存了1~2节的内容；文件“3-7节.pptx”中保存了3~7节的内容，现在需要将这两个演示文稿文件合并为一个文件，以下最优的操作方法是（　　）。

A. 分别打开两个文件，先将“3-7节.pptx”中的所有幻灯片进行复制，然后到“1-2节.pptx”中进行粘贴即可

B. 打开文件“1-2节.pptx”文件，再单击“文件”选项卡下的“打开”命令，找到文件“3-7节.pptx”，单击“打开”按钮，即可将“3-7节.pptx”中的幻灯片放到“1-2节.pptx”文件中

C. 打开文件“1-2节.pptx”文件，再单击“开始”选项卡下的“幻灯片”功能组中的“新建幻灯片”按钮，从下拉列表中选择“重用幻灯片”，单击“浏览”按钮，找到文件“3-7节.pptx”，最后单击右侧的执行按钮即可

D. 分别打开两个文件并切换至“大纲视图”，在大纲视图下复制“3-7节.pptx”中的所有内容，然后到“1-2节.pptx”文件中进行粘贴即可

35. 将一个PowerPoint演示文稿保存为放映文件，最优的操作方法是（　　）。

A. 在“文件”后台视图中选择“保存并发送”，将演示文稿打包成可自动放映的CD

B. 将演示文稿另存为.potx文件格式

C. 将演示文稿另存为.pptx文件格式

D. 将演示文稿另存为.ppsx文件格式

36. PowerPoint演示文稿包含了20张幻灯片，需要放映奇数页幻灯片，最优的操作方法是（　　）。

A. 将演示文稿的偶数张幻灯片删除后再放映

B. 将演示文稿的偶数张幻灯片设置为隐藏后再放映

C. 将演示文稿的所有奇数张幻灯片添加到自定义放映方案中，然后再放映

D. 设置演示文稿的偶数张幻灯片的换片持续时间为0.01秒，自动换片时间为0秒，然后再放映

37. 邱老师在学期总结PowerPoint演示文稿中插入了一个SmartArt图形，她希望将该SmartArt图形的动画效果设置为逐个形状播放，最优的操作方法是（　　）。

A. 先将该SmartArt图形转换为形状，然后取消组合，再为每个形状依次设置动画

B. 先将该SmartArt图形取消组合，然后再为每个形状依次设置动画

C. 为该SmartArt图形选择一个动画类型，然后再进行适当的动画效果设置

D. 只能将该SmartArt图形作为一个整体设置动画效果，不能分开指定

38. 假设一个演示文稿有100张幻灯片，现在根据实际情况第51至55张幻灯片不需要播放，以下最优的操作方法是（　　）。

A. 选中第51至55张幻灯片，单击右键，隐藏幻灯片

B. 选中第51至55张幻灯片，单击右键，删除幻灯片

C. 单击“幻灯片放映”选项卡下“设置”功能组中的“设置幻灯片放映”按钮，设置放映第1~49张幻灯片，放映完成后，再设置放映第56~100张幻灯片

D. 单击“幻灯片放映”选项卡下“开始放映幻灯片”功能组中的“自定义幻灯片放映”按钮，在自定义幻灯片放映对话框中单击“新建”按钮，依次添加第1~50张幻灯片和56~100张幻灯片，播放时使用自定义方案进行播放

39. 在PowerPoint演示文稿普通视图的幻灯片缩略图窗格中，需要将第3张幻灯片在其后面再复制一张，最快捷的操作方法是（　　）。

A. 用右键单击第3张幻灯片并选择“复制幻灯片”命令

B．按下Ctrl键再用鼠标拖动第3张幻灯片到第3、4张幻灯片之间

C．用鼠标拖动第3张幻灯片到第3、4张幻灯片之间时按下Ctrl键并放开鼠标

D．选择第3张幻灯片并通过复制、粘贴功能实现复制

40．在PowerPoint演示文稿中通过分节组织幻灯片，如果要选中某一节内的所有幻灯片，最优的操作方法是（　）。

A．单击节标题幻灯片

B．选中该节的一张幻灯片，然后按住Ctrl键，逐个选中该节的其他幻灯片

C．按Ctrl+A组合键

D．选中该节的第1张幻灯片，然后按住Shift键，单击该节的最后一张

3.2 选择题真考题库精选详解

3.2.1　数据结构与算法基础

答案表

1	2	3	4	5	6	7	8	9	10	11	12	13	14	15	16	17	18	19	20
D	B	A	D	C	C	A	C	C	D	B	C	A	B	D	A	B	C	B	A
21	22	23	24	25	26	27	28	29	30	31	32	33	34	35	36	37	38	39	40
D	B	B	B	D	B	C	A	A	C	B	D	C	D	B	B	B	A	C	C
41	42	43	44	45	46	47	48	49	50	51	52	53	54	55	56	57	58	59	60
C	D	C	C	B	D	B	A	A	B	D	D	C	D	B	B	D	C	A	B
61	62	63	64	65	66	67	68	69	70	71	72	73	74	75	76	77	78	79	80
B	C	A	C	B	D	D	D	B	D	C	C	C	A	B	B	B	A	D	B
81	82	83	84	85	86	87	88	89	90	91	92	93	94	95	96	97	98	99	
C	D	C	A	D	B	A	D	D	A	B	B	A	C	C	B	C	D	B	

解析

1．解析：算法可以没有输入或者有多个输入，但算法都应该有一个或多个输出。算法的运行效率即算法的时间复杂度，并不取决于算法的编程语言或运行环境，一般与算法的数据量大小和算法本身的控制与逻辑有关。所以D的说法是错误的，答案为D。

2．解析：一般是由合理的数据结构配合实现更优化的算法，而不是反过来。分析算法的目标是优化算法。一定的输入产生一定的输出是对算法的基本要求，而易懂性和文档性是程序设计的要求。所以，答案为B。

3．解析：算法可以用程序、伪代码、流程图来描述。一般而言，算法+数据结构=程序，即计算机程序系统的核心是由算法与适当的数据结构组成的。算法是一组有穷指令集，但是，算法的空间复杂度是指实现算法的程序所用的总的存储空间，其中，主要是需要用于存储数据的存储空间。所以，答案为A。

4．解析：解决同一个问题的不同算法的时间复杂度，可能相同也可能不相同。算法的时间复杂度与数据存储结构无关，对同一批数据作同一种处理或者不同处理，数据存储结构相同或者不同，算法的时间复杂度都可能相同或者不同。可见，答案为D。

5. 解析：算法复杂度是指算法在运行时所需要的资源，资源包括时间资源和内存资源。算法的复杂度包括时间复杂度与空间复杂度。算法的时间复杂度是指执行算法所需要的计算工作量，一般以与数据量相关的运行次数来衡量；算法的空间复杂度是指算法在执行过程中所需要的内存空间，一般以与数据量相关的存储空间来衡量。故答案为C。

6. 解析：算法原则上能够精确地运行，并获得设计的结果。有穷性是指算法程序的运行时间是有限的。所以，答案为C。

7. 解析：算法的时间复杂度与使用的计算机、程序设计语言以及其他运行环境无关，而是客观地对应某一数据量的数据获得某种效果所需的运算次数，即一般用算法在执行过程中所需基本运算的执行次数来度量算法的工作量。所以，算法所执行的基本运算次数还与问题的规模有关；对应一个固定的规模，算法所执行的基本运算次数还可能与特定的输入有关。故答案为A。

8. 解析：算法的空间复杂度是指算法在执行过程中所需要的内存空间。算法执行期间所需的存储空间包括3个部分：输入数据所占的存储空间，程序本身所占的存储空间，算法执行过程中所需要的额外空间。故答案为C。

9. 解析：在算法设计中，为了更好地利用内存空间，往往固定分配一定的内存空间，在运算中将一些中间变量或运算结果重复放入原来的分配的空间，这称为原地运算或原址运算（in place algorithm），但是，原地运算并未改变算法的空间复杂度。所以，答案为C。

10. 解析：算法设计中，为了更好地利用内存空间，往往固定分配一定的内存空间，在运算中将一些中间变量或运算结果重复放入原来的分配的空间，这称为原地运算或原址运算（in place algorithm），但是，原地运算并未改变算法的空间复杂度。可见答案为D。

11. 解析：采用不同的存储结构，其数据处理的效率是不同的。因此，在进行数据处理时选择合适的存储结构很重要。故答案为B。

12. 解析：线性结构的基本特点是除第一个和最后一个数据元素外，每个数据元素只有一个前驱和一个后继，选项A、B正确。向量满足上述条件，属于线性结构，选项D正确。具有两个指针域的链式存储结构既可以用于存储线性结构的数据，也可以用于存储非线性结构的数据，用于存储线性结构的数据时，两个指针可以分别指向前驱和后继以便于数据访问。所以选项C是错误的。

13. 解析：数据元素是数据的“基本单位”，在计算机中通常作为一个整体进行考虑和处理。数据元素可以是基本数据类型，也可以是被抽象出的具有一定结构的数据集合，所以数据结构中的数据元素可以是另一数据结构。满足有且只有一个根结点并且每一个结点最多有一个前件，也最多有一个后件的非空的数据结构被认为是线性结构，不满足条件的结构为非线性结构。空数据结构可以是线性结构，也可以是非线性结构。非空数据结构可以没有根结点，如非性线结构“图”就没有根结点。所以，A的表述错误，答案为A。

14. 解析：线性结构的基本特点是除第一个和最后一个数据元素外，每个数据元素只有一个前驱和一个后继，所以，线性结构和非线性结构都可以是空的数据结构。树只有一个根结点，但不论有几个叶子结点，树都是非线性结构。可见，只有B的表述是正确的。

15. 解析：数据结构由两个要素构成：第一，数据元素集合，记为D；第二，D上的逻辑关系，它反映了D中各数据元素之间的前后件关系，记为R。即一个数据结构可以表示成DS=（D，R）。其中DS表示数据结构。D为数据集合，R为反映数据关系的二元组构成。例如，假设x与y是D中的两个数据，则二元组（x，y）表示x是y的前件，y是x的后件。本题中R中的根结点为f，元素顺序为c→b→d→a→e，满足线性结构的条件。可见，答案为D。

16. 解析：数据的逻辑结构有两个要素：一是数据元素的集合，通常记为D；二是D上的关系，它反映了D中各数据元素之间的前后件关系，通常记为R。即一个数据结构可以表示成B=（D，R）。其中B表示数据结构。为了反映D中各数据元素之间的前后件关系，一般用二元组来表示。例如，假设x与y是D中的两个数据，则二元组（x，y）表示x是y的前件，y是x的后件。本题中R中的根结点为e，且e有两个后继：a和d，其他元素都只有一个后继，满足树形结构的特征。所以，答案为A。

17．解析：从数据关系可以看出，数据元素具有d→b→c→a→d，满足循环队列的关系。树形结构是每个结点只有一个前驱和多个后继，而循环链表需要指针域，在本数据结构中不能看出指针域。非线性结构的结点有多个前驱或者多个后继，本结构显然不满足。所以，答案为B。

18．解析：A选项中，R=｛（1，3），（5，4），（4，1），（3，2）｝，5为根结点，元素顺序为5→4→1→3→2，满足线性结构条件；同理，B选项中1为根结点，元素顺序为1→2→3→4→5；D选项中5为根结点，元素顺序为5→4→3→2→1，均满足线性结构条件。而C选项中，元素3有两个后件，属于非线性结构。故答案为C。

19．解析：空数据结构由于还未添加其他数据元素，所以，既可以是线性结构也可以是非线性结构。数据元素本身具有广泛的含义，既可以是某种基础数据类型的数据，也可以是某种复合型的数据单元，因此，数据结构中的数据元素可以是另一数据结构。而非空的数据结构可以没有根结点，例如图形结构即没有根结点。所以，答案为B。

20．解析：线性表的顺序存储结构的两个特点是：（1）线性表中所有元素所占的存储空间是连续的；（2）线性表中各数据元素在存储空间中是按逻辑顺序依次存放的。另外，在线性表中数据元素所占的字节数都是一致的。故答案为A。

21．解析：线性表是具有n个数据元素的有限序列（n>=0）。数据元素本身具有广泛的含义，既可以是某种基础数据类型的数据，也可以是某种复合型的数据单元。所以，答案为D。

22．解析：矩阵也是线性表，只不过是比较复杂的线性表。线性表中各元素的数据类型必须相同。在线性表中，不仅可以作插入与删除运算，还可以进行查找或对线性表进行排序等操作。而线性表中各个数据元素的数据类型是相同的。所以，答案为B。

23．解析：所有的线性结构都可以用数组保存，即都可以采用顺序存储结构。而采用顺序存储的并非必定是线性结构：完全二叉树或满二叉树也能采用顺序存储，即按层次依次存放到数据元素中，但二叉树不属于线性结构。双向链表具有两个以上的指针，但属于线性结构。循环队列是队列的顺序存储结构。故答案为B。

24．解析：链表通过指针判断逻辑顺序，因此，插入和删除元素时不需要移动元素，链表所占空间与链表长度成正比，但存储空间不需要事先估计和分配。链表访问是需要通过指针移动逐个访问的，不能随机访问。因此，答案为B。

25．解析：顺序存储一般用数组实现，其特点是：元素按逻辑顺序存放，不用为表示结点间的逻辑关系而增加额外的存储开销。逻辑顺序与存储顺序是一致的，可以按元素序号随机访问。但是，数组一般都需要预先分配存储空间，当空间分配较小时就会造成数据溢出，并且在删除和插入数据时，需要移动其他数据。可见，答案为D。

26．解析：链表在插入与删除数据元素时只需要更改结点指针，并不需要移动其他的数据，因此，链表插入与删除的操作更快。查找和排序时，都需要进行数据的比较，所以，查找和排序效率一般由算法决定。而链表由于需要存放指针域，所以不会更节省存储空间。可见，答案为B。

27．解析：栈是先进后出的线性表，即先入栈的元素最后出栈。所以，答案为C。

28．解析：栈是先进后出的数据结构，所以栈顶元素最后入栈却最先被删除，栈底元素最先入栈却最后被删除。所以选择A。

29．解析：栈是先进后出的线性表，因此，e，d，c，b，a入栈后出栈，三个元素入队，则队中此时有三个元素a，b，c；然后，X，Y，Z入队，队中的元素为a，b，c，X，Y，Z，再将栈中元素退出并入队，队中元素即为a，b，c，X，Y，Z，d，e，队列是先进先出的顺序表。因此答案为A。

30．解析：队列是指允许在一端进行插入，而在另一端进行删除的线性表，入队与出队遵循“先进先出”的原则，即是一种“先来先服务”的操作模式。操作系统中的作业调度是指根据一定信息，按照一定的算法，从外存的后备队列中选取某些作业调入内存分配资源并将新创建的进程插入就绪队列的过程。执行程序中的过程调用一般指函数调用，需要调用时转入被调用函数地址执行程序，与队列无关。执行程序中的循环控制是指算法的基本控制结构，包括对循环条件的判定与执行循环体，与队列无关。二叉树是一个有限的结点集合，二叉树的遍历是指不重复地访问二叉树中的所有结点，与队列无关。所以答案为C。

31．解析：在主程序调用子函数时要首先保存主程序当前的状态，然后转去执行子程序，最终把子程序的执行结果返回到主程序中调用子程序的位置，继续向下执行。这种操作模式符合栈的“先进后出”运行模式，所以，栈支持子程序调用。因此答案为B。

32．解析：初始状态为top=n+1，说明栈底是n，栈顶是1，入栈时栈顶指针是减操作（top=top−1），退栈时栈顶指针是加操作（top=top+1），当top= 1时，指针已经指向栈顶，栈已经满了，再填加就会溢出，也就是发生栈满错误。所以，答案为D。

33．解析：初始状态为top=31，说明栈底的地址为30，栈顶的位置为1，经过一系列操作后，top=10，则说明10～30的位置都有元素，共21个。另外一个思路即存储空间有N个，空栈时top=N+1，当top=n时，元素有(N+1)−n个。故本题答案为C。

34．解析：栈的初始状态top=61，故本栈是61在栈底。入栈时栈顶指针是减操作（top=top−1），退栈时栈顶指针是加操作（top=top+1）。假设存储空间有N个，空栈时top=N+1，当top=n时，元素有(N+1)−n个。故本题选D。

35．解析：栈的初始状态为top=m+1，说明栈空时top=m+1，即m在栈底，1在栈顶。按照顺序存储为S(1:m)，则有m个存储空间。入栈时栈顶指针是减操作（top=top−1），退栈时栈顶指针是加操作（top=top+1）。当top=n（n<=m）时，则从n到m存放了数据，因此，共有m−n+1个数据。故答案为B。

36．解析：栈的初始状态为top=−1，表示栈为空，经过一系列正常的入栈与退栈操作后top=20，则空间（1:20）中插入了元素，共20个。故答案为B。

37．解析：初始状态为top=m+1，说明栈底是m，且为空栈。经过若干次操作后，指针指向m，意味着栈中还有一个元素，如果此时退出一个元素，那么再次成为空栈，所以top=m+1。因此，本题选B。

38．解析：栈的入栈与退栈都在一端操作，所以，顺序存储和链式存储的操作方便性相同，链栈不能省略栈底指针。另外，作为链式存储，访问数据必须用指针进行遍历，并不比顺序存储快捷。而链栈作为链式存储，存储空间是在结点生产和删除时分配和释放的，不会发生溢出问题。所以，答案为A。

39．解析：在带链的栈中，只会出现栈空和非空两种状态。当栈为空时，有top=bottom=NULL；当栈为非空时，top指向链表的第一个结点（栈顶）。可见，答案为C。

40．解析：带链的栈就是用一个单链表来表示的栈，栈中的每一个元素对应链表中的一个结点。栈为空时，头指针和尾指针都为NULL；栈中只有一个元素时，头指针和尾指针都指向这个元素。所以，答案为C。

41．解析：带链栈就是没有附加头结点、运算受限的单链表。栈顶指针就是链表的头指针。如果栈底指针指向的存储单元中存有一个元素，则当top=bottom时，栈中的元素个数为1；如果栈底指针指向的存储单元中没有元素，则当top=bottom时，栈中的元素个数为0。故答案为C。

42．解析：带链的栈使用了链表来表示栈，而链表中的元素存储在不连续的地址中，因此当top=10，bottom=20时，不能确定栈中元素的个数。所以，答案为D。

43．解析：顺序栈是固定分配了内存空间的，所以，栈底指针是固定不变的。链栈由于是在结点生成时动态分配空间的，所以，当所有数据都出栈后，链栈栈底指针可能会改变。因此，C的叙述是错误的。答案为C。

44．解析：在队列的顺序存储中，由于数组空间不够而产生的溢出叫真溢出；顺序队列因多次入队列和出队列操作后出现的有存储空间但不能进行入队列操作的溢出称为假溢出；假溢出是由于队尾rear的值和队头front的值不能由所定义数组下界值自动转为数组上界值而产生的，解决的办法是把顺序队列所使用的存储空间构造成一个逻辑上首尾相连的循环队列。循环队列虽然能解决假溢出，却不能解决在顺序队列中，由于数组空间不够而产生的溢出（真溢出）。故A、B错误，C选项正确。循环队列属于队列的特例，和栈同属于线性结构，D选项不正确。故本题答案为C。

45．解析：由于带链栈利用的是计算机存储空间中的所有空闲存储结点，因此随栈的操作，栈顶、栈底指针动态变化。带链的队列中若只有一个元素，则头指针与尾指针相同。故答案为B。

46．解析：链式存储方式既可用于表示线性结构，也可用于表示非线性结构，多指针设计是为了使链表更容易访问前驱或后驱，当结点中两个指针分别指向前驱结点和后继结点时的结构为线性结构，当指向两个不同的前驱或后继结点时为非线性结构，指针域为非空的链表也可以是线性结构。故A、B、C不正确。线性结构的存储结点可以有多个指针，有时这是为了更方便访问前驱或后继结点。所以本题答案为D。

47．解析：循环队列是队列的一种顺序存储结构。二叉链表和二维数组属于非线性结构。双向链表也叫双链表，是链表（采用链式存储结构）的一种，它的每个数据结点中都有两个指针，分别指向直接后继和直接前驱。所以，答案为B。

48．解析：队列是先进先出的线性表，在队尾入队，入队后队尾指针加一；在队头退队，出队后队头指针加一。循环队列的存储空间为(1:28)，初始状态为front=rear=28，说明队列队尾为28。front=rear=1时为空队列，此后又正常地插入了两个元素，则队列中的元素个数为2。答案为A。

49．解析：队列是先进先出的线性表，在队尾入队，入队后队尾指针加一；在队头退队，出队后队头指针加一。由于存储空间可以存储m个结点，而头指针指向m，尾指针指向m–2，由于是循环队列，说明只有第m–2和m–1两个结点没有存放数据，所以该队列共有m–2个结点。因此，答案为A。

50．解析：对于循环队列，从排头指针front指向的后一个位置直到队尾指针rear指向的位置之间所有的元素均为队列中的元素。由于m–1<m，即rear–front>0，则该循环队列中的元素个数为m–(m–1)=1。此后从该循环队列中插入一个元素，则队列中的元素个数为1+1=2。故答案为B。

51．解析：从排头指针front指向的后一个位置直到队尾指针rear指向的位置之间所有的元素均为队列中的元素。对于循环队列，如果rear–front>0，则队列中的元素个数为rear–front；如果rear–front<0，则队列中的元素个数为rear–front+m。本题m–1<m，即rear–front<0，则该循环队列中的元素个数为（m–1）–m+m=m–1。此后从该循环队列中删除一个元素，则队列中的元素个数为m–1–1=m–2。所以，答案为D。

52．解析：带链的队列就是用一个单链表来表示的队列，队列中的每一个元素对应链表中的一个结点。队列空时，头指针和尾指针都为NULL。可见，答案为D。

53．解析：带链队列空时，头指针和尾指针都为NULL；队列中只有一个元素时，头指针和尾指针都指向这个元素。故答案为C。

54．解析：带链的队列使用了链表来表示队列，而链表中的元素存储在不连续的地址中，因此当front=10，rear=5时，不能确定队列中元素的个数。故答案为D。

55．解析：带链队列空时，头指针和尾指针都为NULL；队列中只有一个元素时，头指针和尾指针都指向这个元素。所以，答案为B。

56．解析：循环队列属于线性结构，而双向链表是结点具有向前和向后指针的链表，也可以用于线性结构的存储。循环链表是将链表的尾指针指向头结点的链表。二叉树的链式存储结构也称为二叉链表，二叉树是树的一种，属于非线性结构。所以，答案为B。

57．解析：由于树中只有度为3的结点和叶子结点（12个），则度为3的结点有37–12=25（个）；另一方面，树中的结点数=树中所有结点的度之和+1，设度为3的结点数为n，则3n+1=37，得n=12。两种方式得到的度为3的结点数不同，所以，不存在这样的树。故答案为D。

58．解析：设度为2的结点数为n，根据树中的结点数=树中所有结点的度之和+1，得3×3+2×n+1×10+0×8+1=28，则n=4。可见，答案为C。

59．解析：设叶子结点数为n，则度为2的结点数为32–3–4–n=25–n，根据树中的结点数=树中所有结点的度之和+1，有$3 \times 3+2 \times (25-n)+1 \times 4+0 \times n+1=32$，则n=16。可见答案为A。

60．解析：设树的总结点数为n，则度为3的结点数为n–3–4–16=n–23，根据树中的结点数=树中所有结点的度之和+1，得$3 \times (n-23)+2 \times 3+1 \times 4+0 \times 15+1=n$，则n=29。故答案为B。

61．解析：设树的结点数为n，则度为3的结点数为n–2–1–7=n–10，根据树中的结点数=树中所有结点的度之和+1，得$3 \times (n-10)+2 \times 2+1 \times 1+0 \times 7+1=n$，解得n=12，则度为3的结点数为n–10=12–10=2。可见答案为B。

62．解析：根据二叉树的性质可知，在一棵非空二叉树的第i层上至多有2^{i-1}个结点（i≥1），这里i=5。所以，答案为C。

63．解析：根据二叉树性质可知，在深度为k的二叉树里其结点至多为2^k-1个。另一方面，深度为8的完全二叉树最小结点数等于深度为7的满二叉树结点数加1。因此，深度为8的完全二叉树最多拥有的结点数为255，最少128。可见，答案为A。

64．解析：二叉树是非线性结构，且二叉树是一种只有两个孩子结点的树形结构，所以是树形结构的特例，通常采用链式存储结构，但对于满二叉树和完全二叉树来说，可以按层进行顺序存储，但不是所有的二叉树都可以用层次结构表示。因此A、B、D正确，C错误。故答案为C。

65．解析：二叉树中，度为0的结点（即叶子结点）比度为2的结点多1个，而度为0、1、2的结点相加等于总结点数246，所以度为1的结点数为246–38–(38–1)=171。所以，本题选B。

66．解析：叶子结点有45个，根据在二叉树中度为0的结点（叶子结点）总比度为2的结点多一个，则度为2的结点数为44个，因此度为1的结点数为845–45–44=756。故答案为D。

67．解析：设叶子结点数为n，根据在二叉树中度为0的结点（叶子结点）总比度为2的结点多一个，则度为2的结点数为n–1个，由此n+n–1+20=328，得n=154.5。由于结点数只能为整数，所以不存在这样的二叉树。答案为D。

68．解析：根据完全二叉树的性质：具有n个结点的完全二叉树的深度为$[\log_2 n]+1$。本题中完全二叉树共有256个结点，则深度为$[\log_2 256]+1=8+1=9$。故答案为D。

69．解析：由二叉树的定义可知，树中必定存在度为0的结点和度为2的结点，设度为0的结点有x个，根据度为0的结点（即叶子结点）比度为2的结点多一个，得出度为2的结点有x–1个。再根据完全二叉树的定义，度为1的结点有0个或1个，假设度为1的结点为0个，x+0+x–1=2n，得2x=2n+1，由于结点个数必须为整数，假设不成立；当度为1的结点为1个时，x+1+x–1=2n，得x=n，即叶子结点个数为n。所以，答案为B。

70．解析：设完全二叉树的结点数为n，根据深度为k的二叉树至多有2^k-1个结点，再根据完全二叉树的定义可知，$2^{k-1}-1<n\leqslant 2^k-1$。本题中完全二叉树的深度为5，则$2^{5-1}-1<n\leqslant 2^5-1$，$15<n\leqslant 31$。因此，结点数不可能为15。答案为D。

71．解析：叶子结点有64个，根据在二叉树中度为0的结点（叶子结点）总比度为2的结点多一个，则度为2的结点数为63个；又深度为m的二叉树最多有2^m-1个结点，则该二叉树最多有$2^7-1=127$个结点。64+63=127，因此该树度为1的结点数为0。答案为C。

72．解析：满二叉树满足深度为m的二叉树最多有2^m-1个结点，本题中二叉树深度为7且有127个结点，满足$2^7-1=127$，可见，此二叉树为满二叉树，也是完全二叉树。满二叉树第k层上有2^{k-1}结点，则该二叉树的叶子结点数为2^{7-1}=64个。满二叉树不存在度为1的结点。所以，C的说法是错误的。

73．解析：前序遍历是先访问根结点，再遍历左子树，最后遍历右子树，则本题前序序列是ABDCEF。中序遍历首先遍历左子树，再访问根结点，最后遍历右子树，则本题的中序序列为DBAECF。后序遍历（LRD）是指先遍历左子树，然后遍历右子树，最后访问根结点，为DBEFCA。故本题选C。

74．解析：前序遍历首先访问根结点，然后遍历左子树，最后遍历右子树，故本题前序序列是ABDEGCFH。中序遍历首先遍历左子树，然后访问根结点，最后遍历右子树，故本题的中序序列是

DBGEAFHC。后序遍历首先遍历左子树，然后遍历右子树，最后访问根结点，故本题的后序序列是DGEBHFCA。所以，答案为A。

75．解析：中序遍历（LDR）是指首先遍历左子树，然后访问根结点，最后遍历右子树，所以本题的中序序列为DBGEAFHC。另外，一种快捷的判别方法是：前序根靠前，后序根靠后，因此，中序只可能为B。故本题选B。

76．解析：后序遍历序列为DCBA，可见，A是根结点，则在前序遍历中根结点位于首位。答案为B。

77．解析：前序靠前为根，中序左右两分。本题中前序最前的是A，所以A是二叉树的根，中序左右两分，BD在A的左边，C在A的右边，所以BD是A的左子树，C是右子树；然后再看BD，前序靠前为根，所以B是左子树的根，中序左右两分，D在右，所以D是B的右子树。根据上述说法画出二叉树可知，该二叉树的深度为3。因此，答案为B。

78．解析：后序根靠后，中序左右两分。本题中后序最后的是A，所以A是二叉树的根，中序左右两分，BDC都在A的右边，所以BDC是A的右子树；然后再看后序的倒数第二个为B，所以B是右子树的根，中序左右两分，DC居于B的右侧，所以是B的右子树。根据上述说法画出二叉树可知，该二叉树的深度为4。因此，答案为A。

79．解析：二叉树的前序序列与中序序列均为ABCDEFGH，可知二叉树根结点为A，且根结点A只有右子树，没有左子树。同理，可以推出结点B只有右子树无左子树。依此类推，该二叉树除叶子结点外，每个结点只有右子树无左子树。因此该二叉树的后序序列为HGFEDCBA。所以，答案为D。

80．解析：前序靠前为根，中序左右两分。因此，二叉树的前序序列为ABCDEFG，则A为根结点；中序序列为DCBAEFG，可知结点D、C、B位于根结点的左子树上，结点E、F、G位于根结点的右子树上。另外，结点B、C、D在前序序列和中序序列中顺序相反，则说明这三个结点依次位于前一个结点的左子树上；结点E、F、G顺序未变，则说明这三个结点依次位于前一个结点的右子树上。故二叉树深度为4。答案为B。

81．解析：由前序序列可知A是根结点，结合中序序列可知CB是左子树，DE是右子树；再看前序序列，CB这棵左子树B是根结点，由中序序列看出C是B的左子结点；同理可得出DE右子树的情况。还原出此二叉树的原形后，再进行后序遍历，可以得出后序遍历的顺序为CBEDA。故本题选C。

82．解析：二叉树的前序序列为ABDFHCEG，可以确定这个二叉树的根结点是A；再由中序序列HFDBACEG，可以得到HFDB为根结点A的左子树，CEG为根结点A的右子树。同理依次对左子树HFDB和右子树CEG进行同样的排列，得到DFH沿着左子树展开，而CEG沿右子树展开。因此，该二叉树按层次输出（同一层从左到右）的序列为ABCDEFGH。所以，答案为D。

83．解析：在具有n个结点的二叉树中，各结点值互不相同的情况下，若该二叉树的前序序列与中序序列相同，则说明该二叉树只有右子树，左子树为空，二叉树的深度为n。因此，该二叉树的深度为12。答案为C。

84．解析：在具有n个结点的二叉树中，各结点值互不相同的情况下，若该二叉树的后序序列与中序序列相同，则说明该二叉树只有左子树，右子树为空，二叉树的深度为n。即该二叉树的深度为18。答案为A。

85．解析：堆可以用一棵满足一定条件的完全二叉树表示：任一结点>=左右孩子，或任一结点<=左右孩子，分别称为最大堆及最小堆。一个堆中的这种性质有一致性，不能既有大于又有小于情况存在。一个堆也可以用二叉树的层级遍历表示。因此，本题把结点按照完全二叉树画出来即可一目了然。选项A、B、C为小顶堆，选项D中第一、二、三、四、五个元素满足大顶堆规则，但是第三个元素（32）与第六（34）、七（38）个却不满足大顶堆规则。所以答案为D。

86．解析：顺序查找（Sequential Search）又称线性查找，从顺序表的一端开始，依次将每个元素的关键字同给定值K进行比较，最好情况下第一个元素就是要查找的元素，则比较次数为1；在最坏情况下，最后一个元素才是要找的元素，因此比较次数为n，则平均比较次数为(1+2+⋯+n)/n，平均查找长度为(n+1)/2。本题中，平均比较长度为32.5，向上取整为33。所以，答案为B。

87．解析：二分查找由于是在已经排序的线性表中查找，从理论上而言是效率最高的查找算法，最坏的情况下需要$\log_2 n+1$次比较。所以，答案为A。

88．解析：顺序查找要逐个查看所有元素，会比较n次。同时寻找最大项和最小项，需要为判断较大值和较小值分别进行比较，会有更多的比较次数。有序表的插入最坏情况下是插入到表中的最后一个元素的后面位置，则会比较n次。在最坏情况下，寻找最大项无论如何需要查看表中的所有元素，n个元素比较次数为n−1。所以，答案为D。

89．解析：在顺序表中查找，最好情况下第一个元素就是要查找的元素，则比较次数为1；在最坏情况下，最后一个元素才是要找的元素，则比较次数为n。则平均比较次数为(1+2+⋯+n)/n=［n(n+1)/2］/n=(n+1)/2。所以，答案为D。

90．解析：对于长度为n的有序线性表，在最坏情况下，二分查找只需要比较$\log_2 n+1$次。本题中n=128，最多需要的比较次数为$\log_2 128+1=8$，故需要比较8次。答案为A。

91．解析：在最坏情况下的比较次数：顺序查找为n，寻找最大项和最小项均为n−1，有序表的二分查找为$\log_2 n$。所以，答案为B。

92．解析：访问链表需要按照指针逐个进行比较，因此不适用于二分查找。二分查找需要在已经排序的序列上进行跨越式的比较，因此只适用于有序的线性顺序存储的线性表。本题选B。

93．解析：希尔排序最坏情况下的时间复杂度为O(n^1.5)，而其他几种排序算法最坏情况的时间复杂度都是O(n^2)。故答案为A。

94．解析：除了堆排序算法的比较次数是$O(n\log_2 n)$，其他的都是n(n−1)/2。即答案为C。

95．解析：堆排序最坏情况下的时间复杂度为$n\log_2 n$，小于希尔排序的O(n^1.5)。因此，本题答案为C。

96．解析：最坏情况下的比较次数：简单选择排序为n(n−1)/2，堆排序为$n\log_2 n$，简单插入排序为n(n−1)/2，希尔排序为$n^r(1<r<2)$，冒泡排序为n(n−1)/2，快速排序为n(n−1)/2。故比较次数相同的是冒泡排序与快速排序。即答案为B。

97．解析：在最坏情况下，堆排序需要比较次数为$n\log_2 n$，时间复杂度为$O(n\log_2 n)$。堆排序的方法对于规模较小的线性表并不合适，但对于较大规模的线性表来说是很有效的。答案为C。

98．解析：快速排序在最坏情况下需要进行n(n−1)/2次比较，但实际的排序效率要比冒泡排序高得多。本题中n=32，32×(32−1)÷2=496。故答案为D。

99．解析：在一个排列中，如果一对数的前后位置与大小顺序相反，即前面的数大于后面的数，那么它们就称为一个逆序。快速排序的思想是：从线性表中选取一个元素，设为T，将线性表中后面小于T的元素移到前面，而前面大于T的元素移到后面，结果就将线性表分成两部分（称两个子表），T插入到其分割线的位置处，这个过程称为线性表的分割，然后再用同样的方法对分割出的子表再进行同样的分割。快速排序不是对两个相邻元素进行比较，可以实现通过一次交换而消除多个逆序，但由于均与T（基准元素）比较，也可能会产生新的逆序。故答案为B。

3.2.2　程序设计基础

答案表

1	2	3	4	5	6	7	8	9	10	11	12	13	14	15	16	17	18	19	20
B	A	A	C	D	C	B	C	D	D	B	B	C	C	B	A	D	D	A	B
21	22	23	24	25	26	27	28	29	30	31	32	33							
B	A	B	C	A	B	D	C	C	B	C	A	B							

解析

1. 解析：软件是程序、数据及相关文档的集合。其中，程序是软件开发人员根据用户需求开发的、用程序设计语言描述的、适合计算机执行的指令（语句）序列；数据是使程序能正常操纵信息的数据结构；文档是与程序开发、维护和使用有关的图文资料。可见，软件由两部分组成：一是机器可执行的程序和数据；二是机器不可执行的文档。所以，B是错误的叙述。

2. 解析：机器语言是用二进制代码表示的计算机能直接识别和执行的一种机器指令的集合，它是计算机的设计者通过计算机的硬件结构赋予计算机的操作功能。所以，答案为A。

3. 解析：汇编程序是将汇编语言写出的代码转化为机器代码，而编译程序是将高级语言写出的代码转化为机器代码，但两者同属于支撑软件（或工具软件）。安卓系统跟Windows一样同属于操作系统，而MS Office为微软的办公软件组件套装，属于应用软件。所以，答案为A。

4. 解析：机器语言与具体的处理器相关，编写的代码可以直接运行，不易移植，但它没有丰富的数据结构，也没有丰富的控制语句，不易实现算法。所以答案为C。

5. 解析：高级语言接近自然语言，容易掌握，并且与处理器无关，易于移植，有丰富的控制语句，易于实现算法。相对来说，高级语言的代码不够精简，且不可直接运行。所以，答案为D。

6. 解析：汇编语言与处理器相关，不易移植。因此，答案为C。

7. 解析：良好的程序设计风格有下列要素：源程序文档化；数据说明的次序规范化，说明语句中变量安排有序化，使用注释来说明复杂的数据结构；程序编写要做到清晰第一、效率第二，先保证程序正确再要求提高速度，避免不必要的转移；对所有的输入数据都要进行检验，确保输入数据的合法性。所以，答案为B。

8. 解析：结构化程序设计风格强调的是系统的可维护性，按结构化程序设计方法设计出的程序清晰易读，程序的易读性可以保证系统的可维护性。故本题选C。

9. 解析：1966年，伯姆（Boehm）和贾可皮尼（Jacopini）证明了程序设计语言使用顺序结构、选择结构和重复（循环）结构三种基本控制结构就可以表达出各种其他形式结构的程序设计方法。故本题答案为D。

10. 解析：程序设计语言使用顺序、选择和重复三种基本控制结构就可以表达出各种其他形式结构的程序设计方法。故本题答案为D。

11. 解析：1966年，伯姆（Boehm）和贾可皮尼（Jacopini）证明了程序设计语言仅仅使用顺序、选择和重复三种基本控制结构就足以表达出各种其他形式结构的程序设计方法。并且，为了保证结构的严谨性和程序的可读性，一般不建议使用goto语句进行跳转。所以，答案为B。

12. 解析：按结构化程序设计方法设计出的程序清晰易读，程序的易读性可以保证系统的可维护性。即答案为B。

13. 解析：结构化程序设计方法的原则包括：自顶向下、逐步求精、模块化、限制使用goto语句。可继承性是面向对象方法的特点。因此，答案为C。

14. 解析：模块独立性是指每个模块只完成系统要求的独立的子功能，并且与其他模块的联系最少且接口简单。一般较优秀的软件设计，应尽量做到高内聚、低耦合，即减弱模块之间的耦合性和提高模块内的内聚性，有利于提高模块的独立性，所以A错误。耦合性是模块间互相连接的紧密程度的度量，而内聚性是指一个模块内部各个元素间彼此结合的紧密程度，所以B与D错误。因此，答案为C。

15. 解析：结构化程序设计需保持模块的独立性，模块之间通过参数或特定接口进行连接，模块独立性保证了模块中信息的隐蔽性。所以，答案为B。

16. 解析：对象的封装性决定了对象从外面看只能看到对象的外部特征，即只需知道数据的取值范围和可以对该数据所施加的操作，无须知道数据的具体结构以及实现操作的算法。所以，答案为A。

17. 解析：类是对象的抽象，类具有继承性和多态性，对象是类的具体实例，对象具有唯一性。因此，答案为D。

18．解析：在面向对象的程序设计中对象具有标识唯一性、多态性、信息隐藏的封装性。可复用性是利用类来实现的。因此，答案为D。

19．解析：对象的基本特点是唯一性、分类性、多态性、封装性、模块独立性好。所以答案为A。

20．解析：对象由一组表示其静态特征的属性和它执行的一组操作组成，对象名唯一标识一个对象，所以对象的构成中没有“规则”这一成分。答案为B。

21．解析：继承是面向对象的方法的一个主要特征，是使用已有的类的定义作为基础建立新类的定义技术。广义地说，继承是指能够直接获得已有的性质和特征，而不必重复定义它们，即继承是指类之间共享属性和操作的机制。所以，答案为B。

22．解析：结构化程序设计方法的原则包括：自顶向下、逐步求精、模块化、限制使用goto语句。B、C、D三项属于面向对象方法的特点。因此，答案为A。

23．解析：对象是由描述该对象属性的数据以及可以对这些数据施加的各种操作封装在一起构成的统一体，对象具有标识唯一性、分类性、多态性、封装性、模块独立性好的基本特点。可见，选项B的描述是错误的。因此答案为B。

24．解析：对象是由描述该对象属性的数据以及可以对这些数据施加的操作封装在一起构成的统一体，所以，操作是对象的动态属性。而对象名只是对象的标识，并不需要封装。可见答案为C。

25．解析：对象之间进行通信的构造叫作消息，A正确。封装性是指从外面看只能看到对象的外部特征，而不知道也无须知道数据的具体结构以及实现操作的算法，B错误。对象不一定必须有继承性，C错误。多态性是指同一个操作可以是不同对象的行为，D错误。故答案为A。

26．解析：A为0.00123的科学计数法，属于小数；B为科学记数法的1230，自然数是正整数。所以只有B为正整数。因此，答案为B。

27．解析：A属于字符串"567"，C是0.00567的科学记数法，为小数，只有D为整数。因此答案为D。

28．解析：A、B、D是数值类型数据，A为整数而D是0.0128的科学记数法，只有C是字符串。所以，答案为C。

29．解析：类是对象的抽象，对象是类的实例，在一个系统中对象具有唯一性。面向对象的复用性主要是通过类之间的继承实现的，多态是同一操作（方法）作用于不同的对象时，可以有不同的解释，产生不同的执行结果，这是一种避免代码冗余的技术。故答案为C。

30．解析：封装和隐藏是面向对象的技术核心，它使软件具有很好的模块性，各模块具有明显的范围和边界，面向对象的程序通过封装和隐藏实现了程序的高内聚和低耦合。所以，答案为B。

31．解析：继承是一个类可以直接使用另一个类的所有属性和方法，前者称为子类，后者称为父类。继承具有传递性，并保证了对象的共享机制。而关联的类包含同名的方法是面向对象编程（OOP）中的多态性特点。可见，表述C是错误的，答案为C。

32．解析：支撑软件是介于系统软件和应用软件之间，协助用户开发的工具性软件，包括辅助和支持开发并维护应用软件的工具软件，如需求分析软件、设计工具软件、编码工具软件、测试工具软件、维护工具软件等，也包括辅助管理人员控制开发进程和项目管理的工具软件，如计划进度管理工具软件、过程控制工具软件、质量管理及配置管理工具软件等。iOS系统、数据库管理系统属于系统软件，财务管理系统属于应用软件，Studio.NET属于支撑软件。因此，答案为A。

33．解析：软件按功能可以分为应用软件、系统软件和支撑软件（或工具软件）。系统软件是管理计算机的资源，提高计算机使用效率并服务于其他程序的软件，如操作系统、编译程序、汇编程序、数据库管理系统和网络软件等。Linux系统属于操作系统，故属于系统软件。ERP系统、办公自动化系统、学生成绩管理系统属于应用软件。故答案为B。

3.2.3 软件工程基础

答案表

1	2	3	4	5	6	7	8	9	10	11	12	13	14	15	16	17	18	19	20
D	B	C	A	D	B	A	B	C	B	C	B	A	D	C	C	A	D	C	B
21	22	23	24	25	26	27	28	29	30	31	32	33	34	35	36	37	38	39	40
D	C	B	C	C	A	C	A	B	B	A	C	B	A	D	A	B	C	B	D

解析

1．解析：软件过程是把输入转化为输出的一组彼此相关的资源和活动。软件过程是为了获得高质量软件所需要完成的一系列任务的框架，它规定了完成各项任务的工作步骤。软件过程所进行的基本活动主要有软件规格说明、软件开发或软件设计与实现、软件确认、软件演进。在过程结束时，将输入（用户要求）转化为输出（软件产品）。所以，答案为D。

2．解析：软件危机主要表现在：软件需求的增长得不到满足；软件开发成本和进度无法控制；软件质量难以保证；软件不可维护或维护程度非常低；软件的成本不断提高；软件开发生产率的提高赶不上硬件的发展和应用需求的增长。所以答案为B。

3．解析：软件工程是用工程、科学和数学的原理与方法研制、维护计算机软件的有关技术及管理方法，是应用于计算机软件的定义、开发和维护的一整套方法、工具、文档、实践标准和工序。软件工程的目标是在给定成本、进度的前提下，开发出具有有效性、可靠性、可理解性、可维护性、可重用性、可适应性、可移植性、可追踪性和可互操作性且满足用户需求的产品，追求这些目标有助于提高软件产品的质量和开发效率，减少维护的困难。软件工程包含三个要素：方法、工具和过程。所以，答案为选项C。

4．解析：软件工程是用工程、科学和数学的原理与方法研制、维护计算机软件的有关技术及管理方法，是应用于计算机软件的定义、开发和维护的一整套方法、工具、文档、实践标准和工序。方法、工具和过程是软件工程的三个要素。所以，答案为A。

5．解析：通常，将软件产品从提出、实现、使用维护到停止使用退役的过程称为软件生命周期。也就是说，软件产品从考虑其概念开始，到该软件产品不能使用为止的整个时期都属于软件生命周期。所以，答案为D。

6．解析：软件生命周期可分为定义阶段、开发阶段和维护阶段。软件定义阶段的任务是确定软件开发的目标以及项目的可行性。软件开发阶段的任务是完成软件的分析和设计，实现定义阶段所定义的软件，通常包括需求分析、系统设计、编码和测试（系统设计又可分为总体设计和详细设计，编码和测试又称为系统实现）。软件维护阶段的任务是使软件在运行中持久地满足用户的需要。所以，答案为B。

7．解析：一般而言，可行性分析是软件定义阶段的任务，在需求分析之前的项目计划阶段明确。故本题选A。

8．解析：软件生命周期可细化为可行性研究和计划制定、需求分析、软件设计（总体设计和详细设计）、编码、软件测试、运行和维护等阶段。需求分析是对待开发软件提出的需求进行分析并给出详细定义，是解决软件“做什么”的阶段。所以，答案为B。

9．解析：需求分析一般分四个步骤进行，即需求获取、需求提炼、需求描述和需求验证。所以，答案是C。

10．解析：需求分析阶段，需要分析业务的数据量、控制流以及实体关系等内容。而在概要设计中，通过系统结构设计得到软件系统模块的层次结构，称为软件结构。软件结构反映了整个系统的功能实现，一般采用树状或网状结构的图形表示。所以，软件结构图一般是在概要设计中作出的。答案为B。

11．解析：软件需求规格说明应重点描述软件的目的，软件的功能需求、性能需求、外部接口、属性及约束条件等。所以，答案为C。

12．解析：PAD是问题分析图（Problem Analysis Diagram）的缩写，PFC是程序流程图（Program Flow Chart）的缩写，N-S图是奈西（Nossi）和施耐德曼（Shneiderman）提出的用方框图代替传统的程序流程图的程序结构表示图，这三种图一般用于系统设计中描述系统程序模块间的关系。需求分析阶段常用的工具包括数据流图DFD（Data Flow Diagram）、数据字典DD（Data Dictionary）、判定表和判定树等。所以，答案为B。

13．解析：数据流图是需求提炼过程中用于描绘数据在系统中流动和处理的过程的，它反映了系统必须完成的逻辑功能，提取数据在系统中的流向和处理过程。答案为A。

14．解析：数据流图的基本符号包括数据流、加工、数据存储文件和外部实体。外部实体包括数据源和数据汇点。所以，答案为D。

15．解析：数据字典用来对数据流图中各个成分的具体含义进行准确、严格的定义，对数据的数据项、数据结构、数据流、数据存储、处理逻辑、外部实体等进行定义和描述。因此，答案为C。

16．解析：结构化的分析是一种对业务的业务建模过程，结构化的分析采用"自顶向下，逐层分解"的分析、开发策略。数据字典是结构化分析的结果之一。所以，答案为C。

17．解析：软件设计应遵循的准则有抽象、逐步求精和模块化、信息隐蔽和局部化、模块独立性（高内聚低耦合）。故答案为A。

18．解析：软件设计的基本思想包括抽象、模块化、信息隐蔽和模块独立性。模块耦合性是衡量模块之间关联性的概念，模块内聚性是衡量模块内部元素联系的紧密型，两者都是为了保证模块之间的独立性而服务的。所以答案为D。

19．解析：模块独立性是划分模块时要遵守的准则，也是判断模块构造是否合理的标准，同时也是获得良好设计的关键。所以，答案为C。

20．解析：实体联系图（E-R图）一般是在需求分析阶段进行数据建模的。用例图是在需求分析阶段用于划明系统边界并用于指导测试的。数据流程图是需求分析阶段的核心，用于提取数据在系统中的流向和处理过程。程序流程图是系统设计的重要工具，与系统结构图一道用于描述系统模块与功能之间的关系。所以，答案为B。

21．解析：从E-R图到关系模式的转换是比较直接的，实体与联系都可以表示成关系，E-R图中属性也可以转换成关系的属性。故答案为D。

22．解析：在E-R图中实体集用矩形表示，属性用椭圆表示，联系用菱形表示。即答案为C。

23．解析：结构图是描述软件系统结构的图形工具，描述了软件系统的层次和分块结构关系，它反映了整个系统的功能实现以及模块与模块之间的联系与通信，是未来程序中的控制层次体系。因此，答案为B。

24．解析：面向对象的分析与面向过程的分析都需要对数据进行抽象，但方法不同。面向对象的方法将数据抽象为类，然后进行封装，通过继承和多态进行实例化应用，而面向过程的分析将数据按数据流进行抽象，形成数据字典来描述业务数据的关系。所以，答案为C。

25．解析：面向数据流的设计方法把数据流映射成系统结构，这是系统设计的一个主要任务之一。所以，答案为C。

26．解析：与系统结构图有关的术语有：（1）深度，表示控制的层数；（2）上级模块、从属模块，表示上、下两层模块A和B，且有A调用B，则A是上级模块，B是从属模块；（3）宽度，指整体控制跨度（最大模块数的层）的表示；（4）扇入，指调用一个给定模块的模块个数；（5）扇出，指由一个模块直接调用的其他模块数；（6）原子模块，指树中位于叶子结点的模块。所以，答案为A。

27．解析：扇出数是上级模块直接调用的模块数，不包括其所有下级模块。所以C的表述是错误的。

28. 解析：深度表示控制的层数。本题中，“某系统”为第1层，“模块1、模块2”为第2层，“功能1.1、功能1.2、功能2.1、功能2.2”为第3层，共3层，故深度为3。答案为A。

29. 解析：扇出是由一个模块直接调用的其他模块数。可见，本题的系统“模块2”调用了3个模块，所以，答案为B。

30. 解析：宽度指整体控制跨度（横向最大模块数）的表示。本题中第1层有1个模块，第2层有2个模块，第3层有4个模块，故宽度为4。故答案为B。

31. 解析：扇入是指调用一个给定模块的模块个数。本题中，“模块1.2”和“功能1.2.1”均被2个模块调用，而其他功能或模块的上级模块都只有1个。所以，该系统结构图中的最大扇入数是2。故答案为A。

32. 解析：软件测试是为了发现错误而执行程序的过程，只发现错误而不改正错误。所以答案为C。

33. 解析：程序调试的任务是诊断和改正程序中的错误，而软件测试是尽可能多地发现软件中的错误。软件测试贯穿整个软件生命周期，程序调试主要在开发阶段。所以，答案为B。

34. 解析：软件测试过程一般按4个步骤进行，即单元测试、集成测试、验收测试（确认测试）和系统测试。故答案应该选A。

35. 解析：测试用例（Test Case）是为测试设计的数据，由测试输入数据和与之对应的预期输出结构两部分组成。测试用例的格式为：[（输入值集），（输出值集）]。所以，答案为D。

36. 解析：白盒测试又称为结构测试或逻辑驱动测试，主要有逻辑覆盖、基本路径测试等。其中，逻辑覆盖又包括语句覆盖、路径覆盖、判定覆盖、条件覆盖、判定—条件覆盖。所以，答案为A。

37. 解析：黑盒测试也称功能测试或数据驱动测试，方法主要有等价类划分法、边界值分析法、错误推测法和因果图等。故答案为B。

38. 解析：白盒测试法主要有逻辑覆盖、基本路径测试等。其中，逻辑覆盖又包括语句覆盖、路径覆盖、判定覆盖、条件覆盖、判定—条件覆盖。而错误推测法是黑盒测试的方法，所以，答案为C。

39. 解析：白盒测试法主要有逻辑覆盖、基本路径测试等。逻辑覆盖测试包括语句覆盖、路径覆盖、判定覆盖、条件覆盖、判定—条件覆盖，其余为黑盒测试法。所以选择B。

40. 解析：白盒测试又称为结构测试或逻辑驱动测试，它允许测试人员利用程序内部的逻辑结构及有关信息来设计或选择测试用例，对程序所有的逻辑路径进行测试。所以，本题选D。

3.2.4 数据库设计基础

答案表

1	2	3	4	5	6	7	8	9	10	11	12	13	14	15	16	17	18	19	20
D	B	A	B	A	C	D	B	D	A	C	B	C	D	D	C	A	C	B	B
21	22	23	24	25	26	27	28	29	30	31	32	33	34	35	36	37	38	39	40
C	D	D	A	D	D	A	C	B	B	C	A	A	D	B	A	D	B	C	C
41	42	43	44	45	46	47	48	49	50	51	52	53	54	55	56	57	58	59	60
C	C	B	C	A	B	D	D	A	D	B	C	D	B	A	C	C	D	A	C
61	62	63	64	65	66	67	68												
B	B	A	C	B	C	A	B												

解析

1. 解析：数据库是指长期存储在计算机内的、有组织的、可共享的数据集合。相比数据库，数据结构是更为具体的数据组织形式，而数据模型是数据的抽象形式。所以，答案为D。

2. 解析：数据库管理系统（DBMS）不是操作系统的一部分，但是属于一种系统软件，所以，

DBMS是在操作系统支持下的系统软件。答案为B。

3. 解析：数据库管理技术的三个阶段是人工管理阶段、文件系统阶段和数据库系统阶段。人工管理阶段没有专门的软件对数据进行管理，文件管理阶段可以有某些文件管理软件对数据进行管理，而数据库系统阶段必须依靠软件系统对数据进行组织和管理。因此，答案为A。

4. 解析：数据库系统已经发展了三个阶段：第一代的网状、层次型数据库系统；第二代的关系型数据库系统；第三代的面向对象的数据库系统。所以，答案为B。

5. 解析：数据模型按应用层次分成三层，即数据库的概念模型、逻辑模型和物理模型。概念模型是面向数据库用户的实现数据模型，主要用来描述业务的概念化结构，它使数据库的设计人员在设计的初始阶段，摆脱计算机系统及DBMS的具体技术问题，集中精力分析数据以及数据之间的联系，与具体的数据管理系统无关。逻辑模型是用户从数据库所看到的模型，是具体的DBMS所支持的数据模型。物理模型是面向计算机物理表示的模型，描述了数据在储存介质上的组织结构，它不但与具体的DBMS有关，而且还与操作系统和硬件有关。所以，答案为A。

6. 解析：数据库（DB）是存放数据的仓库；数据库管理系统（DBMS）是用来管理数据及数据库的系统；数据库系统（DBS）是数据库、数据库管理系统、数据库管理员、硬件等在一起的总称。所以，答案为C。

7. 解析：数据库的数据项之间以及表之间都存在联系。所以，答案为D。

8. 解析：数据库管理系统的功能包括数据模式定义、数据存取的物理构建、数据操纵、数据完整性和安全性的定义与检查、数据库的并发控制与故障恢复、数据的服务。故答案为B。

9. 解析：层次模型的基本结构是树形结构，网状模型是一个不加任何条件限制的无向图，关系模型采用二维表来表示，所以三种数据库的划分原则是数据之间的联系方式。即答案为D。

10. 解析：数据库中不仅存储了数据，还存储了数据之间的联系。数据模型是建立数据库的基础，而数据的操作是数据库管理系统（DBMS）的功能。所以，答案为A。

11. 解析：数据库系统通常采用三级模式结构并且提供两级映射功能，其中的外模式/模式映射保证了数据库系统具有较高的逻辑独立性，而模式/内模式映射保证了数据库系统具有较高的物理独立性。所以，答案为C。

12. 解析：数据库表的一行称为一个记录，一列称为一个字段。文件管理阶段不能保证相同数据重复存储。在数据库系统阶段使用数据库管理数据，可大大减少相同数据重复存储。因此，答案为B。

13. 解析：数据库系统共享性大，冗余度小，但只是减少了冗余，并不是避免一切冗余。数据库系统比文件系统有更强的管理控制能力，而不是管理更多的数据。所以，答案为C。

14. 解析：数据的一致性是指在系统中同一数据在不同位置的出现应保持相同的值，而不是数据类型的一致，更不会是数据结构或数据记录的一致性。所以，答案为D。

15. 解析：关键字是属性或属性的集合，其值能唯一地标识一个元组。所以，答案为D。

16. 解析：数据库系统的数据独立性，是指数据库中数据独立于应用程序且不依赖于应用程序，即数据的逻辑结构、存储结构与存取方式的改变不会影响应用程序。数据独立性一般分为物理独立性和逻辑独立性两级。所以，答案为C。

17. 解析：数据库系统在其内部分为三级模式及两级映射，三级模式即概念模式、内模式和外模式。概念模式是数据库系统中全局数据逻辑结构的描述，是全体用户公共数据视图。外模式也称子模式或者用户模式，是用户的数据视图，也就是用户所能够看见和使用的局部数据的逻辑结构和特征的描述，是与某一应用有关的数据的逻辑表示。内模式又称物理模式，是数据物理结构和存储方式的描述，是数据在数据库内部的表示方式。因此，答案为A。

18. 解析：外模式（External Schema）也称子模式（Subschema）或用户模式，它是数据库用户能够看见和使用的局部数据的逻辑结构和特征的描述。外模式具有以下特点：（1）一个数据库可以有多个外模式；（2）外模式就是用户视图，通常是模式的子集；（3）外模式是保证数据安全性的一个有力措施。可见，外模式不能被称为存储模式，实际上，数据库的内模式被称为存储模式。所以，答案为C。

19. 解析：数据库技术中，将数据结构划分为概念级、用户级和存储级。概念模式是数据库系统中全局数据逻辑结构的描述，用户模式是用户所能够看见和使用的局部数据的逻辑结构和特征的描述，而存储模式是面向数据物理结构和存储方式的描述，是数据在数据库内部的表示方式。所以，答案为B。

20. 解析：数据模型是数据特征的抽象，所描述的内容有数据结构、数据操作、数据约束三个部分。数据类型是数据结构的基础，而关系运算是数据操作的方式，查询只是一种具体的关系运算。所以，答案为B。

21. 解析：关系数据模型的三个组成部分：关系的数据结构（用二维表表示），关系操纵（查询、删除、插入、修改），关系的数据约束（实体完整性约束、参照完整性约束、用户定义的完整性约束）。关系的并发控制是数据库管理系统（DBMS）的服务内容。所以，答案为C。

22. 解析：常用的概念数据模型有实体—联系模型（E-R模型）、面向对象模型及谓词模型；而层次模型、网状模型、关系模型和面向对象模型是数据库的逻辑模型。所以，答案为D。

23. 解析：一个数据库可以有多个外模式（因为用户可有多个），但概念模式和内模式只能有一个。所以，答案为D。

24. 解析：数据库管理系统提供了以下三种相应的数据语言。

数据定义语言（DDL）：该语言负责数据的模式定义与数据的物理存取构建。

数据操纵语言（DML）：该语言负责数据的操纵，包括查询与增、删、改等操作。

数据控制语言（DCL）：该语言负责数据完整性、安全性的定义与检查，以及并发控制、故障恢复等功能。所以，答案为A。

25. 解析：概念模式主要描述数据的概念记录类型以及它们间的关系，它还包括一些数据间的语义约束，对它的描述可用DDL语言（数据定义语言）定义。所以，答案为D。

26. 解析：数据定义功能，负责数据的模式定义与数据的物理存取构建。数据操纵功能，负责数据的操纵，包括查询与增、删、改等操作。数据控制功能，负责数据完整性、安全性的定义与检查以及并发控制、故障恢复等功能。所以，答案为D。

27. 解析：实体是概念世界中的基本单位，是客观存在并可以相互区别的事物。要建立表示学生选修课程活动的实体联系模型，能互相区别并可以联系起来的实体是学生和课程。所以答案为A。

28. 解析：一个运动员可以参加多个比赛，而每个比赛又有多个运动员进行。所以，实体运动员与比赛之间是多对多的关系。答案为C。

29. 解析：一间宿舍可以住多名学生，一个学生只能在一间宿舍，则实体宿舍与实体学生间的联系是一对多。宿舍是一的一方，学生是多的一方，与学校有多间宿舍无关。所以，答案为B。

30. 解析：一个运动员属于一个运动队，而一个运动队拥有多名运动员。所以，实体运动队与运动员之间的联系是一对多的关系。答案为B。

31. 解析：由于实体B和C是一对一，所以在联系方面B和C是等价的。而实体A和B是一对多，因此实体A和C的联系是一对多。所以，答案为C。

32. 解析：一家供应商可提供多种货物，一种货物也可被多家供应商提供。所以实体“供应商”和实体“货物”之间的联系是多对多。答案为A。

33. 解析：数据独立性包括数据的逻辑独立性和物理独立性。逻辑独立性是指用户的应用程序与数据库的逻辑结构是相互独立的，即当数据的逻辑结构改变时，用户程序也可以不变。物理独立性是指用户的应用程序与存储在磁盘上的数据库中的数据是相互独立的。答案为A。

34. 解析：在E-R图中实体集用矩形表示，矩形框内写实体名；属性用椭圆表示，并用无向边将其与相应的“实体”或“联系”连接起来；联系用菱形表示，在菱形框内写联系名，并用无向边将其与有关实体连接起来，在无向边旁标上联系的类型（1：1、1：n或n：n）。答案为D。

35. 解析：关系模式采用二维表来表示关系，简称表。二维表的纵向（列）为实体的属性，又称为字段，二维表的横向（行）为实体的元组，又称为记录。所以，答案为B。

36．解析：层次模型的基本结构是树形结构，是一对多的；网状模型类似于图的结构，是多对多的。所以，答案为A。

37．解析：在“学院”表中，“学院编号”为主键；在“学生”表中，“学号”是主键，“学院编号”不是主键，则“学院编号”是表“学生”的外键。故答案为D。

38．解析：一个属性（即一列），在某张表中不是主键（主码），但在其他表中是主键（主码），则它是第一张表的外键（外码）。故答案为B。

39．解析：关系模型中可以有3类完整性约束，分别为实体完整性约束、参照完整性约束和用户定义的完整性约束。实体完整性约束是指若属性M是关系的主键，则属性M中的属性值不能为空值。即主键不为空是完整性约束的基本条件。所以，答案为C。

40．解析：关系数据库中的二维表一般满足7个性质。（1）元组个数有限性：元组（行）个数是有限的；（2）元组的唯一性：元组（行）均不相同；（3）元组的次序无关性：元组（行）的次序可以任意交换；（4）元组分量的原子性：元组（行）的分量是不可分割的基本特征；（5）属性名唯一性：属性（列）名各不相同；（6）属性的次序无关性：属性（列）与次序无关，可以任意交换；（7）分量值域的统一性：属性（列）的分量具有与该属性相同的值域。关系数据库不可能要求不同的列有不同的数据类型，例如，一个人员表中，“姓名”为字符型数据，而其他的描述，例如“国籍”等，也是字符型数据。所以，答案为C。

41．解析：键由一个或多个属性组成，其值能够唯一标识关系中一个元组（表中的一行）。一般关系中都需要存在键值。所以，答案为C。

42．解析：检索全部员工是选择行，用σ操作；检索姓名是选列（投影）用π操作。先从表S中检索出性别是“男”的行$\sigma_{Sg='男'}(S)$，然后对结果进行投影，只取“姓名”列$\pi_{Sn}(\sigma_{Sg='男'}(S))$。所以，答案为C。

43．解析：在关系借书记录对应的二维表中，想要唯一确定一行，需要卡号和书号。因此，关系借书记录的主键为（卡号，书号）。所以，答案为B。

44．解析：关系T与R、S具有相同的关系模式，且T中包含了S和R中的所有元组。所以，答案为C。

45．解析：可以看出，R、S具有相同的关系模式，T中的元组，是R与S中共同所有的。因此，T是R和S的交。答案为A。

46．解析：关系T与R、S具有相同的关系模式，且T中的元组是属于R但不属于S的集合。所以，答案为B。

47．解析：从表图中可以看出，关系T是从关系R中选取一部分字段（A和C）及其值构成的新的关系，是纵向操作产生新列的操作，属于投影。所以，答案为D。

48．解析：选择运算是在二维表中选出符合条件的行，形成新的关系的过程。本题中满足条件“$A=B \vee C>D$”（∨为或者的意思）的元组有三个。所以，答案为D。

49．解析：设关系的逻辑条件为F，则关系R满足F的选择运算可写成$\sigma_F(R)$。选择运算是在二维表中选出符合条件的行，形成新的关系的过程。满足条件“$B<C \wedge A="c"$”（∧为并且的意思）的元组只有一个，即（c，5，6）。因此，答案为A。

50．解析：自然连接要求两个关系中进行比较的是相同的属性，并且进行等值连接，在结果中还要把重复的属性列去掉。本题属于自然连接，隐含条件是R.B=S.B。所以，答案为D。

51．解析：关系除法运算规则为：设被除关系R为m元关系，除关系S为n元关系，那么它们的商为m−n元关系，记为R÷S。商的构成原则是：将被除关系R中的m−n列，按其值分成若干组，检查每一组的n列值的集合是否包含除关系S，若包含则取m−n列的值作为商的一个元组，否则不取。可见，T满足R÷S。所以，答案为B。

52．解析：关系R和关系S没有同名列，但关系R中的B列与关系S中的D列有相等值，因此属于等值连接。所以，答案为C。

53．解析：$T=\pi_{C\#,P\#}(CP)/P$表示从关系CP中取出C#、P#两列，得到的结果与关系P进行除运算，表示购买了表P中全部产品的客户号。所以，答案为D。

54．解析：关系模式进行规范化的目的是使关系结构更加合理，消除存储异常，使数据冗余尽量小，便于插入、删除和更新等数据维护操作。但是，规范化并不能解决查询速度低的问题。所以，答案为B。

55．解析：E–R模型与关系模型间的转换关系如下表所示。

E–R模型	关系模型
属性	属性
实体	元组
实体集	关系
联系	关系

所以，答案为A。

56．解析：关系数据库设计有需求分析、概念设计、逻辑设计、物理设计、编码、测试、运行、进一步修改等几个阶段。在需求分析阶段形成需求说明书，概念设计阶段形成概念数据模型（E–R模型，作为进一步设计数据库的依据），逻辑设计阶段形成逻辑数据模型（从E–R图向关系模式转换、关系视图设计、模式规范化），物理设计阶段形成数据库内部模型（涉及具体软硬件环境）。所以，答案为C。

57．解析：课程名“数据结构”需要在C表中进行查找，成绩在“90分以上（含90分）”需要在SC表中查找，“学生姓名”需要在S表中查找，所以必须对上述三个表进行连接后再进行操作。具体操作是：先从C表中选出课程名是“数据结构”的行$\sigma_{Cn=\text{"数据结构"}}(C)$，但是只要“课程”列$\pi_{C\#}(\sigma_{Cn=\text{"数据结构"}}(C))$，得到筛选结果的一个子表；在SC表中找出“90分以上（含90分）”的行$\sigma_{G>=90}(SC)$，得到第二个子表；两个子表进行连接操作并从结果中取“学号”列$\pi_{S\#}(\pi_{C\#}(\sigma_{Cn=\text{"数据结构"}}(C))\bowtie\sigma_{G>=90}(SC))$；这样得到的结果再与S表连接并从结果中只取“姓名”列$\pi_{Sn}(\pi_{S\#}(\pi_{C\#}(\sigma_{Cn=\text{"数据结构"}}(C))\bowtie\sigma_{G>=90}(SC))\bowtie S)$。可见，答案为C。

58．解析：学生的“姓名”要在表S中进行查找，按成绩查找课程号应在表SC中进行，因为“课程号”和“成绩”列同时存在于表SC中，故应对以上两个表进行连接操作。首先在表SC中选出“课程号为2且成绩不及格”的行$\sigma_{C\#=2\wedge G<60}(SC)$，但只要“学号”列$\pi_{S\#}(\sigma_{C\#=2\wedge G<60}(SC))$，得到查询结果的一个子表，将这个子表与表S进行连接再从结果中只取“姓名”列$\pi_{Sn}(\pi_{S\#}(\sigma_{C\#=2\wedge G<60}(SC))\bowtie S)$。故答案为D。

59．解析：关系数据库中的关系是要满足一定要求的，满足不同程度要求的为不同的范式。满足最低要求的叫第一范式，简称1NF。在满足第一范式的基础上，进一步满足更多要求规范则是第二范式，然后在满足第二范式的基础上，还可以再满足第三范式，以此类推。

对于关系模式，若其中的每个属性都已不能再分为简单项，则它属于第一范式。若某个关系R为第一范式，并且R中每一个非主属性完全依赖于R的某个候选键，则称其为第二范式。第二范式消除了非主属性对主键的部分依赖。

如果关系R是第二范式，并且每个非主属性都不传递依赖于R的候选键，则称R为第三范式。传递依赖：在关系模式中，如果Y→X，X→A，且X不决定Y和A不属于X，那么Y→A是传递依赖。比第三范式更高级的BCF范式，它要求所有属性都不传递依赖于关系的任何候选键。所以，答案为A。

60．若某个关系R为第一范式，并且R中每一个非主属性完全依赖于R的某个候选键，则称其为第二范式。第二范式消除了非主属性对主键的部分依赖。可见答案为C。

61．如果关系R是第二范式，并且每个非主属性都不传递依赖于R的候选键，则称R为第三范式。传递依赖：在关系模式中，如果Y→X，X→A，且X不决定Y和A不属于X，那么Y→A是传递依赖。可见，答案为B。

62．解析：对于关系模式，若其中的每个属性都已不能再分为简单项，则它属于第一范式。本题中“部门成员”可进一步分解（成员编号、姓名等），因此不满足第一范式。故答案为B。

63．解析：该关系中每个属性不可再分，所以满足第一范式。但是货物号决定了货物名称，即存在非主属性取决于主属性的情况，所以不满足第二范式。故答案为A。

64．解析：关系模式中若每个属性都已不能再分为简单项，则它属于第一范式模式。题中的关系“货物”是一个可以再分的属性，否则无法区分各种货物，所以“货物”属性导致此关系不满足第一范式。答案为C。

65．解析：表S中满足第一范式，但所在系的系主任依赖于所在系属性，即不满足第三范式的要求，所以该关系只满足第二范式。因此，答案为B。

66．解析：本题每个关系中每个非主属性既不部分依赖于主键也不传递依赖于主键，满足第三范式。关系C的主键既可以是“课程号”，也可以是“课程名”，“课程号”和“课程名”也可相互决定，所以不满足BCNF范式。故答案为C。

67．解析：本题中关系SC的主键是（学号,课程号），但仅“学号”就能决定“姓名”，而“课程号”又决定了“课程名”。可见，有两个非主属性完全依赖于主键，“姓名”既需要在学生名单表中维护，又需要在选修课程关系中维护，数据冗余度大，因此不满足第二范式。答案为A。

68．解析：由题可知关系模式R有三个函数依赖：（书店编号，书籍编号）→部门编号；（书店编号，部门编号）→负责人；（书店编号，书籍编号）→库存数量。

由此可知，（书店编号，书籍编号）可以唯一标识关系模式R中的每个元组，因此属于关系模式的主键。在此关系模式中，每个属性都是不可再分的，R属于1NF，且“书店编号”和“书籍编号”单独之一都不能决定其他非主属性，所以R属于2NF；但（书店编号，书籍编号）可以决定“部门编号”，“部门编号”又可决定“部门负责人”，存在传递依赖，所以不属于3NF，更不是BCNF。所以，答案为B。

3.2.5　计算机应用与信息技术基础、计算机病毒防治与计算机网络基础

答案表

1	2	3	4	5	6	7	8	9	10	11	12	13	14	15	16	17	18	19	20
D	B	A	B	D	C	A	C	D	C	D	B	D	B	D	B	D	A	C	A
21	22	23	24	25	26	27	28	29	30	31	32	33	34	35	36	37	38	39	40
C	B	C	C	C	A	B	D	C	A	B	C	C	D	B	A	A	C	C	B
41	42	43	44	45	46	47	48	49	50	51	52	53	54	55	56	57	58	59	60
D	A	D	D	A	B	C	D	C	B	C	A	B	A	C	D	B	D	C	C
61	62	63	64	65	66	67	68	69	70	71	72	73	74	75	76	77	78	79	80
A	C	B	D	A	A	D	A	B	D	C	C	A	A	B	A	C	B	D	B
81	82	83	84	85	86														
A	D	B	D	B	C														

解析

1．解析：冯·诺依曼体系结构决定了计算机由输入、存储、运算、控制和输出5个部分组成。因此，答案为D。

2．解析：一般根据计算机所采用的物理器件，将计算机的发展分为4个阶段。因此答案为B。

3．解析：机器语言是用二进制代码表示的计算机能直接识别和执行的一种机器指令的集合。它是计算机的设计者通过计算机的硬件结构赋予计算机的操作功能。机器语言具有灵活、直接执行和速度快

等特点。所以，答案为A。

4．解析：CPU由运算器和控制器组成，运算器又称算术逻辑单元（Arithmetical Logic Unit，ALU），主要功能是完成对数据的算术运算、逻辑运算和逻辑判断等操作。控制器（Control Unit，CU）是整个计算机的指挥中心，根据事先给定的命令，发出各种控制信号，指挥计算机各部分工作。所以，答案为B。

5．解析：时钟主频指CPU的时钟频率，是微机性能的一个重要指标，它的高低在一定程度上决定了计算机速度的高低。主频以Hz为单位，主频越高，运算速度越快。故答案为D。

6．解析：存储器是一个广泛的概念，包括内存储器和外存储器，只有在内存储器的数据和指令才能被CPU直接访问。所以，答案为C。

7．解析：内存通常可以分为随机存储器（RAM）、只读存储器（ROM）和高速缓冲存储器（Cache）3种。故正确答案为A。

8．解析：计算机由输入、存储、运算、控制和输出5个部分组成。手写板和鼠标都属于输入设备。所以，答案为C。

9．解析：计算机由输入、存储、运算、控制和输出5个部分组成。智能手机的触摸屏既是显示（输出）设备又是输入设备。所以，答案为D。

10．解析：CPU由控制器和算术逻辑单元组成，控制器的作用是控制计算机各相关硬件协调工作。所以，答案为C。

11．解析：数据总线用于传送数据信息。数据总线是双向三态形式的总线，即它既可以把CPU的数据传送到存储器或输入输出接口等其他部件，也可以将其他部件的数据传送到CPU。数据总线的位数是微型计算机的一个重要指标，通常与微处理的字长相一致。所以，答案为D。

12．解析：内存用来存储当前正在执行的数据和程序，其存取速度快但容量小；外存用来保存长期信息，它的容量大，存取速度慢。故正确答案为B。

13．解析：字节是存储容量的基本单位，一个字节由8位二进制位组成。在计算机内部一个字节可以表示一个数据，也可以表示一个英文的字母或其他特殊字符，两个字节可以表示一个汉字。所以，答案为D。

14．解析：计算机信息计量中的K为2^10=1024。所以，答案为B。

15．解析：1MB=1024KB=2的20次方bytes（B），即2的20次方个字节。所以，答案为D。

16．解析：计算机软件主要分为系统软件与应用软件两大类。系统软件主要包括操作系统、语言处理系统、数据库管理系统和系统辅助处理程序；应用软件主要包括办公软件和多媒体处理软件。安卓是由Linux派生出来的操作系统。所以，答案为B。

17．解析：系统软件中最主要的是操作系统，它是最底层的软件，提供了一个软件运行的环境，用来控制所有计算机上运行的程序并管理整个计算机的软、硬件资源，是计算机裸机与应用程序及用户之间的桥梁。所以，答案为D。

18．解析：从用户的观点看，操作系统是用户与计算机之间的接口。所以，答案为A。

19．解析：选项A是软件开发平台，选项B的社交软件是个人应用软件，而选项D是数据库管理系统。只有选项C属于办公应用软件。所以，答案为C。

20．解析：计算机软件主要分为系统软件与应用软件两大类。系统软件主要包括操作系统、语言处理系统、数据库管理系统和系统辅助处理程序。应用软件主要包括办公软件和多媒体处理软件。Visual Studio是美国微软公司的开发工具包系列产品，属于计算机语言。故答案为A。

21．解析：总线是系统部件之间传送信息的公共通道，各部件由总线连接并通过它传递数据和控制信号。总线按性质划分可分为数据总线、地址总线、控制总线。所以，答案为C。

22．解析：通常将计算机一次能够并行处理的二进制数称为字长，也称为计算机的一个“字”。字长是计算机的一个重要指标，直接反映一台计算机的计算能力和精度。计算机的字长通常是字节的整数倍，如8位、16位、32位、64位等。故答案为B。

23．解析：字长是计算机的一个重要指标，直接反映一台计算机的计算能力和精度。字长越长，计算机的数据处理速度越快。所以，答案为C。

24．解析：冯·诺依曼原理和思想是：（1）计算机的程序和程序运行所需要的数据以二进制形式存放在计算机的存储器中；（2）程序和数据存放在存储器中，即“存储程序”的概念。故答案为C。

25．解析：位为bit，为存放一个二进制代码的位置，是计算机中衡量信息量的最基本单位，而一个字节由8位二进制数字组成。所以，答案为C。

26．解析：USB 3.0是一种USB规范，该规范由英特尔等公司发起，最大传输带宽高达5.0Gbps（625MB/s）。故答案为A。

27．解析：分时操作系统是指在一台主机上连接多个带有显示器和键盘的终端，同时允许多个用户通过主机的终端，以交互方式使用计算机，共享主机中的资源。分时操作系统是一个多用户交互式操作系统。故正确答案为B。

28．解析：2TB=2×1024GB=2×2^40B。因此，答案选D。

29．解析：MIPS是Million Instructions Per Second的缩写，即每秒处理的百万级的机器语言指令数，是衡量CPU速度的指标。所以，答案为C。

30．解析：每像素三字节，128像素×128像素的图像所占空间为：128×128×3=49152（Byte）=49152/1024（KB）=48KB，所以，答案为A。

31．解析：10GB=10×1024MB=10240MB，10240MB/320MB=32。所以，答案为B。

32．解析：不压缩的情况下一个像素需要占用3字节，三原色红绿蓝各一个字节。因此4096像素×2160像素就会占用4096×2160×3 = 26542080字节=25920KB≈25.31MB。所以，答案为C。

33．解析：声音的计算公式为 (采样频率Hz ×量化位数 bit ×声道数)/8，单位为字节/秒，(10000Hz×16位×2声道)/8×60秒即24000000字节，再除以两个1024即2.28MB，从本题答案选项来看，如果简化将1K按1000算即可得到2.4 MB。可见，答案为C。

34．解析：高清晰度多媒体接口（High Definition Multimedia Interface，HDMI）是一种数字化视频/音频接口技术，是适合影像传输的专用型数字化接口，其可同时传送音频和影像信号，最高数据传输速度为4.5GB/s。故答案为D。

35．解析：由于描述信息量一般用比特（bit）为单位，因此信息传输传输速率的单位bps是每秒传输的位数，所以12Mbps折算为文件大小则为12/8=1.5M字节/秒。因此，理想情况下，1分钟传输的文档大小为1.5×60=90（MB）。所以，答案为B。

36．解析：内存是CPU能直接寻址的存储空间，由半导体器件制成。所以答案为A。

37．解析：$32=2^5$，因此，32的二进制数为100000。另一个算法是将32除以2，获余数0，再将商16除以2，一直除到商为1，将余数和最后的商排列起来即转换为二进制数。所以，答案为A。

38．解析：用8位二进制数能表示的最大的无符号整数是11111111，转化为十进制整数是$2^8-1=255$。即答案为C。

39．解析：二进制数转换成十进制数的方法是将二进制数按权展开：

$(111111)2=1\times2^5+1\times2^4+1\times2^3+1\times2^2+1\times2^1+1\times2^0=63$。所以，答案为C。

40．解析：4位二进制对应1位十六进制，A表示10，对应的二进制为1010，E表示14，对应的二进制为1110。所以，答案为B。

41．解析：八进制数转换成二进制数所使用的转换原则是“一位拆三位”，即把1位八进制数对应于3位二进制数，然后按顺序连接即可。本题中，$(3)_8-(011)_2$, $(6)_8-(110)_2$, $(5)_8-(101)_2$。因此，答案为D。

42．解析：十进制的偶数对应的二进制整数的尾数一定是0。故答案为A。

43．解析：1000111对应的十进制数是71，则“K”的码值是75，转换成二进制位1001011。另一个思路：从“G”到“K”需要加4，将“1000111”加4，得到“1001011”。即答案为D。

44．解析：拼音输入码属于汉字的外码。汉字内码是汉字在计算机内部存储、处理加工和传输汉字时所用的由0和1符号组成的代码。所以，答案为D。

45．解析：汉字的输入、输出和处理的过程，实际上是汉字的各种编码之间的转换过程。这些编码包括汉字输入码、汉字内码、汉字地址码和汉字字形码。所以，答案为A。

46．解析：汉字处理过程中，在各个处理层面上要进行编码，其中最基本的是内码和外码，内码是用于管理汉字存储的编码，而外码是汉字的用户界面，一般而言外码即输入码，包括拼音码、字形码等。所以，答案为B。

47．解析：在计算机中，对于西文与中文字符，由于形式的不同，使用不同的编码。其中，西文字符采用的是ASCII编码，中文字符采用的是国标码，而中文字符是采用两个字节来表示一个汉字。所以，计算机中西文字符和中文字符采用的是不同的编码进行处理。故答案为C。

48．解析：计算机对汉字信息的转换过程包括汉字输入码、汉字内码、汉字地址码、汉字字形码等。故答案为D。

49．解析：按照使用的频率分为：一级常用汉字3755个，按汉语拼音字母顺序排列；二级次常用汉字3008个，按部首排列。因此，答案为C。

50．解析：机器翻译、智能机器人和医疗诊断都属于人工智能应用范畴，在线订票不属于人工智能。所以，答案为B。

51．解析：利用计算机进行图书资料检索，属于计算机的数据/信息处理应用。因此，答案为C。

52．解析：用ADSL路由器进行组网连接的计算机均从路由器通过网线或Wi-Fi无线连接，实现计算机上网共享，这是一种典型的星型拓扑结构。所以，答案为A。

53．解析：二进制数字图像每个像素点要表达256级灰度值，即$256=2^8$，因此需要至少8位数据来进行表达。所以答案为B。

54．解析：字形码是存放汉字字形信息的编码，它与汉字内码一一对应。即答案为A。

55．解析：WAV、MP3格式是音频文件格式，PNG格式是图像文件格式，RM格式是RealNetworks公司开发的一种流媒体视频文件格式，可以根据网络数据传输的不同速率制定不同的压缩比率，从而实现低速率的Internet上进行视频文件的实时传送和播放。所以答案为C。

56．解析：人工智能是计算机发展的一个重要方向，是指计算机模拟人的感觉和思维过程的能力。所以，答案为D。

57．解析：防止外部攻击需开启服务器防火墙并定时更新服务器防病毒软件。防火墙的作用是保护本地系统或网络系统免受基于网络的安全威胁的有效手段，同时可以通过广域网和因特网提供对外界网络的访问。因此，答案为B。

58．解析：我国公安部计算机管理监察司的定义是：计算机安全是指计算机资产安全，即计算机信息系统资源和信息资源不受自然和人为有害因素的威胁和危害。所以，答案为D。

59．解析：计算机病毒实质上是一种特殊的计算机程序，一般具有寄生性、破坏性、传染性、潜伏性和隐蔽性。故正确答案为C。

60．解析：防病毒软件一般都具有监控内存、引导区和文件的非法操作的功能，具有防止、清除隔离或者删除带毒文件的功能。所以，答案为C。

61．解析：造成计算机中存储数据丢失的原因主要是病毒侵蚀、人为窃取、计算机电磁辐射、计算机存储器硬件损坏等。所以，答案为A。

62．解析：引导型病毒指寄生在磁盘引导区或主引导区的计算机病毒。此种病毒利用系统引导时，不对主引导区的内容正确与否进行判别的缺点，在引导型系统的过程中侵入系统、驻留内存、监视系统运行、待机传染和破坏。所以答案为C。

63．解析：计算机病毒是一种特殊的计算机程序，破坏的是计算机软件，不会对计算机操作人员的身体健康造成影响。作为计算机的核心部件，CPU的供电与运行受到良好的保护。所以选项A、C和D说法错误，答案为B。

64. 解析：计算机病毒是指能够侵入计算机系统并在计算机系统中潜伏、传播、破坏系统正常工作的一种具有繁殖能力的程序。它不是开发程序时未经测试而附带的一种寄生性程序。故答案为D。

65. 解析：有些计算机病毒是会损坏硬盘的，有些病毒会大量重复性地读写硬盘存储的文件造成硬盘运行负担，时间久了导致硬盘坏道或者扇区损坏。所以，答案为A。

66. 解析：磁盘碎片整理，是利用操作系统或者专业的磁盘碎片整理软件对电脑磁盘在长期使用过程中产生的碎片和凌乱文件重新整理，可提高电脑的整体性能和运行速度。清理磁盘碎片和预防计算机病毒无关。所以，答案为A。

67. 解析：宏病毒一般通过MS Office的宏进行寄存和传播。所以，Office的各个组件文档和模板都可能感染宏病毒。因此，答案为D。

68. 解析：防病毒软件一般通过监控内存异常、引导区异常和文件异常来监控病毒。很多软件会对硬盘进行操作，所以硬盘异常几乎是无法监控的。故答案为A。

69. 解析：计算机病毒传播途径众多，可以通过读写软件、光盘或Internet网络进行传播，故选B。

70. 解析：计算机病毒与网络攻击是两个层面的问题，网络攻击往往会利用计算机病毒进行数据信息的窃取，然后进行网络攻击。但是，防止了计算机病毒并不能防止网络攻击。所以，答案为D。

71. 解析：计算机病毒在不断地演化和发展，因此，反病毒软件也要随着新病毒的出现而升级，提高查、杀病毒的能力。故答案为C。

72. 解析：计算机与外界局域网的连接是通过网卡，网卡又称为通信适配器或网络适配器（Network Adapter）或网络接口卡NIC（Network Interface CarD）。集线器（HUB）是指将多条以太网双绞线或光纤集合连接在同一段物理介质下的设备。路由器（Route）有连接不同类型网络的能力并能够选择数据传送路径的网络设备。后两种设备并不是每台计算机都需要配备的，而是用于组网的。所以，答案为C。

73. 解析：计算机网络是将地理位置不同的具有独立功能的多台计算机及其外部设备，通过通信线路连接起来，在网络操作系统，网络管理软件及网络通信协议的管理和协调下，实现资源共享和信息传递的计算机系统，即在协议控制下的多机互联系统。所以，答案为A。

74. 解析：路由器（Route）是有连接不同类型网络的能力，并能够选择数据传送路径的网络设备。Wi-Fi 是一种允许电子设备连接到一个无线局域网（WLAN）的技术。因此，Internet中，网络之间互联通常使用路由器。所以，答案为A。

75. 解析：按照覆盖地理范围和规模不同，可以将计算机网络分为局域网、城域网和广域网。局域网是一种在有限区域内使用的网络，它所覆盖的地区范围较小，一般在几千米之内，适用于办公室网络、企业与学校的计算机网络。所以，答案为B。

76. 解析：调制解调器（Modem）是在发送端通过调制将数字信号转换为电话网络上的模拟电话信号，而在接收端通过解调再将模拟的电话信号转换为数字信号的一种装置。如果用户需要通过电话网将计算机接入Internet，必须使用调制解调器。可见，答案为A。

77. 解析：TCP/IP是Internet的基本，TCP/IP采用四层结构来完成传输任务，四层结构为网络接口层、网络层、传输层和应用层，各层都是通过呼叫其下一层所提供的网络完成自己的需求，相对于OSI标准的七层结构，少了表示层、会话层和物理层。可见，答案为C。

78. 解析：域名（Domain Name），是由一串用点分隔的名字组成的 Internet 上某一台计算机或计算机组的名称，用于在数据传输时标识计算机的电子方位（有时也指地理位置，地理上的域名，指代有行政自主权的一个地方区域）。因此，建立网站必须申请一个域名。故答案为B。

79. 解析：局域网是一种在有限区域内使用的网络，其传送距离一般在几公里之内，因此适用于一个部门或一个单位组建的网络。即答案为D。

80. 解析：在IPv4中，一个完整的IP地址由4字节，即32位二进制数组成，为了方便人们的理解和使用，它采用了点分十进制标记法，即IP地址被写成十进制数的形式，中间使用符号“.”隔开不同的字节。IP地址每一部分最大只能是255。故答案为B。

81．解析：IP地址主要分为五类。A类地址范围：1.0.0.1 ~ 126.255.255.254；B类地址范围：128.0.0.1 ~ 191.255.255.254；C类地址范围：192.0.0.1 ~ 223.255.255.254；D类地址范围：224.0.0.1 ~ 239.255.255.254；E类地址范围：240.0.0.1 ~ 255.255.255.254。由此可见，所列选项中B缺少一段，C第二段258错误，D第四段256错误。正确的IP地址应该为A。

82．解析：浏览器的收藏夹提供保存Web页面地址的功能。即答案为D。

83．解析：TCP/IP传输控制协议/因特网互联协议，又名网络通讯协议，是Internet最基本的协议、Internet国际互联网络的基础，由网络层的IP协议和传输层的TCP协议组成。SMTP即简单邮件传输协议，它是一组用于由源地址到目的地址传送邮件的规则，由它来控制信件的中转方式。FTP 是File Transfer Protocol（文件传输协议）的缩写，用于Internet上的控制文件的双向传输。因此，答案为B。

84．解析：综合业务数字网（Integrated Services Digital Network，ISDN），俗称“一线通”，它可以提供诸如可视电话、数据通信、会议电视等多种业务，从而将电话、传真、数据、图像等多种业务综合在一个统一的数字网络中进行传输和处理。故答案为D。

85．解析：WWW（World Wide Web）是一种建立在Internet上的全球性的、交互的、动态的、多平台的、分布式的、超文本超媒体信息查询系统。所以，答案为B。

86．解析：C2B（是Consumer to Business的简称），意思是由客户选择自己要些什么东西，要求的价格是什么，然后由商家来决定是否接受客户的要求；B2B（Business To Business）是企业与企业之间通过互联网进行产品、服务及信息的交换；B2C（Business To Customer）是电子商务按交易对象分类中的一种，即表示商业机构对消费者的电子商务；O2O（是Online To Offline的简称），是指将线下的商务机会与互联网结合，让互联网成为线下交易的前台。O2O的概念非常广泛，既可涉及线上，又可涉及线下，可通称为O2O。故答案为C。

3.2.6 Word操作基础

答案表

1	2	3	4	5	6	7	8	9	10	11	12	13	14	15	16	17	18	19	20
A	B	A	C	C	B	C	B	C	D	D	D	B	B	C	D	C	D	D	A
21	22	23	24	25	26	27	28	29	30	31	32	33	34	35	36	37	38	39	40
C	D	D	C	B	C	D	A	C	A	B	A	B	C	D	B	B	C	A	C

解析

1．解析：Word功能区中不包含编辑、选项、帮助选项卡。所以，答案为A。

2．解析：本题需要对应用“标题1”样式的文本段落设置保护功能，选项A为隐藏文本段落，隐藏后即无法看到该段文本信息，故其不符合题意；选项C为该段文本添加批注信息，并不能保护该段文本；选项D为保护该Word文件，不是保护该段文本；选项B的功能为对应用了“标题1”样式的文档设置保护。所以，答案为B。

3．解析：.DOCX是Word文档的扩展名，.DOTM是启用宏的模板文件扩展名，.DOTX是Word 2007之后的模板文件扩展名，.DOT是Word 97-2003模板文件扩展名。故正确答案为A。

4．解析：Word提供了5种视图，分别为页面视图、阅读版式视图、Web版式视图、大纲视图和草稿，不包括放映视图。故答案为C。

5．解析：选择从某一段落位置到文档开头的全部内容，最优的操作方法是将指针移动到该位置，按Ctrl+Shift+End组合键。选项A也可以完成选中题目中要求的内容，但是需要翻页，文档内容太多时不适用；选项B中的是该位置到本行开头；选项D中的是到当前页面的开头，不是文档开头。所以答案为C。

6. 解析：Word的自动保存功能必须通过“Word选项”进行设置，在“Word选项”中，修改自动保存时间即可。因此，答案为B。

7. 解析：在文档中内容较多的表格，难免会跨越两页或更多页面。此时，如果希望表格的标题可以自动出现在每个页面的表格上方，可以利用“重复标题行”功能。具体操作方法为：将鼠标指针定位在表格标题的行中，在“表格工具”的“布局”上下文选项卡中，单击“数据”选项组中的“重复标题行”按钮。故答案为C。

8. 解析：在Word文档中，可以插入Excel图表、SmartArt并进行屏幕截图操作，但是不能录制屏幕操作视频。故答案为B。

9. 解析：三维旋转为艺术字效果，需要将文本放入文本框中才能进行效果设置。“开始”选项卡的“文本效果”针对的是普通文字，因此不能进行“三维旋转”的设置。故答案为C。

10. 解析：如果没有选中，进行段落设置后设置的是光标所在段落的格式。因此，答案为D。

11. 解析：在Word中，用户可以将一种样式应用于某个选定的段落或字段，以使所选定的段落或字符具有这样样式所定义的格式。在编辑文档时，使用样式可以省去一些格式设置上的重复操作性。因此，答案为D。

12. 解析：若要实现题干叙述的功能，必须对页面进行“分节”操作，所以选项A、B不正确；选项C中使用“分隔符/（分节符）下一页”操作，会在当前位置之后产生新的一页，不符合题意。故答案为D。

13. 解析：在分栏之上插入一横跨两栏内容的标题时，利用插入文本框的方法比较方便，而且文本框可以调文字方向。即答案为B。

14. 解析：操作A和C都是全选整个文档，操作D只能选中标题。所以，答案为B。

15. 解析：Word 提供了“屏幕截图”功能，能直接将所需窗口画面插入到Word文档指定位置。具体操作方法为：在“插入”选项卡的“插图”选项组中单击“屏幕截图”下拉按钮，选择“屏幕剪辑”选项后，即可截取图片插入到文档制定位置。所以，答案为C。

16. 在为文档设置目录时，首先需将文档的各级标题设置为样式，Word提供了多种内置样式，方便用户使用。设置样式后，单击“引用”选项卡中“目录”选项组中的“目录”按钮，在弹出的下拉列表中选择“插入目录”命令，在打开的“目录”对话框中设置目录格式，单击“确定”按钮即可插入目录。所以，答案为D。

17. 解析：Word提供了“稿纸设置”功能用于设置文档以稿纸格式输出。具体操作方法为：单击“页面布局”选项卡下“稿纸”选项组中的“稿纸设置”按钮，在“稿纸设置”对话框中选择稿纸类型，然后设置相应的参数，单击“确定”按钮。所以答案为C。

18. 解析：在Word文档编辑中，可以用鼠标拖动的方法实现文本块的复制。具体操作是，先选定Word文本块，然后按住Ctrl键并拖动鼠标。这也是Windows中快速复制选中对象的方法。所以，答案为D。

19. 解析：在Word中，快速定位到指定页面，可以单击“开始”选项卡下“编辑”功能组中的“查找/转到”命令，弹出“查找和替换”对话框，在“定位”选项卡中的“输入页号”文本框中直接输入需要定位的页码，即可定位到指定页面，故本题选D。

20. 解析：选项B需要电脑具有手写板或者手写笔这类输入设备，而插入图片或复制粘贴功能均不能立即打开“画图”软件进行图片编辑。所以，答案为A。

21. 解析：对称页边距一般是设置双面文档的对称页面，如杂志、书籍等一张纸两边的边距相等，这种情况下，左侧页面的页边距是右侧页面页边距的镜像（即内侧页边距等宽，外侧页边距等宽）；拼页可以制作小册子，还能制作折叠的请柬、宣传材料等，可以将连续或不连续的页随意“拼”订在一起；书籍折页是用来打印请柬之类的开合式文档的；反向书籍折页与书籍折页基本相似，唯一不同的是它是反向折页的。反向书籍折页可用于创建从右向左折页的小册子，如使用竖排方式编辑的小册子；本题中需要制作杂志，并将页边距根据页面的内侧、外侧进行设置。故答案为C。

22．解析：尾注一般用于在文档和书籍中显示引用资料的来源，或者用于输入说明性或补充性的信息。尾注位于文档的结尾处或者指定的结尾。故答案为D。

23．解析：Word替换功能可以用通配符来实现模糊搜索，其中*代替0个或多个字符，？（半角问号）代替一个字符，而且支持双字节字符操纵。所以，答案为D。

24．解析：选中目录，然后按Ctrl+Shift+F9组合键，Word中特定格式的目录转化成静态文本，这样目录就会随着正文而变化。所以，答案为C。

25．解析：要想将题目中的6行文字复制到对应表格的一列中，选中该列再进行粘贴即可。选项A的操作结果是将6行文字全部粘贴到第一个单元格中；选项C的操作结果是将6行文字分别复制到多列中；选项D也可以完成该操作，但操作不够简便。所以，答案为B。

26．解析：本题中需要对分栏后每栏的页面底端都插入页码，首先应该在页面的页脚位置分别添加文本框，以显示页码，并设置不显示文本框的边框线；然后，单击“插入”选项卡下“文本”组中的“文档部件”，在下拉列表中选择“域”，弹出“域”对话框，在“类别”下拉列表框中选择“等式和公式”，在“域名”列表框中选择“=（FormulA）”。在左侧的文本框中插入域代码“{={page}*2-1}”，在右侧的文本框中插入域代码“{={page}*2}”，域代码编写完成后，使用快捷键“Shift+F9”实现域代码与域值之间的切换，以显示题目所述的页码，故本题C选项正确。

27．解析：插入分页符即可以从新的一页开始，所以最优的操作方法是选项D。选项B、C会导致第一章前面产生一个空白页。所以不能采用。因此，答案为D。

28．解析：在Word中，邮件合并功能支持的数据源包括：Office地址列表、Word数据源、Excel工作表、Microsoft Outlook联系人列表、Access数据库、HTML文件，而PowerPoint演示文稿里的文字均被放在了文本框内，所以不能作为数据源。因此，答案为A。

29．解析：Word的邮件合并功能能够基于一定的文档模板，按行插入另一数据源的数据，从而批量创建一组文档（如信函、电子邮件、传真、信封、标签等），就可以使用邮件合并功能来实现。故答案为C。

30．解析：在Word中，按Shift+F5组合键可以将插入点返回到上次编辑的位置，Word能够记忆前三次的编辑位置，第四次按Shift+F5组合键时，插入点就会回到当前的编辑位置。所以，答案为A。

31．解析：制作邀请函最优的方法就是利用Word的邮件合并功能自动生成。因此，答案为B。

32．解析：在编辑或阅读一篇较长的Word文档时，想在某一处或几处留下标记，以便以后查找、修改，便可以该处插入一书签。所以，答案为A。

33．解析：Word的导航窗格允许快速调整标题及其下属文字。因此，快捷的章节调整可以在导航窗格中拖拉实现。所以，答案为B。

34．解析：修改“标题1”样式后，文档中凡是使用了“标题1”样式的段落均做了修改。修改标题样式的具体操作方法为：在“开始”选项卡的“样式”选项组中右击要修改的标题样式，在弹出的快捷菜单中选择“修改”命令，在打开的“修改样式”对话框中可以修改字体、段落格式。所以答案为C。

35．解析：插入圆角式文本框，需要通过插入一个“圆角矩形”形状，然后在其中添加文本实现。选项A中“形状样式”只能改变文本框边框、填充、阴影等选项，无法改变边框样式。所以，答案为D。

36．解析：Word的文档部件的功能就是对制定文档内容进行封装，使其保存和重复使用。所以，答案为B。

37．解析：表格的“布局”选项卡可以进行列和行的组织调整。当选中一行，在删除命令中却选择了删除列，系统会删除整个表格。所以答案为B。

38．解析：需要目录和正文的页码分别采用不同的格式，就需要插入一个分节符，正文页码也从第1页开始，插入分节符之后在不同的节中设置不同的页码。选项B和D排除；选项A插入分节符，只能完成分页，不能设置不同的格式。所以，答案为C。

39．解析：题目中给出的条件是较长的段落，直接在段落左侧的空白处双击即可选中该段落。即答案为A。

40．解析：在Word 2010中可以使用“自动更正”功能将词组、字符等文本或图形替换成特定的词组、字符或图形，从而提高输入和拼写检查效率。因此，答案为C。

3.2.7　Excel操作基础

答案表

1	2	3	4	5	6	7	8	9	10	11	12	13	14	15	16	17	18	19	20
C	B	C	C	D	A	B	D	B	B	B	D	C	D	B	C	C	B	B	C
21	22	23	24	25	26	27	28	29	30	31	32	33	34	35	36	37	38	39	40
A	C	D	B	B	D	A	C	D	A	C	B	D	C	C	D	C	B	A	D

解析

1．解析：选中连续的三列，最快捷的方法就是拖动列标选中。所以，答案为C。

2．将使用Excel 2010制作的工作簿另存为Excel 97-2003文档格式，可供Office 2003使用。故正确答案为B。

3．解析：主题只能改变当前工作表的主题字体。如果要改变每个工作簿的默认字体字号，必须进行Excel默认字体的设置，操作方法为：选择“文件”窗口的“选项”，在“常规”选项卡下设置“新建工作簿时”的字体和字号。所以，答案为C。

4．解析：通过构造复杂条件可以实现高级筛选。所构建的复杂条件需要放置在单独的区域中，可以为该条件区域命名以便引用。高级筛选可通过“数据”选项卡中的“排序和筛选”组内的“高级”按钮来实现。因此，答案为C。

5．解析：若要快速定位到工作表中的某个单元格，可以直接在工作表的名称框中输入该单元格的名称，输入完成之后直接按Enter键即可定位到该单元格。故答案为D。

6．解析：Excel中，工作表可以移动到其他工作簿内，也可以复制到其他工作簿内。所以，答案为A。

7．解析：筛选和排序是Excel工作表的基本操作，执行时须将鼠标单击数据区域的任一单元格，再单击“开始”选项卡下“编辑”功能组中的“排序和筛选”按钮，在下拉列表中选择“筛选”按钮，鼠标单击“班级”列的向下箭头，从下拉列表中选择筛选项。因此，答案为B。

8．解析：若要在Excel工作表多个不相邻的单元格中输入相同的数据，最优的操作方法是同时选中这些不相邻单元格，在活动单元格中输入数据，然后按Ctrl+Enter组合键。即答案为D。

9．解析：Excel中的函数需要以等号开头。所以，答案为B。

10．解析：如果需要复制批注，可以选中A1单元，然后在B1单元格中使用“选择性粘贴”命令，粘贴“批注”即可。故答案为B。

11．解析：通过移动操作，在同一工作簿中可以改变工作表的位置或将工作表移动到另一个工作簿中；或通过复制操作在同一工作簿或不同的工作簿中快速生成工作表的副本。故答案为B。

12．解析：A选项中缺少求和函数SUM，应该表示为“=SUM(销售额！B2:E309)”；B选项的求和区域为“汇总”工作表而不是“销售额”工作表，选项B错误；选项C缺少求和函数SUM。故答案为D。

13．解析：公式引用地址表示为“列标行号”，不能表示为“行号列标”。故答案为C。

14．解析：在Excel中，为了避免在输入数据时出现过多错误，可以通过在单元格中设置数据有效性来进行相关的控制，从而保证数据输入的准确性，提高工作效率。数据有效性，用于定义可以在单元格中输入或应该在单元格中输入的数据类型、范围、格式等。可以通过配置数据有效性以防止输入无效数据，或者在录入无效数据时自动发出警告。故答案为D。

15．解析：REPLACE函数是用新字符串替换旧字符串，而且替换的位置和数量都是指定的。其格式为REPLACE(old_text,start_num,num_chars，new_text)。old_text是要替换的字符串，start_num是开始位置，num_chars是替换个数，new_text是新的文本。因此，答案为B。

16．解析：在一个已经创建好的柱状分析图中添加项目，只需在数据区域输入数据，然后单击选中柱状分析图，单击“设计”选项卡下的“数据”功能组中的“选择数据”命令，重新选择数据区域即可在分析图中添加一个新项目，故本题选C。

17．解析：在Excel中，可以通过分列功能将一列分开为两列。其具体操作方法为：在编码与分类列右侧插入一个空列，选择需要分列显示的单元格区域，在“数据”选项卡上的“数据工具”组中单击“分列”按钮，进入文本分列向导，按向导一步步完成操作。因此，答案为C。

18．解析：冻结工作表的首行和首列，可以选中工作表中的B2单元格，然后单击“视图”选项卡下的“窗口”组中的“冻结窗格”功能，在下拉列表中选择“冻结拆分窗格”命令，即可冻结工作表的首行和首列。故答案为B。

19．解析：在不改变行列顺序的情况下统计成绩排名，应使用RANK函数。本题在应用单元格区域时，应使用混合应用C$2:C$383，即固定引用行而允许列变化。自动填充时要用鼠标拖动填充柄通过单元格区域，如果要填充序列的单元格区域很大（如超过一屏的大区域），用拖动的方法就不太方便，这里可以双击单元格的填充柄。故答案为B。

20．解析：Excel中的条件格式功能可以迅速为满足某些条件的单元格或单元格区域设定某项格式。条件格式基于设定的条件来自动更改单元格区域的字体、填充等外观，可以突出显示所关注的单元格或单元格区域、强调异常值、使用数据条、颜色刻度和图标集来直观地显示数据。故答案为C。

21．解析：在Excel操作中，如果单元格中出现“#DIV/0!”，则表示出现了被零除的现象。故答案为A。

22．解析：TODAY函数用于返回当前的日期。使用TODAY函数返回值减去入职日期，然后除以365，并使用INT函数向下取整，即可得出员工的工作年限。因此，答案为C（注意：入职日期列单元格格式应为常规格式）。

23．解析：计算每位销售人员销售额需要用销量乘以单价，单价为308，可以将单价308定义名称为“单价”，然后通过计算销售额的公式中引用该名称。故答案为D。

24．解析：在Excel中，要显示公式与单元格之间的关系，可以在“公式”选项卡的“公式审核”选项组中执行相关操作。即答案为B。

25．解析：主题是一组格式集合，其中包括主题颜色、主题字体（包括标题字体和正文字体）和主题效果（包括线条和填充效果）等。通过应用文档主题，可以快速设定文档格式基调并使其看起来更加美观且专业。因此，答案为B。

26．解析：引用(B$2:C$4)是“相对列，绝对行”的混合引用，即列变动而固定行的引用。所以，答案为D。

27．解析：删除第A列，没有改变原来的几个单元个之间的关系，但各个单元格的引用列标数值都减去一个。因此，答案为A。

28．解析：截取字符串函数MID的功能是从文本串中指定位置开始返回特定个数的字符。身份证号码从第7位到第10位的4位数是出生年份。故答案为C。

29．解析：COUNT 函数计算包含数字的单元格个数以及参数列表中数字的个数。因此，答案为D。

30．解析：如果公式返回的错误值为“#REF!”，这是因为公式中使用了无效的单元格引用。需要检查公式引用的单元格数据格式或者公式格式。所以，答案为A。

31．解析：根据题目要求，需要将第9～12位用*替换，使用REPLACE函数。因此，答案为C。

32．解析：Excel工作表中的迷你图类型有折线图、柱形图和盈亏图，在一个单元格范围内画出散点图的技术难度大，效果不好。所以，答案为B。

33. 解析：选中需要设置的单元格，单击“数字”选项卡右下角的对话框启动器按钮，弹出“设置单元格格式”对话框，选择“数字”组最下方的“自定义”，在“类型”中输入[>0]"已完成";[<0]"还未开始";"正在进行中"，单击“确定”按钮，即可按题目要求在本单元格中显示“已完成”“还未开始”或“正在进行中”。故答案为D。

34. 解析：当一个工作表超长超宽时，操作滚动条查看超出窗口大小的数据，可以通过冻结窗口来锁定行列标题不随滚动条滚动。因此，答案为C。

35. 解析：单元格引用是包含式的，即上下限单元格包含在引用中，所以，B5:C9含10个单元格，B1:G1含有6个单元格，共16个单元格。答案为C。

36. 解析：求均值的函数可以是一个单元格区域，或者用算术平均的办法。所以答案为D。

37. 解析：选项A操作的结果是24个单元格中的内容均为“2011-1-31”；选项B很难做出按月找到最后一天的函数；选项C即可实现按月填充；选项D只能实现格式的统一，不能进行填充。所以答案为C。

38. 解析：为了保证输入数据的规范性，Excel通过在单元格中设置数据有效性来进行相关的控制。数据有效性用于定义可以在单元格中输入或应该在单元格中输入的数据类型、范围、格式等，可以通过配置数据有效性以防止输入无效数据，并且在录入无效数据时自动发出警告。所以答案为B。

39. 解析：在Excel中，如果不想显示某些工作表可以设置隐藏；当不希望他人对工作簿的结构或窗口进行改变时，可以设置工作簿保护。答案选A。

40. 解析：Excel中自带的网格线可以不显示，设置方法为：在“页面布局”选项卡下的“工作表选项”组中的“查看”取消勾选。即答案为D。

3.2.8 PowerPoint操作基础

答案表

1	2	3	4	5	6	7	8	9	10	11	12	13	14	15	16	17	18	19	20
D	C	B	A	A	C	A	C	B	D	B	D	D	C	A	B	D	B	A	A
21	22	23	24	25	26	27	28	29	30	31	32	33	34	35	36	37	38	39	40
B	A	C	D	C	D	C	C	C	D	B	C	B	C	D	C	C	D	C	A

解析

1. 解析：在普通视图左侧幻灯片缩略图浏览窗格中将光标停留在某一幻灯片缩略图后，按Enter键即可在该幻灯片的后面增加一张新幻灯片。所以答案为D。

2. 解析：幻灯片不是通用对象，因此没有放在“插入”选项卡中。新建幻灯片作为常用功能被设置在“开始”选项卡中。因此，答案为C。

3. 解析：幻灯片有许多版式可选，其中包括“标题幻灯片”“标题和内容”“两栏内容”“空白”“标题和竖排文字”“垂直排列标题与文本”等版式，但新建的幻灯片默认版式为“标题和内容”。答案为B。

4. 解析：PowerPoint内置主题中可以设置的内容有字体、颜色和效果。故答案为A。

5. 解析：PowerPoint中，主题可以应用于所有幻灯片、选定幻灯片和当前幻灯片。所以，答案为A。

6. 解析：在PowerPoint中插入SmartArt图形制作组织结构图，可以轻松制作公司的组织结构。故答案为C。

7. 解析：隐藏幻灯片有两个途径：第一是在幻灯片缩略图窗格中选中后单击右键，选择“隐藏幻灯片”按钮；第二是在“幻灯片放映”选项卡“设置”组中选择“隐藏幻灯片”命令按钮。因此，答案为A。

8．解析：要将一个图片放在每页相同位置，可以通过幻灯片母版实现。所以答案为C。

9．解析：在PowerPoint中，要完成文本级别的降级，最快捷的方法就是使用Tab键。故答案为B。

10．解析：幻灯片母版处于幻灯片结构的基础，使用幻灯片母版可以使整个幻灯片具有统一的风格和样式，用户可以直接在母版相应的位置插入徽标图片、设置动画，从而减少重复性工作，提高工作效率。故答案为D。

11．解析：PowerPoint选项中，没有“默认字体”设置选项。演示文稿中可以通过设计母版使幻灯片标题、正文具有统一的字体、颜色、背景等格式。所以，答案为B。

12．解析：在PowerPoint演示文稿中，可以使用的对象有表格、图像（图片、剪贴画、屏幕截图、相册）、插图（形状、SmartArt、图表）、链接（链接、动作）、文本（文本框、页眉页脚、艺术字等）、符号、媒体（音频、视频）等。可见，只有书签为不可使用的对象。故答案为D。

13．解析：演示文稿的表格中，可以绘制斜线，选项D说法错误，其余说法均正确。故答案为D。

14．解析：在PowerPoint 演示文稿中，可以通过“节”进行幻灯片的组织，将不同的产品线幻灯片分别定义为独立节，方便对各产品线演示内容进行管理。所以，答案为C。

15．解析：在演示文稿大纲窗格中，输入幻灯片标题后进入下一级文本输入状态的最快捷方法是按Ctrl+Enter组合键。所以，答案为A。

16．解析：题目中要将演示文稿内容制作成一份Word 版本讲义，可以通过“开始”选项卡的“保存并发送”→“创建讲义”命令实现。故答案为B。

17．解析：利用PowerPoint的“插入对象”功能，可以在幻灯片中插入Word文档。具体操作方法是单击“插入”选项卡下“文本”组中的“对象”按钮，在“插入对象”文本框中选择要插入的Word文档，单击“确定”按钮。所以，答案为D。

18．解析：在放映每张幻灯片时，必须要有适当的时间供演示者充分表达自己的思想，以供观众领会该幻灯片所要表达的内容。利用PowerPoint的排练计时功能，演示者可在准备演示文稿的同时，通过排练为每张幻灯片确定适当的放映时间，这也是自动放映幻灯片的要求。所以，答案为B。

19．解析：选项A可以实现类似水印的效果，需要把文本框置于底层；PowerPoint中没有插入“水印”功能，所以选项B无法操作；选项C在幻灯片张数较多时操作烦琐；选项D，设置幻灯片背景会让水印图片铺满整个幻灯片。因此，答案为A。

20．解析：将多张图片整理到一个PowerPoint 演示文稿中最为快捷的方法是通过“插入”选项卡“图像”功能区的“相册”命令实现。所以，答案为A。

21．解析：在编辑演示文稿时，若需要借鉴使用以前制作文稿中某一些幻灯片，可以用重用幻灯片的功能。具体方法为打开“开始”选项卡中的“幻灯片”组中单击“新建幻灯片”按钮下的下拉按钮，选择“重用幻灯片”命令。所以，答案为B。

22．解析：缺省情况下，“转换为SmartArt”功能按钮在“开始”选项卡中，该功能只对一个文本框起作用。所以，答案为A。

23．解析：选中要旋转的图片，图片四周出现控制点，拖动上方的绿色控制点即可随意旋转图片。实际上，在整个Office中都可以采用这一方式调整图片旋转。即答案为C。

24．解析：幻灯片浏览视图可以以全局的方式浏览演示文稿中的幻灯片，可在右侧的幻灯片窗口同时显示多张幻灯片缩略图，便于进行多张幻灯片顺序的编排，方便进行新建、复制、移动、插入和删除幻灯片等操作，还可以设置幻灯片的切换效果并预览。因此，答案为D。

25．解析：单击节标题，可选中该节中的所有幻灯片，然后在“切换”选项卡下“切换到此幻灯片”组中选择一种切换方式，则该节中的所有幻灯片均使用了该切换方式。即答案为C。

26．解析：幻灯片在大纲视图下可直接分拆成多张幻灯片：首先需要将幻灯片切换到大纲视图，然后将光标置于需要分页的段落末尾处，按Enter键产生一个空段落，再单击“开始”选项卡下“段落”功能组中的“降低列表级别”按钮，此时再切换回幻灯片设计视图即可分为两张幻灯片。即答案为D。

27. 解析：幻灯片的标题文字的字体直接取决于母版幻灯片，因此可以切换到“母版”视图，在幻灯片“母版”中修改标题文字，即可统一修改幻灯片中每一页的标题文字。故本题选C。

28. 解析：在PowerPoint中，如果需要日期和时间跟随系统自动更新，可以通过选择“插入”选项卡的“页眉页脚”或者“日期”命令，在打开的页眉页脚设置对话框中选择相应的格式，并勾选“自动更新”来实现。所以，答案为C。

29. 解析：将SmartArt图形动画设置为“逐个按分支”的效果可以使一个分支形状展示完成后再展示下一分支形状内容。所以，答案选C。

30. 解析：超链接中的“现有文件”可以是本机上可以打开的各类文件。所以，答案为D。

31. 解析：用户可以根据自己的需要，建立多种放映方案，在不同的方案中选择不同的幻灯片放映。可通过单击“幻灯片放映”选项卡下“开始幻灯片放映”组中的“自定义幻灯片放映”按钮，在打开的“自定义放映”对话框中进行设置。因此，答案为B。

32. 解析：PowerPoint支持将演示文稿转换为直接放映格式（*.ppsx）文件，该文件可以在没有安装PowerPiont软件的计算机上直接放映。所以，答案为C。

33. 解析：在PowerPoint中可以利用幻灯片母版快速地设置水印效果（注意：“插入”选项卡中没有“插入水印”功能）。所以，答案为B。

34. 解析：本题考查将两个演示文稿的内容进行合并。首先需要打开文件“1–2节.pptx”，再单击“开始”选项卡下的“幻灯片”组中的“新建幻灯片”按钮，从下拉列表中选择“重用幻灯片”，单击“浏览”按钮，找到文件“3–7节.pptx”，最后单击右侧的执行按钮即可将两个演示文稿的内容合并。所以，答案为C。

35. 解析：在“文件”选项卡中选择“另存为”命令，将PowerPoint演示文稿另存为.ppsx文件格式，即为放映文件。所以，答案为D。

36. 解析：用户可以根据自己的需要，建立多种放映方案，在不同的方案中选择不同的幻灯片放映。可通过单击“幻灯片放映”选项卡下“开始幻灯片放映”组中的“自定义幻灯片放映”按钮，在打开的“自定义放映”对话框中进行设置。即答案为C。

37. 解析：将SmartArt 图形的动画效果设置为逐个形状播放，可以先为该SmartArt图形选择一个动画类型，然后“动画效果”选择“逐个”。因此答案为C。

38. 解析：由于第51至55张幻灯片不需要放映，因此只需自定义放映方案，即在自定义放映方案中添加1 ~ 50和56 ~ 100张幻灯片，然后放映该方案即可。故答案为D。

39. 解析：在演示文稿中，选项A、C和D都可以完成题目中所要求的复制一张幻灯片，但最快捷的操作方法是C；选项B不能完成复制幻灯片的操作。故答案为C。

40. 解析：在已经分节的PowerPoint演示文稿中，只需要单击节标题就可以选中该节内的所有幻灯片。选项B、C也可以完成选中某一节内的幻灯片，但是没有选项A快捷；选项D是选中所有的幻灯片。所以，答案为A。

第4部分 新增机考题库

由于考试复习时间有限，为了避免考生陷入无谓的题海战术，本部分精选了近年新增的真考机考题库。这些题目规范、细致，操作题紧扣实际应用，相关素材参见本书配套软件。

利用这些套题在规定的时间内进行实际操作练习，可收到加深知识理解、提高应用能力、熟悉考试内容、把握考试节奏的效果。完成了这些套题，考生对“全国计算机等级考试二级MS Office高级应用”的考试应该已经心中有数，如果需要系统学习相关知识并获得更广泛的练习，可以阅读本社出版的本书的姐妹篇《全国计算机等级考试高分宝典·二级MS Office高级应用》，考试必能游刃有余。

需要注意的是，二级考试题库每年都会新增题目，所以，真正要获得好的成绩，考生不应期望猜题、押题或抽中旧题，而是要切记以下几点：首先，在做题时先不要看解析，自己尝试完成各项要求，在对题目要求进行探索以后，再根据题目解析进行规范操作；其次，在练习过程中要善于总结，将散布于试题中的知识连贯起来形成一定的体系，特别是利用上述的“高分宝典”中的考试大纲自行细化知识结构，加强记忆。这样，一方面能对操作要求与系统功能选项有清晰的认识，另一方面，也能逐步总结出MS Office操作体系以及相关计算机基础知识体系，考试必获佳绩。

下面是考试试卷的提示，为了节省篇幅，在套题前不再放置。请考生们在考试时一定注意这些基本要求。

考生须知

1. 考生必须在自己的“考生文件夹”下进行考试，否则将影响考试成绩；
2. 作答选择题时键盘将被封锁，使用键盘无效，考生须使用鼠标答题；
3. 选择题部分只能进入一次，退出后不能再次进入；
4. 选择题部分不单独计时；
5. MS Office文件须用MS Office软件操作，使用其他应用软件会影响考试评分。

二级MS Office高级应用题库试卷（1）

（考试时间120分钟，满分100分）

一、选择题（每题1分，共20分）

下列各题A、B、C、D四个选项中，只有一个选项是正确的。

1．算法的时间复杂度是指（　　）。

A．执行算法程序所需要的时间　　B．算法程序的长度

C．算法执行过程中所需要的基本运算次数　　D．算法程序中的指令条数

2．设数据集合为D=｛a，b，c，d，e｝。下列数据结构B=（D，R）中为线性结构的是（　　）。

A．R=｛（b，c），（e，a），（d，b），（c，e）｝

B．R=｛（a，b），（b，c），（b，d），（d，e）｝

C．R=｛（e，d），（d，a），（a，c），（d，b）｝

D．R=｛（d，a），（a，c），（d，c），（c，e）｝

3．循环队列的存储空间为Q（1:30），初始状态为front=rear=30。经过一系列正常的入队与退队操作后，front=rear=15，此后又退出一个元素，则循环队列中的元素个数为（　　）。

A．14　　B．15　　C．30　　D．29，或0且产生下溢错误

4．某二叉树的中序遍历序列为CBADE，后序遍历序列为CBEDA，则前序遍历序列为（　　）。

A．CBADE　　B．ABCDE　　C．CBEDA　　D．EDCBA

5．以下关于编译程序的说法正确的是（　　）。

A．编译程序属于计算机应用软件，所有用户都需要编译程序

B．编译程序不会生成目标程序，而是直接执行源程序

C．编译程序完成高级语言程序到低级语言程序的等价翻译

D．编译程序构造比较复杂，一般不进行出错处理

6．面向对象程序设计的基本思想是通过建立与客观实际相对应的对象，并将这些对象进行组合来创建具体的应用，其中对象是指（　　）。

A．数据结构的封装体　　B．数据以及在其上操作的封装体

C．程序功能模块的封装体　　D．一组有关事件的封装体

7．下列叙述中正确的是（　　）。

A．软件过程是把输入转化为输出的一组彼此相关的资源和活动

B．软件过程是软件开发过程

C．软件过程是软件维护过程

D．软件过程是软件开发过程和软件维护过程

8．下列中属于软件设计的基本原理的是（　　）。

A．数据流分析设计　　B．变换流分析设计

C．事务分析设计　　D．模块化

9．一名运动员可以参加多个项目，则实体运动员和实体项目之间的联系是（　　）。

A．一对多　　B．多对一　　C．多对多　　D．一对一

10．有三个关系R、S和T如下图所示，则由关系R和S得到关系T的运算是（　　）。

R

A	B	C
x	3	5
y	2	3
z	1	2

S

A	B	C
x	6	5
z	8	3

T

A	B	C
x	3	5
y	2	3
z	1	2
x	6	5
z	8	3

A．投影　　B．选择　　C．交　　D．并

11．组成CPU的主要部件是控制器和（　　）。

A．运算器　　B．存储器　　C．寄存器　　D．编辑器

12．下列各进制的整数中，值最大的一个是（　　）。

A．十六进制数34　　B．十进制数55　　C．八进制数63　　D．二进制数110010

13．在下列计算机安全防护措施中，最重要的是（　　）。

A．提高管理水平和技术水平　　B．提高硬件设备运行的可靠性

C．预防计算机病毒的感染和传播　　D．尽量防止自然因素的损害

14. 计算机网络建立的主要目的是实现计算机资源的共享，计算机资源主要指计算机（　　）。

A. 软件与数据库　　B. 服务器、工作站与软件

C. 硬件、软件与数据　　D. 通信子网与资源子网

15. 将Word文档中的大写英文字母转换为小写，最优的操作方法是（　　）。

A. 单击鼠标右键，执行右键菜单中的“更改大小写”命令

B. 执行“开始”选项卡“字体”组中的“更改大小写”命令

C. 执行“引用”选项卡“格式”组中的“更改大小写”命令

D. 执行“审阅”选项卡“格式”组中的“更改大小写”命令

16. 小张在编写论文时利用Word插入页码自动生成页码，但是，他不想在首页上也生成页码，最佳的方法是（　　）。

A. 在“页码格式”窗口设置“首页无页码”

B. 在“页码格式”窗口将起始页码调整为0

C. 通过“插入”选项卡插入“空白页”

D. 通过“插入”选项卡插入“封面”

17. 小韩在Excel中制作了一份通讯录，并为工作表数据区域设置了合适的边框和底纹，她希望工作表中默认的灰色网格线不再显示，最快捷的操作方法是（　　）。

A. 在后台视图的高级选项下，设置工作表不显示网格线

B. 在后台视图的高级选项下，设置工作表网格线为白色

C. 在“页面设置”对话框中设置不显示网格线

D. 在“页面布局”选项卡上的“工作表选项”组中设置不显示网格线

18. 小胡利用Excel对销售人员的销售额进行统计，销售工作表中已包含每位销售人员对应的产品销量，且产品销售单价为365元，计算每位销售人员销售额的最优操作方法是（　　）。

A. 直接通过公式“=销量×365”计算销售额

B. 将单价365输入到某个单元格中，然后在计算销售额的公式中相对引用该单元格

C. 将单价365定义名称为“单价”，然后在计算销售额的公式中引用该名称

D. 将单价365输入到某个单元格中，然后在计算销售额的公式中绝对引用该单元格

19. PowerPoint允许设置幻灯片的方向。幻灯片方向在（　　）功能中进行设置。

A. 选项　　B. 页面设置　　C. 自定义　　D. 版式

20. 小方需将PowerPoint演示文稿内容制作成一份Word版本讲义，以便后续可以灵活编辑及打印，最优的操作方法是（　　）。

A. 在PowerPoint中利用“创建讲义”功能，直接创建Word讲义

B. 切换到演示文稿的“大纲”视图，将大纲内容直接复制到Word文档中

C. 将演示文稿另存为“大纲/RTF文件”格式，然后在Word中打开

D. 将演示文稿中的幻灯片以粘贴对象的方式一张张复制到Word文档中

二、字处理（共30分）

请在【答题】菜单下选择【进入考生文件夹】命令，并按照题目要求完成下面的操作。

注意：以下的文件必须保存在考生文件夹下。

办公室秘书小张需要整理一份最新的中国互联网络发展状况统计报告。请按下列要求帮助他对该文档进行排版操作并按指定的文件名进行保存。

1. 打开考生文件夹下的文档“Word素材.docx”，将其另存为“中国互联网络发展状况统计报告.docx”，后续操作均基于此文件。

2. 按下列要求进行页面设置：纸张大小A4，对称页边距，上、下边距各2.5厘米，内侧边距2.5厘

米、外侧边距2厘米，装订线1厘米，页眉、页脚均距边界1.1厘米。

3．文稿中包含3个级别的标题，其文字分别用不同的颜色显示。按下述要求对书稿应用样式，并对样式格式进行修改。

文字颜色	样式	格式
红色（章标题）	标题1	小二号字、华文中宋、不加粗、标准红色，段前1.5行、段后1行，行距最小值12磅，居中，与下段同页
蓝色【用一，二，三…标示的段落】	标题2	小三号字、华文中宋、不加粗、标准深蓝色，段前1行、段后0.5行，行距最小值12磅
绿色【用（一），（二），（三）…标示的段落】	标题3	小三号字、华文中宋、不加粗、标准深蓝色，段前1行、段后0.5行，行距最小值12磅
除上述三个基本标题外的所有正文（不含表格、图表和题注）	正文	仿宋体，首行缩进2字符、1.25倍行距、段后6磅、两端对齐

4．为书稿中用黄色底纹标出的文字“手机上网比例首超传统 PC”添加脚注，脚注位于页面底部，编号格式为①，②，③…，内容为“最近半年使用过台式机、笔记本或同时使用台式机和笔记本的网民统称为传统PC用户”。

5．将考生文件夹下的图片pic1.png插入到书稿中用浅绿色底纹标出的文字“调查总体细分图示”上方的空行中，在说明文字“调查总体细分图示”左侧添加格式如“图1”“图2”的题注，添加完毕，将样式“题注”的格式修改为楷体、小五号字、居中。在图片上方用浅绿色底纹标出的文字的适当位置引用该题注。

6．根据第二章中的表1内容生成一张如示例文件chart.png所示的图表，插入到表格后的空行中，并居中显示。要求图表的标题、纵坐标轴和折线图的格式和位置与示例图相同。

7．参照示例文件cover.png，为文档设计封面，并对前言进行适当的排版。封面和前言必须位于同一节中，且无页眉、页脚和页码。封面上的图片可用取自考生文件夹下的文件Logo.jpg，并应进行适当的剪裁。

8．在前言内容和报告摘要之间插入自动目录，要求包含标题第1～3级及对应页码，目录的页眉、页脚按下列格式设计：页脚居中，显示大写罗马数字Ⅰ，Ⅱ，Ⅲ，… 格式的页码，起始页码为Ⅰ，且自奇数页码开始；页眉居中，插入文档标题属性信息。

9．自报告摘要开始为正文。为正文设计下述格式的页码：自奇数页码开始，起始页码为1，页码格式为阿拉伯数字1，2，3，…。偶数页页眉内容依次显示：页码、一个全角空格、文档属性中的作者信息，居左显示。奇数页页眉内容依次显示：章标题、一个全角空格、页码，居右显示，并在页眉内容下添加横线。

10．将文稿中所有的西文空格删除，然后对目录进行更新。

三、电子表格（共30分）

请在【答题】菜单下选择【进入考生文件夹】命令，并按照题目要求完成下面的操作。

注意：以下的文件必须保存在考生文件夹下。

某公司销售部门主管大华拟对本公司产品前两季度的销售情况进行统计，按下述要求帮助大华完成统计工作。

1．打开考生文件夹下的工作簿“Excel素材.xlsx”，将其另存为“一二季度销售统计表.xlsx”，后续操作均基于此文件。

2．参照“产品基本信息表”所列，运用公式或函数分别在工作表“一季度销售情况表”“二季度销售情况表”中，填入各型号产品对应的单价，并计算各月销售额填入F列。其中单价和销售额均为数值，保留2位小数，使用千位分隔符。（注意：不得改变这两个工作表中的数据顺序）

3. 在“产品销售汇总表”中，分别计算各型号产品的一、二季度的销量、销售额及合计数，填入相应列中。所有销售额均设为数值型、小数位数0，使用千位分隔符，右对齐。

4. 在“产品销售汇总表”中，在不改变原有数据顺序的情况下，按一、二季度销售总额从高到低给出销售额排名，填入I列相应单元格中。将排名前三位和后三位的产品名次分别用标准红色和标准绿色标出。

5. 为“产品销售汇总表”的数据区域A1:I21套用一个表格格式，包含表标题，并取消列标题行的筛选标记。

6. 根据“产品销售汇总表”中的数据，在一个名为“透视分析”的新工作表中创建数据透视表，统计每个产品类别的一、二季度销售及总销售额。透视表自A3单元格开始，并按一、二季度销售总额从高到低进行排序。结果参见文件“透视表样例.png”。

7. 将“透视分析”工作表标签颜色设为标准紫色，并移动到“产品销售汇总表”的右侧。

四、演示文稿（共20分）

请在【答题】菜单下选择【进入考生文件夹】命令，并按照题目要求完成下面的操作。

注意：以下的文件必须保存在考生文件夹下。

第十二届全国人民代表大会第三次会议政府工作报告中的看点众多，精彩纷呈。为了更好地宣传大会精神，新闻编辑小王需制作一个演示文稿，素材放于考生文件夹下的“文本素材.docx”及相关图片文件，具体要求如下：

1. 演示文稿共包含8张幻灯片，分为5节，节名分别为“标题、第一节、第二节、第三节、致谢”，各节所包含的幻灯片页数分别为1、2、3、1、1；每一节的幻灯片设为同一种切换方式，节与节的幻灯片切换方式均不同；设置幻灯片主题为“角度”。将演示文稿保存为“图解2015施政要点.pptx”，后续操作均基于此文件。

2. 第1张幻灯片为标题幻灯片，标题为“图解今年施政要点”，字号不小于40；副标题为“2015年两会特别策划”，字号为20。

3. “第一节”下的2张幻灯片，标题为“一、经济”，展示考生文件夹下Eco1.jpg ~ Eco6.jpg的图片内容，每张幻灯片包含3幅图片，图片在锁定纵横比的情况下高度不低于125px；设置第1张幻灯片中3幅图片的样式为“剪裁对角线，白色”，第2张中3幅图片的样式为“棱台矩形”；设置每幅图片的进入动画效果为“上一动画之后”。

4. “第二节”下的3张幻灯片，标题为“二、民生”，其中第1张幻灯片内容为考生文件夹下Ms1.jpg ~ Ms6.jpg的图片，图片大小设置为100px（高）× 150px（宽），样式为“居中矩形阴影”，每幅图片的进入动画效果为“上一动画之后”；在第2、3张幻灯片中，利用“垂直图片列表”SmartArt图形展示“文本素材.docx”中的“养老金”到“环境保护”7个要点，图片对应Icon1.jpg ~ Icon7.jpg，每个要点的文字内容有两级，对应关系与素材保持一致。要求第2张幻灯片展示3个要点，第3张展示4个要点；设置SmartArt图形的进入动画效果为“逐个”及“与上一动画同时”。

5. “第三节”下的幻灯片，标题为“三、政府工作需要把握的要点”，内容为“垂直框列表”SmartArt图形，对应文字参考考生文件夹下的“文本素材.docx”。设置SmartArt图形的进入动画效果为“逐个”及“与上一动画同时”。

6. “致谢”节下的幻灯片，标题为“谢谢！”，内容为考生文件夹下的“End.jpg”图片，图片样式为“映像圆角矩形”。

7. 除标题幻灯片外，在其他幻灯片的页脚处显示页码。

8. 设置幻灯片为循环放映方式，每张幻灯片的自动切换时间为10秒钟。

二级MS Office高级应用题库试卷（2）

（考试时间120分钟，满分100分）

一、选择题（每题1分，共20分）

下列各题A、B、C、D四个选项中，只有一个选项是正确的。

1. 算法分析的两个主要方面是（　　）。

A. 数据复杂度和程序复杂度　　B. 正确性和简明性

C. 时间复杂度和空间复杂度　　D. 可读性和文档性

2. 下列叙述中正确的是（　　）。

A. 任何存储方式的有序表均能采用二分法进行查找

B. 有序表可以用链接存储方式存储在不连续的存储空间内

C. 所谓有序表是指在顺序存储空间内连续存放的元素序列

D. 有序表只能顺序存储在连续的存储空间内

3. 在线性表的链式存储结构中，其存储空间一般是不连续的，并且（　　）。

A. 前件结点的存储序号可以小于也可以大于后件结点的存储序号

B. 前件结点的存储序号大于后件结点的存储序号

C. 前件结点的存储序号小于后件结点的存储序号

D. 以上三种说法均不正确

4. 某二叉树中共有250个结点，其中126个为叶子结点，则该二叉树中度为2的结点数为（　　）。

A. 122　　B. 121　　C. 120　　D. 不可能有这样的二叉树

5. 下面属于应用软件的是（　　）。

A. Android系统　　B. 编译程序　　C. 汇编程序　　D. 即时通讯系统

6. 在面向对象设计中，对象有很多基本特点，其中“从外面看只能看到对象的外部特性，而对象的内部对外是不可见的”这一性质指的是对象的（　　）。

A. 分类性　　B. 标识唯一性　　C. 多态性　　D. 封装性

7. 软件需求分析阶段的主要任务是（　　）。

A. 确定软件开发计划　　B. 确定软件开发工具

C. 确定软件系统的功能　　D. 确定软件开发方法

8. 某系统结构图如下图所示，该系统结构图中最大扇出数是（　　）。

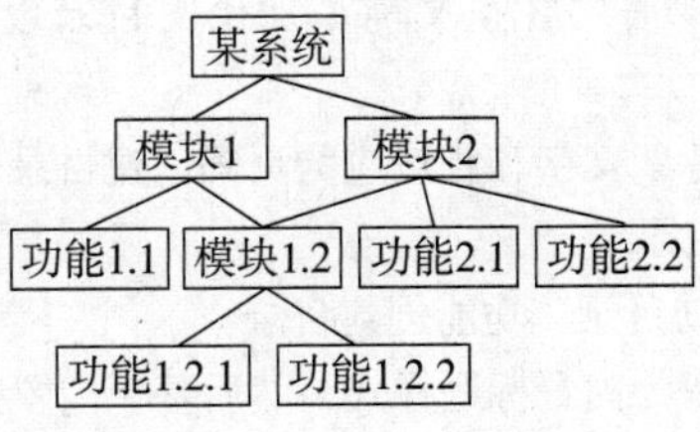

A. 4　　B. 3　　C. 2　　D. 1

9. 数据库管理系统是（　　）。

A. 操作系统的一部分

B. 操作系统支持下的系统软件

C. 一种编译程序

D. 一种操作系统

10．有三个关系R、S和T如下，则关系T由关系R和S通过（　　）得到。

R

A	B	C
a	1	12
b	2	11
c	3	11
d	4	16

S

A	B	C
d	3	12
c	3	11

T

A	B	C
c	3	11

A．交　　B．差　　C．选择　　D．并

11．现代计算机普遍采用总线结构，包括数据总线、地址总线、控制总线，通常与数据总线位数对应相同的部件是（　　）。

A．存储器　　B．控制总线　　C．地址总线　　D．CPU

12．常用的USB2.0规范传输速率为480Mbps，如果折算为MB/s为（　　）。

A．120　　B．80　　C．60　　D．40

13．计算机病毒是影响计算机安全的主要因素之一，目前已有数千种病毒，且新病毒层出不穷。下列有关计算机病毒的叙述正确的是（　　）。

A．每种计算机病毒都是一个独立的软件（程序），对应着一个或多个文件

B．计算机病毒不仅能感染应用程序文件，而且能感染数据文件（如Word文档等）

C．加密或压缩的文件一般不会感染计算机病毒

D．安装了防病毒软件的计算机系统不会感染计算机病毒

14．以下关于计算机网络的讨论中，哪个观点是正确的（　　）。

A．互联的计算机是分布在不同地理位置的多台独立的自治计算机系统

B．组建计算机网络的目的是实现局域网的互联

C．网络必须采用一个具有全局资源调度能力的分布式操作系统

D．联入网络的所有计算机都必须使用同样的操作系统

15．在Word中编辑一篇文稿时，如需快速选取一个较长段落文字区域，最快捷的操作方法是（　　）。

A．直接用鼠标拖动选择整个段落

B．在段首单击，按下Shift键不放再按End键

C．在段落的左侧空白处双击鼠标

D．在段首单击，按下Shift键不放再单击段尾

16．小赵完成了毕业论文，现需要在正文前添加论文目录以便检索和阅读，最优的操作方法是（　　）。

A．直接输入作为目录的标题文字和相对应的页码创建目录

B．基于自定义样式创建目录

C．利用Word提供的“手动目录”功能创建目录

D．将文档的各级标题设置为内置标题样式，然后基于内置标题样式自动插入目录

17．从Excel工作表产生Excel图表时，（　　）。

A．无法从工作表产生图表

B．图表只能嵌入在当前工作表中，不能作为新工作表保存

C．图表不能嵌入在当前工作表中，只能作为新工作表保存

D．图表既能嵌入在当前工作表中，又能作为新工作表保存

18．以下关于使用Excel填充柄说法正确的是（　　）。

A．当首单元格为数字格式时，直接拖动，生成步长为1的等差序列

B．当首单元格为公式时，直接拖动可自动填充与首单元格相应的公式

C．当首单元格为字符格式时，直接拖动，数据不变

D．当首单元格为日期格式时，直接拖动，数据不变

19．在以下几种PowerPoint视图中，能够添加和显示备注文字的视图是（　　）。

A．幻灯片视图　　B．大纲视图　　C．幻灯片浏览视图　　D．幻灯片放映视图

20．在PowerPoint演示文稿中通过分节组织幻灯片，如果要选中某一节内的所有幻灯片，最优的操作方法是（　　）。

A．选中该节的一张幻灯片，然后按住Ctrl键，逐个选中该节的其他幻灯片

B．选中该节的第一张幻灯片，然后按住Shift键，单击该节的最后一张幻灯片

C．单击节标题

D．按Ctrl+A组合键

二、字处理（共30分）

某单位财务处请小张设计《经费联审结算单》模板，以提高日常报账和结算单审核效率。请根据考生文件夹下“Word素材1.docx”和“Word素材2.xlsx”文件完成制作任务。具体要求如下：

1．将素材文件“Word素材1.docx”另存为“结算单模板.docx”，保存于考生文件夹下，后续操作均基于此文件。

2．将页面设置为A4幅面、横向，页边距均为1厘米。设置页面为两栏，栏间距为2字符，其中左栏内容为《经费联审结算单》表格，右栏内容为《XX研究所科研经费报账须知》文字，要求左右两栏内容不跨栏、不跨页。

3．设置《经费联审结算单》表格整体居中，所有单元格内容垂直居中对齐。参考考生文件夹下“结算单样例.jpg”所示，适当调整表格行高和列宽，其中两个“意见”的行高不低于2.5厘米，其余各行行高不低于0.9厘米。设置单元格的边框，细线宽度为0.5磅，粗线宽度为2.25磅。

4．设置《经费联审结算单》标题（表格第1行）水平居中，字体为小二、华文中宋，其他单元格中已有文字字体均为小四、仿宋、加粗；除“单位：”为左对齐外，其余含有文字的单元格均为居中对齐。表格第2行的最后一个空白单元格将填写填报日期，字体为四号、楷体，并右对齐；其他空白单元格格式均为四号、楷体、左对齐。

5．《XX研究所科研经费报账须知》以文本框形式实现，其文字的显示方向与《经费联审结算单》相比，逆时针旋转90°。

6．设置《XX研究所科研经费报账须知》的第1行格式为小三、黑体、加粗，居中；第2行格式为小四、黑体，居中；其余内容为小四、仿宋，两端对齐、首行缩进2字符。

7．将“科研经费报账基本流程”中的4个步骤改用“垂直流程”SmartArt图形显示，颜色为“强调文字颜色1”，样式为“简单填充”。

8．“Word素材2.xlsx”文件中包含了报账单据信息，需使用“结算单模板.docx”自动批量生成所有结算单。其中，对于结算金额为5000元（含）以下的单据，“经办单位意见”栏填写“同意，送财务审核。”；否则填写“情况属实，拟同意，请所领导审批。”。另外，结算金额低于500元的单据不再单独审核，需在批量生成结算单据时将这些单据记录自动跳过。生成的批量单据存放在考生文件夹下，以“批量结算单.docx”命名。

三、电子表格（共30分）

滨海市对重点中学组织了一次物理统考，并生成了所有考生的每一个题目的得分。市教委要求小罗老师根据已有数据，统计分析各学校及班级的考试情况。请根据考生文件夹下“素材.xlsx”中的数据，帮助小罗完成此项工作。具体要求如下：

1．将“素材.xlsx”另存为“滨海市2015年春高二物理统考情况分析.xlsx”文件，后续操作均基于此文件。

2．利用“成绩单”“小分统计”和“分值表”工作表中的数据，完成“按班级汇总”和“按学校汇总”工作表中相应空白列的数值计算。具体提示如下：

（1）“考试学生数”列必须利用公式计算，“平均分”列由“成绩单”工作表数据计算得出；

（2）“分值表”工作表中给出了本次考试各题的类型及分值（备注：本次考试一共50道小题，其中【1】至【40】为客观题，【41】至【50】为主观题）；

（3）“小分统计”工作表中包含了各班级每一道小题的平均得分，通过其可计算出各班级的“客观题平均分”和“主观题平均分”（备注：由于系统生成每题平均得分时已经进行了四舍五入操作，因此通过其计算“客观题平均分”和“主观题平均分”之和时，可能与根据“成绩单”工作表的计算结果存在一定误差）；

（4）利用公式计算“按学校汇总”工作表中的“客观题平均分”和“主观题平均分”，计算方法为：每个学校的所有班级相应平均分乘以对应班级人数，相加后再除以该校的总考生数；

（5）计算“按学校汇总”工作表中的每题得分率，即：每个学校所有学生在该题上的得分之和除以该校总考生数，再除以该题的分值；

（6）所有工作表中“考试学生数”“最高分”“最低分”显示为整数；各类平均分显示为数值格式，并保留2位小数；各题得分率显示为百分比数据格式，并保留2位小数。

3．新建“按学校汇总2”工作表，将“按学校汇总”工作表中所有单元格数值转置复制到新工作表中。

4．将“按学校汇总2”工作表中的内容套用表格样式为“表样式中等深浅12”；将得分率低于80%的单元格标记为“浅红填充色深红色文本”格式，将介于80%和90%之间的单元格标记为“黄填充色深黄色文本”格式。

四、演示文稿（共20分）

某注册会计师协会培训部的魏老师正在准备有关审计业务档案管理的培训课件，她的助手已搜集并整理了一份相关资料存放在Word文档“PPT_素材.docx”中。按下列要求帮助魏老师完成PPT课件的整合制作。

1．在考生文件夹下创建一个名为“PPT.pptx”的新演示文稿（“.pptx”为文件扩展名），后续操作均基于此文件，否则不得分。该演示文稿需要包含Word文档“PPT_素材.docx”中的所有内容，Word素材文档中的红色文字、绿色文字、蓝色文字分别对应演示文稿中每页幻灯片的标题文字、第一级文本内容、第二级文本内容。

2．将第1张幻灯片的版式设为“标题幻灯片”，在该幻灯片的右下角插入任意一幅剪贴画，依次为标题、副标题和新插入的图片设置不同的动画效果，其中副标题作为一个对象发送，并且指定动画出现顺序为图片、副标题、标题。

3．将第3张幻灯片的版式设为“两栏内容”，在右侧的文本框中插入考生文件夹下的Excel文档“业务报告签发稿纸.xlsx”中的模板表格，并保证该表格内容随Excel文档的改变而自动变化。

4．将第4张幻灯片“业务档案管理流程图”中的文本转换为Word素材中所示的示例图SmartArt图形，并适当更改其颜色和样式。为本张幻灯片的标题和SmartArt图形添加不同的动画效果，并令SmartArt图形伴随着“风铃”声逐个级别顺序飞入。为SmartArt图形中“建立业务档案”下的文字“案卷封面、备考表”添加到考生文件夹下的Word文档“封面备考表模板.docx”的超链接。

5．将标题为“七、业务档案的保管”的幻灯片拆分为3张，其中“（一）~（三）”为1张，（四）及下属内容为1张，（五）及下属内容为1张，标题均为“七、业务档案的保管”。为“（四）业务档案保管的基本方法和要求”所在的幻灯片添加备注“业务档案保管需要做好的八防工作：防火、防水、防潮、防霉、防虫、防光、防尘、防盗”。

6．在每张幻灯片的左上角添加协会的标志图片Logo1.png，设置其位于最底层以免遮挡标题文字。除标题幻灯片外，其他幻灯片均包含幻灯片编号、自动更新的日期，日期格式为××××年××月××日。

7．将演示文稿按下列要求分为3节，分别为每节应用不同的设计主题和幻灯片切换方式。

节名	包含的幻灯片
档案管理概述	1 ~ 4
归档和整理	5 ~ 8
档案保管和销毁	9 ~ 13

二级MS Office高级应用题库试卷（3）

（考试时间120分钟，满分100分）

一、选择题（每题1分，共20分）

下列各题A、B、C、D四个选项中，只有一个选项是正确的。

1．计算机算法必须具备输入、输出、（　　）等五个特性。

A．可行性、确定性和有穷性　　B．可行性、可移植性和可扩充性

C．确定性、有穷性和稳定性　　D．易读性、稳定性和安全性

2．设循环队列为Q(1:m)，其初始状态为front=rear=m。经过一系列入队与退队运算后，front=30，rear=10。现要在该循环队列中作顺序查找，最坏情况下需要比较的次数为（　　）。

A．m−19　　B．19　　C．m−20　　D．20

3．某二叉树的前序序列为ABCD，中序序列为DCBA，则后序序列为（　　）。

A．BADC　　B．DCBA　　C．ABCD　　D．CDAB

4．设顺序表的长度为32，对该表进行冒泡排序。在最坏情况下需要的比较次数为（　　）。

A．528　　B．496　　C．33　　D．32

5．程序的三种基本控制结构是顺序、条件和循环，它们的共同点是（　　）。

A．只能用来写简单的程序　　B．只有一个入口和一个出口

C．已经用硬件实现　　D．不能嵌套使用

6．HTML是一种标记语言，它是由（　　）解释执行的。

A．处理器　　B．Windows

C．标记语言处理软件　　D．浏览器

7．软件生命周期是指（　　）。

A．软件的运行和维护

B．软件的需求分析、设计与实现

C．软件的实现和维护

D．软件产品从提出、实现、使用维护到停止使用退役的过程

8．下面对软件测试和软件调试叙述错误的是（　　）。

A．严格执行测试计划，排除测试的随意性　　B．正确执行测试用例

C．软件测试不需考虑测试成本　　D．软件调试的目的是改正软件错误

9．数据库系统中完成查询操作使用的语言是（　　）。

A．数据控制语言　　B．数据定义语言

C. 数据操纵语言　　D. 以上说法均不正确

10. 有三个关系R、S和T如下图所示，则由关系R和S得到关系T的运算是（　　）。

R

A	B	C
x	3	5
y	2	3
z	1	2
x	2	9

S

B	D
1	d
3	f
5	c

T

A	B	C	D
z	1	2	d
x	3	5	f

A. 并　　B. 交　　C. 投影　　D. 自然连接

11. 作为现代计算机基本结构的冯·诺依曼体系包括（　　）。

A. 输入、存储、运算、控制和输出五个部分

B. 输入、过程控制和输出三个部分

C. 输入、数据计算、数据传递和输出四个部分

D. 输入、数据存储、数据转换和输出四个部分

12. 下面四个二进制数中，与十六进制数AE等值的是（　　）。

A. 10100111　　B. 10101110　　C. 10010111　　D. 11101010

13. 下列预防计算机病毒的注意事项中，错误的是（　　）。

A. 不使用网络，以免中毒

B. 重要资料经常备份

C. 备好启动盘

D. 尽量避免在无防毒软件机器上使用可移动储存介质

14. 随着微型计算机的广泛应用，大量的微型计算机通过局域网联入广域网，而局域网与广域网的互联一般通过（　　）设备实现。

A. 以太网交换机　　B. 路由器

C. 网桥　　D. 电话交换机

15. 如果希望为一个多页的Word文档添加页面图片背景，最优的操作方法是（　　）。

A. 利用页面填充效果功能，将图片设置为页面背景

B. 执行“插入”选项卡中的“页面背景”命令，将图片设置为页面背景

C. 在每一页中分别插入图片，并设置图片的环绕方式为衬于文字下方

D. 利用水印功能，将图片设置为文档水印

16. 在Word的编辑状态下，选择了整个表格，然后在键盘上按Delete键，则（　　）。

A. 整个表格被删除　　B. 表格中一列被删除

C. 表格中的一行被删除　　D. 表格中的字符被删除

17. 在同一个Excel工作簿中，编写函数时如果需要区分不同工作表的单元格，则要在引用地址前面增加（　　）。

A. 单元格地址　　B. 工作表名称　　C. 工作簿名称　　D. 公式

18. 在Excel中，如需对A1单元格数值的小数部分进行四舍五入运算，最优的操作方法是（　　）。

A. =ROUND(A1,0)　　B. =ROUNDUP(A1,0)　　C. =INT(A1+0.5)　　D. =INT(A1)

19. 小王利用PowerPoint制作一份学校简介的演示文稿，他希望将学校外景图片铺满每张幻灯片，最优的操作方法是（　　）。

A. 在一张幻灯片中插入该图片，调整大小及排列方式，然后复制到其他幻灯片

B. 将该图片文件作为对象插入到全部幻灯片中

C. 将该图片作为背景插入并应用到全部幻灯片中

D．在幻灯片母版中插入该图片，并调整大小及排列方式

20．下列关于幻灯片母版的说法错误的是（　　）。

A．在幻灯片母版中可以更改编号的格式，以及位置

B．在幻灯片母版中插入编号后，便可在每张幻灯片中显示

C．在幻灯片母版中插入图片，则所有幻灯片中都可出现此图片

D．在幻灯片母版中可以统一所有幻灯片的风格

二、字处理（共30分）

在考生文件夹下打开文档WORD.docx，按照要求完成下列操作并以该文件名（WORD.docx）保存文档。

某高校为了丰富学生的课余生活，开展了艺术与人生论坛系列讲座，校学工处将于2018年12月29日14:00—16:00在校国际会议中心举办题为“大学生形象设计”的讲座。

请根据上述活动的描述，利用Microsoft Word制作一份宣传海报（宣传海报的样式请参考“WORD-海报参考样式.docx”文件），要求如下：

1．调整文档版面，要求页面高度为20厘米，页面宽度为16厘米，上、下页边距为5厘米，左、右页边距为3厘米，并将考生文件夹下的图片“Word-海报背景图片.jpg”设置为海报背景。

2．根据“WORD-海报参考样式.docx”文件，调整海报内容文字的字号、字体和颜色。

3．根据页面布局需要，调整海报内容中“报告题目”“报告人”，“报告日期”“报告时间”“报告地点”信息的段落间距。

4．在“报告人：”位置后面输入报告人姓名“郭云”。

5．在“主办：校学工处”位置后另起一页，并设置第2页的页面纸张大小为A4篇幅，纸张方向设置为“横向”，页边距为“普通”。

6．在新页面的“日程安排”段落下面，复制本次活动的日程安排表（请参考“Word-活动日程安排.xlsx”文件），要求表格内容引用Excel文件中的内容，如Excel文件中的内容发生变化，Word文档中的日程安排信息随之发生变化。

7．在新页面的“报名流程”段落下面，利用SmartArt制作本次活动的报名流程（学工处报名、确认坐席、领取资料、领取门票）。

8．插入报告人照片，为考生文件夹下的“Pic 2.png”图片，将该照片调整到适当位置，并不要遮挡文档中的文字内容。

9．保存本次活动的宣传海报设计文档WORD.docx。

三、电子表格（共30分）

小李在东方公司担任行政助理，年底要完成公司员工档案信息的分析和汇总工作。

请你根据东方公司员工档案（“Excel.xlsx”文件），按照如下要求完成统计和分析工作。

1．请对“员工档案”工作表进行格式调整，将所有工资列设为保留2位小数的数值，适当加大行高列宽。

2．根据身份证号，请在“员工档案”工作表的“出生日期”列中，使用MID函数提取员工生日，单元格式类型为“yyyy年m月d日”。

3．根据入职时间，请在“员工档案”工作表的“工龄”列中，使用TODAY函数和INT函数计算员工的工龄（工作满一年才计入工龄）。

4．引用“工龄工资”工作表中的数据来计算“员工档案”工作表员工的工龄工资，在“基础工资”列中，计算每个人的基础工资。（基础工资=基本工资+工龄工资）

5．根据“员工档案”工作表中的工资数据，统计所有人的基础工资总额，并将其填写在“统计报

告”工作表的B2单元格中。

6. 根据“员工档案”工作表中的工资数据，统计职务为“项目经理”的基本工资总额，并将其填写在“统计报告”工作表的B3单元格中。

7. 根据“员工档案”工作表中的数据，统计东方公司本科生平均基本工资，并将其填写在“统计报告”工作表的B4单元格中。

8. 通过分类汇总功能求出每个职务的平均基本工资。

9. 创建一个饼图，对每类员工的基本工资进行比较，并将该图表放置在“统计报告”工作表中。

10. 保存“Excel.xlsx”文件。

四、演示文稿（共20分）

某公司新员工入职，需要对他们进行入职培训。为此，人事部门负责此事的小吴制作了一份入职培训的演示文稿，但人事部经理看过之后，觉得文稿整体做得不够精美，还需要再美化一下。请根据提供的“入职培训.pptx”文件，对制作好的文稿进行美化。具体要求如下：

1. 将第1张幻灯片设为“节标题”，并在第1张幻灯片中插入一幅人物剪贴画。

2. 为整个演示文稿指定一个恰当的设计主题。

3. 为第2张幻灯片上面的文字“公司制度意识架构要求”加入超链接，链接到Word素材文件“公司制度意识架构要求.docx”。

4. 在该演示文稿中创建一个演示方案，该演示方案包含第1、3、4页幻灯片，并将该演示方案命名为“放映方案1”。

5. 为演示文稿设置不少于3种的幻灯片切换方式。

6. 将制作完成的演示文稿以“入职培训.pptx”为文件名进行保存。

二级MS Office高级应用题库试卷（4）

（考试时间120分钟，满分100分）

一、选择题（每题1分，共20分）

下列各题A、B、C、D四个选项中，只有一个选项是正确的。

1. 下列叙述中正确的是（　　）。

A. 所有数据结构必须有终端结点（即叶子结点）

B. 没有根结点或没有叶子结点的数据结构一定是非线性结构

C. 所有数据结构必须有根结点

D. 只有一个根结点，且只有一个叶子结点的数据结构一定是线性结构

2. 一个栈的输入序列为1，2，3，…，n，若输出序列的第一个元素是n，则输出第i（1≤i≤n）个元素是（　　）。

A. 不确定　　B. i　　C. n−i+1　　D. n−i

3. 设有二叉树如下图所示，则后序序列为（　　）。

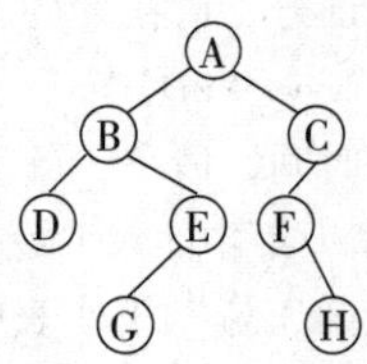

A. ABCDEFGH

B. DGEBHFCA

C. HFCGEDGA

D. DBGEAFHC

4. 下列各排序法中，最坏情况下的时间复杂度最低的是（　　）。

A. 冒泡排序　　B. 快速排序　　C. 希尔排序　　D. 堆排序

5．下面描述中，符合结构化程序设计风格的是（　　）。

A．使用顺序、选择和重复（循环）三种基本控制结构表示程序的控制逻辑

B．模块只有一个入口，可以有多个出口

C．不使用goto语句

D．注重提高程序的执行效率

6．Java语言的类别是（　　）。

A．面向过程的程序设计语言　　B．面向问题的程序设计语言

C．面向硬件的程序设计语言　　D．面向对象的程序设计语言

7．下面能作为软件需求分析工具的是（　　）。

A．程序流程图　　B．数据流图（DFD图）

C．问题分析图（PAD图）　　D．甘特图

8．某系统结构图如下图所示，该系统结构图的深度是（　　）。

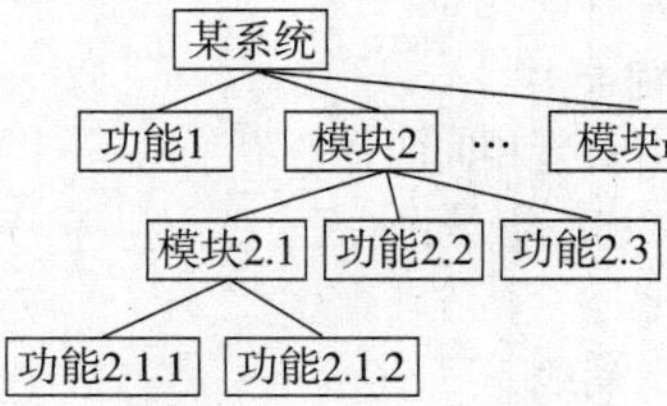

A．4　　B．3　　C．2　　D．n

9．数据库的数据模型分为（　　）。

A．线性和非线性　　B．大型、中型和小型

C．层次、关系和网状　　D．网状、环状和链状

10．关系模型中的关系模式至少应是（　　）。

A．1NF　　B．2NF　　C．3NF　　D．BCNF

11．下列设备组中，完全属于输入设备的一组是（　　）。

A．CD-ROM驱动器、键盘、显示器　　B．绘图仪、键盘、鼠标器

C．键盘、鼠标器、扫描仪　　D．打印机、硬盘、条码阅读器

12．计算机中的字符包括西文字符和中文字符，关于字符编码，下列说法错误的是（　　）。

A．计算机中最常用的西文字符编码是ASCII，被国际标准化组织指定为国际标准

B．在计算机中，对于西文与中文字符，由于形式的不同，使用不同的编码

C．国标码是一种汉字的编码，一个国标码用两个字节来表示一个汉字

D．在计算机中，西文字符和中文字符采用相同的二进制字符编码进行处理

13．下列关于计算机病毒的说法，不正确的是（　　）。

A．计算机病毒是人为制造的能对计算机安全产生重大危害的一种程序

B．计算机病毒具有传染性、破坏性、潜伏性和变种性等

C．计算机病毒的爆发只是破坏存储在磁盘上的数据

D．管理手段和技术手段的结合能有效地防止病毒的传染

14．关于计算机网络的描述中，错误的是（　　）。

A．计算机网络的基本特征是网络资源共享　　B．计算机网络是联网的自治计算机的集合

C．联网计算机通信需遵循共同的网络协议　　D．联网计算机之间需要有明确的主从关系

15．在Word中编辑文稿时，如需使光标回到文档开头，最快捷的操作方法是（　　）。

A．在键盘上按快捷键Ctrl+PageUp　　B．在键盘上按快捷键Ctrl+Home

C．在键盘上按快捷键Ctrl+↑　　D．在键盘上按住Ctrl向上滚动鼠标滚轮

16．小陈在一篇Word文档中创建了一个有创意的页眉，她希望在其他文档中还可以直接使用该页眉格式，最优的操作方法是（　　）。

A．将该页眉保存在页眉文档部件库中，以备下次调用

B．将该文档保存为模板，下次可以在该模板的基础上创建新文档

C．将该文档另存为新文档，并在此基础上修改即可

D．下次创建新文档时，直接从该文档中将页眉复制到新文档中

17．在Excel工作表中，正确的Excel公式形式为（　　）。

A．=B3*Sheet3!A2　　B．=B3*Sheet3$A2　　C．=B3*Sheet3:A2　　D．=B3*Sheet3%A2

18．在单元格内输入北京的电话号码区号010的正确方法是（　　）。

A．010　　B．^010　　C．'010　　D．"010

19．下列关于PowerPoint幻灯片背景的说法中错误的是（　　）。

A．用户可以为幻灯片设置不同颜色、纹理的背景

B．可以使用图片作为幻灯片背景

C．可以为单张幻灯片设置背景

D．不可以同时对多张幻灯片设置相同的背景

20．下面对PowerPoint中表格的叙述，错误的是（　　）。

A．可以为表格设置图片背景

B．不能在表格单元格中插入斜线

C．在幻灯片浏览视图模式下，不可以向幻灯片插入表格

D．只要将光标定位到幻灯片中的表格，立即出现“表格工具”选项卡

二、字处理（共30分）

小许正在撰写一篇有关质量管理的论文，按照如下要求帮助小许对论文进行编辑排版。

1．在考生文件夹下，将“Word素材.docx”文件另存为“Word.docx”（“.docx”为文件扩展名），后续操作均基于此文件，否则不得分。

2．调整纸张大小为A4，左、右页边距为2厘米，上、下页边距为2.3厘米。

3．将表格外的所有中文字体及段落格式设为仿宋、四号、首行缩进2字符、单倍行距，将表格外的所有英文字体设为Times New Roman、四号，表格中内容的字体、字号、段落格式不变。

4．为第一段“企业质量管理浅析”应用样式“标题1”，并居中对齐。为“一、”“二、”“三、”“四、”“五、”“六、”对应的段落应用样式“标题2”。

5．为文档中蓝色文字添加某一类项目符号。

6．将表格及其上方的表格标题“表1 质量信息表”排在1页内，并将该页纸张方向设为横向，将标题段“表1 质量信息表”置于表上方居中，删除表格最下面的空行，调整表格宽度及高度。

7．将表格按“反馈单号”从小到大的顺序排序，并为表格应用一种内置表格样式，所有单元格内容为水平和垂直都居中对齐。

8．在文档标题“企业质量管理浅析”之后、正文“有人说：产量是……”之前插入仅包含第二级标题的目录，目录及其上方的文档标题单独作为1页，将目录项设为三号字、3倍行距。

9．为目录页添加首页页眉“质量管理”，居中对齐。在文档的底部靠右位置插入页码，页码形式为“第几页共几页”（注意：页码和总页数应当能够自动更新）。目录页不显示页码且不计入总页数，正文页码从第1页开始，最后更新目录页码。

10．为表格所在的页面添加编辑限制保护，不允许随意对该页内容进行编辑修改，并设置保护密码为空。

11．为文档添加文字水印“质量是企业的生命”，格式为宋体、字号80、斜式、黄色、半透明。

三、电子表格（共30分）

正则明事务所的统计员小任需要对本所外汇报告的完成情况进行统计分析，并据此计算员工奖金。按照下列要求帮助小任完成相关的统计工作并对结果进行保存。

1. 在考生文件夹下，将“Excel素材1.xlsx”文件另存为“Excel.xlsx”（“.xlsx”为文件扩展名），除特殊指定外后续操作均基于此文件，否则不得分。

2. 将文档中以每位员工姓名命名的5个工作表内容合并到一个名为“全部统计结果”的新工作表中，合并结果自A2单元格开始，保持A2～G2单元格中的列标题依次为报告文号、客户简称、报告收费（元）、报告修改次数、是否填报、是否审核、是否通知客户，然后将其他5个工作表隐藏。

3. 在“客户简称”和“报告收费（元）”两列之间插入一个新列，列标题为“责任人”，限定该列中的内容只能是员工姓名高小丹、刘君赢、王铬争、石明砚、杨晓柯中的一个，并提供输入用下拉箭头，然后根据原始工作表名依次输入每个报告所对应的员工责任人姓名。

4. 利用条件格式“浅红色填充”标记重复的报告文号，按“报告文号”升序、“客户简称”笔划降序排列数据区域。将重复的报告文号后依次增加(1)、(2)格式的序号进行区分［使用西文括号，如13(1)］。

5. 在数据区域的最右侧增加“完成情况”列，在该列中按以下规则、运用公式和函数填写统计结果：当左侧三项“是否填报”“是否审核”“是否通知客户”全部为“是”时显示“完成”，否则为“未完成”，将所有“未完成”的单元格以标准红色文本突出显示。

6. 在“完成情况”列的右侧增加“报告奖金”列，按照下列要求对每个报告的员工奖金数进行统计计算（以元为单位）。另外，当完成情况为“完成”时，每个报告多加30元的奖金，未完成时没有额外奖金：

报告收费金额（元）	奖金（元/每个报告）
小于等于1000	100
大于1000小于等于2800	报告收费金额的8%
大于2800	报告收费金额的10%

7. 适当调整数据区域的数字格式、对齐方式以及行高和列宽等格式，并为其套用一个恰当的表格样式。最后设置表格中仅“完成情况”和“报告奖金”两列数据不能被修改，密码为空。

8. 打开工作簿“Excel素材2.xlsx”，将其中的工作表Sheet1移动或复制到工作簿“Excel.xlsx”的最右侧。将“Excel.xlsx”中的Sheet1重命名为“员工个人情况统计”，并将其工作表标签颜色设为标准紫色。

9. 在工作表“员工个人情况统计”中，对每位员工的报告完成情况及奖金数进行计算统计并依次填入相应的单元格。

10. 在工作表“员工个人情况统计”中，生成一个三维饼图统计全部报告的修改情况，显示不同修改次数（0、1、2、3、4次）的报告数所占的比例，并在图表中标示保留2位小数的比例值。图表放置在数据源的下方。

四、演示文稿（共20分）

团委张老师正在准备有关“中国梦”学习实践活动的汇报演示文稿，相关资料存放在Word文档“PPT素材及设计要求.docx”中。按下列要求帮助张老师完成演示文稿的整合制作。

1. 在考生文件夹下创建一个名为“PPT.pptx”的新演示文稿（“.pptx”为文件扩展名），后续操作均基于此文件，否则不得分。该演示文稿的内容包含在Word文档“PPT素材及设计要求.docx”中，Word素材文档中的蓝色字不在幻灯片中出现，黑色字必须在幻灯片中出现，红色字在幻灯片的备注中出现。

2．将默认的“Office主题”幻灯片母版重命名为“中国梦母版1”，并将图片“母版背景图片1.jpg”作为其背景。为第1张幻灯片应用“中国梦母版1”的“空白”版式。

3．在第1页幻灯片中插入剪贴画音频“鼓掌欢迎”，剪裁音频只保留前0.5秒，设置自动“循环播放，直到停止”，且放映时隐藏音频图标。

4．插入一个新的幻灯片母版，重命名为“中国梦母版2”，其背景图片为素材文件“母版背景图片2.jpg”，将图片平铺为纹理。为从第2页开始的幻灯片应用该母版中适当的版式。

5．第2页幻灯片为目录页，标题文字为“目录”且文字方向竖排，目录项内容为幻灯片3～幻灯片7的标题文字，并采用SmartArt图形中的垂直曲形列表显示，调整SmartArt图形大小、显示位置、颜色（强调文字颜色2的彩色填充）、三维样式等。

6．第3、4、5、6、7页幻灯片分别介绍第一到第五项具体内容，要求按照文件“PPT素材及设计要求.docx”中的要求进行设计，调整文字、图片大小，并为第3～7页幻灯片中所有双引号中的文字更改字体，设为红色、加粗。

7．更改第4页幻灯片中的项目符号，取消第5页幻灯片中的项目符号，并为第4、5页添加备注信息。

8．第6页幻灯片用3行2列的表格来表示其中的内容，表格第1列内容分别为“强国”“富民”“世界梦”，第2列为对应的文字。为表格应用一个表格样式，并设置单元格凹凸效果。

9．用SmartArt图形中的向上箭头流程表示第7页幻灯片中的三部曲。

10．为第2页幻灯片的SmartArt图形中的每项内容插入超链接，单击时可转到相应幻灯片。

11．为每页幻灯片设计不同的切换效果；为第2至第8页幻灯片设计动画，且出现的先后顺序应合理。

二级MS Office高级应用题库试卷（5）

（考试时间120分钟，满分100分）

一、选择题（每题1分，共20分）

下列各题A、B、C、D四个选项中，只有一个选项是正确的。

1．下列叙述中正确的是（　　）。

A．数组是长度固定的线性表　　B．矩阵是非线性结构

C．对线性表只能作插入与删除运算　　D．线性表中各元素的数据类型可以不同

2．下列叙述中正确的是（　　）。

A．在栈中，栈顶指针的动态变化决定栈中元素的个数

B．在循环队列中，队尾指针的动态变化决定队列的长度

C．在循环链表中，头指针和链尾指针的动态变化决定链表的长度

D．在线性链表中，头指针和链尾指针的动态变化决定链表的长度

3．深度为7的完全二叉树中共有125个结点，则该完全二叉树中的叶子结点数为（　　）。

A．65　　B．64　　C．63　　D．62

4．设表的长度为32，则在最坏情况下，快速排序所需要的比较次数为（　　）。

A．496　　B．160　　C．32　　D．31

5．下面不属于好的程序设计风格的是（　　）。

A．标识符文档化　　B．注释规律化

C．尽量节省语句　　D．输入格式尽量简单

6．下面不属于结构化程序设计原则的是（　　）。

A．可继承性　　B．模块化　　C．自顶向下　　D．逐步求精

7. 下面不能作为软件设计工具的是（　　）。

A．程序流程图　　B．数据流程图（DFD图）

C．总体结构图　　D．PAD图

8. 在单元测试完成后，通常软件测试实施的步骤是（　　）。

A．集成测试、系统测试、确认测试　　B．确认测试、集成测试、系统测试

C．集成测试、确认测试、系统测试　　D．系统测试、集成测试、确认测试

9. 用树形结构表示实体之间联系的模型是（　　）。

A．关系模型　　B．层次模型

C．网状模型　　D．以上说法均不正确

10. 设有表示学生选课的关系学生S、课程C和选课SC：S（学号，姓名，年龄，性别，籍贯），C（课程号，课程名，教师，办公室），SC（学号，课程号，成绩）。则检索籍贯为广东的学生姓名、学号和选修的课程号的表达式是（　　）。

A．$\sigma_{籍贯='广东'}(S \bowtie SC)$　　B．$\pi_{姓名,学号,课程}(\sigma_{籍贯='广东'}(S))$

C．$\pi_{姓名,学号,课程}(\sigma_{籍贯='广东'}(S \bowtie SC))$　　D．$\pi_{姓名,学号,课程}(\sigma_{籍贯='广东'}(S)) \bowtie SC$

11. 一部4G运行内存和64G内存的智能平板电脑，参数4G和64G分别代表的指标是（　　）。

A．RAM、外存　　B．ROM、外存　　C．ROM、内存　　D．ROM、RAM

12. 下面有关GB2312汉字编码的叙述中，错误的是（　　）。

A．汉字的区位码由该汉字在编码表中的区号和位号组成

B．使用不同的方法输入同一汉字，其内码是不同的

C．同一个汉字的区位码、国标码及内码均不相同

D．汉字的内码在计算机中用两个字节表示

13. 下列叙述中正确的是（　　）。

A．计算机病毒会危害计算机以后的健康

B．反病毒软件总是超前于计算机病毒的出现，它可以查、杀任何种类的病毒

C．已感染过计算机病毒的计算机具有对该病毒的免疫性

D．反病毒软件通常滞后于计算机病毒的出现

14. 集线器（Hub）是组建以太局域网的主要设备。以下有关集线器的叙述中，错误的是（　　）。

A．集线器可将信号进行再生和放大，以扩大传输距离

B．总线式集线器能将一个端口收到的信息向其他端口分发出去

C．10/100Mb自适应集线器可以连接10Mbps或100Mbps的网卡

D．一个局域网络中只能有一个集线器

15. 关于计算机网络的描述中，错误的是（　　）。

A．计算机资源指计算机硬件、软件与数据

B．网络用户可以使用本地资源和远程资源

C．互联的计算机是分布在不同地理位置的自治计算机

D．计算机之间有明确的主从关系

16. 关于格式刷说法正确的是（　　）。

A．双击格式刷图标，格式刷可以使用两次　　B．单击格式刷图标，格式刷可以使用一次

C．格式刷只能复制字体格式　　D．格式刷可以复制文字

17. 如果在Excel工作表B列保存了11位手机号码信息，为了保护个人隐私，需将手机号码的后4位均用“*”表示，以B2单元格为例，最优的操作方法是（　　）。

A．=MID(B2,8,4,"****")　　B．=REPLACE(B2,8,4,"****")

C．=REPLACE(B2,7,4,"****")　　D．=MID(B2,7,4,"****")

18. 在Excel工作表中存放了育才中学和实验中学所有班级总计970个学生的考试成绩，A列到D列分别对应“学校”“班级”“学号”“成绩”，利用公式计算实验中学3班的平均分，最优的操作方法是（　　）。

A. =AVERAGEIFS(D2:D301,A2:A301,"实验中学",B2:B301,"3班")

B. =SUMIFS(D2:D301,B2:B301,"3班")/COUNTIFS(B2:B301,"3班")

C. =SUMIFS(D2:D301,A2:A301,"实验中学",B2:B301,"3班")/COUNTIFS(A2:A301,"实验中学",B2:B301,"3班")

D. =AVERAGEIF(D2:D301,A2:A301,"实验中学",B2:B301,"3班")

19. 在PowerPoint 2010的普通视图下，若要插入一张新幻灯片，其操作为（　　）。

A. 单击“文件”选项卡下的“新建”命令

B. 单击“插入”选项卡“幻灯片”组中的“新建幻灯片”按钮

C. 单击“开始”选项卡“幻灯片”组中的“新建幻灯片”按钮

D. 单击“设计”选项卡“幻灯片”组中的“新建幻灯片”按钮

20. 在PowerPoint普通视图中编辑幻灯片时，需将文本框中的文本级别由第二级调整为第三级，最优的操作方法是（　　）。

A. 当光标位于文本中时，单击“开始”选项卡上的“提高列表级别”按钮

B. 在文本最右边添加空格形成缩进效果

C. 在段落格式中设置文本之前缩进距离

D. 当光标位于文本最右边时按Tab键

二、字处理（共30分）

张老师需要对一篇Word格式的科普文章进行排版，按照如下要求，帮助她完成相关工作。

1. 在考生文件夹下，将“Word素材.docx”文件另存为“Word.docx”（“.docx”为文件扩展名），后续操作均基于此文件，否则不得分。

2. 修改文档的纸张大小为“B5”，纸张方向为横向，上、下页边距为2.5厘米，左、右页边距为2.3厘米，页眉和页脚距离边界皆为1.6厘米。

3. 为文档插入“字母表型”封面，将文档开头的标题文本“西方绘画对运动的描述和它的科学基础”移动到封面页标题占位符中，将下方的作者姓名“林凤生”移动到作者占位符中，适当调整它们的字体和字号，并删除副标题和日期占位符。

4. 删除文档中的所有全角空格。

5. 在文档的第2页，插入“飞越型提要栏”的内置文本框，并将红色文本“一幅画最优美的地方和最大的生命力就在于它能够表现运动，画家们将运动称为绘画的灵魂。——拉玛左（16世纪画家）”移动到文本框内。

6. 将文档中8个字体颜色为蓝色的段落设置为“标题1”样式，3个字体颜色为绿色的段落设置为“标题2”样式，并按照下表要求修改“标题1”和“标题2”样式的格式：

标题1样式	字体格式：方正姚体，小三号，加粗，字体颜色为“白色，背景1” 段落格式：段前段后间距为0.5行，左对齐，并与下段同页 底纹：应用于标题所在段落，颜色为“紫色，强调文字颜色4，深色25%”
标题2样式	字体格式：方正姚体，四号，字体颜色为“紫色，强调文字颜色4，深色25%” 段落格式：段前段后间距为0.5行，左对齐，并与下段同页 边框：对标题所在段落应用下框线，宽度为0.5磅，颜色为“紫色，强调文字颜色4，深色25%”，且距正文的间距为3磅

7．新建“图片”样式，应用于文档正文中的10张图片，并修改样式为居中对齐和与下段同页；修改图片下方的注释文字，将手动的标签和编号“图1”到“图10”替换为可以自动编号和更新的题注，并设置所有题注内容为居中对齐、小四号字，中文字体为黑体，西文字体为Arial，段前、段后间距为0.5行；修改标题和题注以外的所有正文文字的段前和段后间距为0.5行。

8．将正文中使用黄色突出显示的文本“图1”到“图10”替换为可以自动更新的交叉引用，引用类型为图片下方的题注，只引用标签和编号。

9．在标题“参考文献”下方，为文档插入书目，样式为“APA第五版”，书目中文献的来源为文档“参考文献.xml”。

10．在标题“人名索引”下方插入格式为“流行”的索引，栏数为2，排序依据为拼音，索引项来自于文档“人名.docx”；在标题“参考文献”和“人名索引”前分别插入分页符，使它们位于独立的页面中（文档最后如存在空白页，将其删除）。

11．除了首页外，在文档页脚正中央添加页码，正文页码自Ⅰ开始，格式为Ⅰ，Ⅱ，Ⅲ，…。

12．为文档添加自定义属性，名称为“类别”，类型为文本，取值为“科普”。

三、电子表格（共30分）

某企业员工小韩需要使用Excel来分析采购成本并进行辅助决策。根据下列要求，帮助她运用已有的数据完成这项工作。

1．在考生文件夹下，将“Excel素材.xlsx”文件另存为“Excel.xlsx”（“.xlsx”为文件扩展名），后续操作均基于此文件，否则不得分。

2．在“成本分析”工作表的单元格区域F3:F15，使用公式计算不同订货量下的年订货成本，公式为“年订货成本=（年需求量/订货量）×单次订货成本”，计算结果应用货币格式并保留整数。

3．在“成本分析”工作表的单元格区域G3:G15，使用公式计算不同订货量下的年储存成本，公式为“年储存成本=单位年储存成本×订货量×0.5”，计算结果应用货币格式并保留整数。

4．在“成本分析”工作表的单元格区域H3:H15，使用公式计算不同订货量下的年总成本，公式为“年总成本=年订货成本+储存成本”，计算结果应用货币格式并保留整数。

5．为“成本分析”工作表的单元格区域E2:H15套用一种表格格式，并将表名称修改为“成本分析”；根据表“成本分析”中的数据，在单元格区域J2:Q18中创建图表，图表类型为“带平滑线的散点图”，并根据“图表参考效果.png”中的效果设置图表的标题内容、图例位置、网格线样式、垂直轴和水平轴的最大最小值及刻度单位和刻度线。

6．将工作表“经济订货批量分析”的B2:B5单元格区域的内容分为两行显示并居中对齐（保持字号不变），如文件“换行样式.png”所示，括号中的内容（含括号）显示于第2行，然后适当调整B列的列宽。

7．在工作表“经济订货批量分析”的C5单元格计算经济订货批量的值，公式为：

经济订货批量=$\sqrt{\dfrac{2\times\text{年需求量}\times\text{单次订货成本}}{\text{单位年储存成本}}}$，计算结果保留整数。

8．在工作表“经济订货批量分析”的单元格区域B7:M27创建模拟运算表，模拟不同的年需求量和单位年储存成本所对应的不同经济订货批量；其中C7:M7为年需求量可能的变化值，B8:B27为单位年储存成本可能的变化值，模拟运算的结果保留整数。

9．对工作表“经济订货批量分析”的单元格区域C8:M27应用条件格式，将所有小于等于750且大于等于650的值所在单元格的底纹设置为红色，字体颜色设置为“白色，背景1”。

10．在工作表“经济订货批量分析”中，将单元格区域C2:C4作为可变单元格，按照下表要求创建方案（最终显示的方案为“需求持平”）：

方案名称	单元格C2	单元格C3	单元格C4
需求下降	10000	600	35
需求持平	15000	500	30
需求上升	20000	450	27

11．在工作表“经济订货批量分析”中，为单元格C2:C5按照下表要求定义名称：

C2	年需求量
C3	单次订货成本
C4	单位年储存成本
C5	经济订货批量

12．在工作表“经济订货批量分析”中，以C5单元格为结果单元格创建方案摘要，并将新生成的“方案摘要”工作表置于工作表“经济订货批量分析”右侧。

13．在“方案摘要”工作表中，将单元格区域B2:G10设置为打印区域，纸张方向设置为横向，缩放比例设置为正常尺寸的200%，打印内容在页面中水平和垂直方向都居中对齐，在页眉正中央添加文字“不同方案比较分析”，并将页眉到上边距的距离值设置为3。

四、演示文稿（共20分）

小张要制作一份介绍世界动物日的PowerPoint演示文稿。按照下列要求，帮助他完成演示文稿的制作。

1．在考生文件夹下新建一个空白演示文稿，将其命名为“PPT.pptx”（“.pptx”为文件扩展名），之后所有的操作均基于此文件，否则不得分。

2．将幻灯片大小设置为“全屏显示（16：9）”，然后按照如下要求修改幻灯片母版：

（1）将幻灯片母版名称修改为“世界动物日”；母版标题应用“填充-白色，轮廓-强调文字颜色1”的艺术字样式，文本轮廓颜色为“蓝色，强调文字颜色1”，字体为微软雅黑，并应用加粗效果；母版各级文本样式设置为方正姚体，文字颜色为“蓝色，强调文字颜色1”。

（2）使用“图片1.jpg”作为标题幻灯片版式的背景。

（3）新建名为“世界动物日1”的自定义版式，在该版式中插入“图片2.jpg”，并对齐幻灯片左侧边缘；调整标题占位符的宽度为17.6厘米，将其置于图片右侧；在标题占位符下方插入内容占位符，宽度为17.6厘米，高度为9.5厘米，并与标题占位符左对齐。

（4）依据“世界动物日1”版式创建名为“世界动物日2”的新版式，在“世界动物日2”版式中将内容占位符的宽度调整为10厘米（保持与标题占位符左对齐）；在内容占位符右侧插入宽度为7.2厘米、高度为9.5厘米的图片占位符，并与左侧的内容占位符顶端对齐，与上方的标题占位符右对齐。

3．演示文稿共包含7张幻灯片，所涉及的文字内容保存在“文字素材.docx”文档中，具体所对应的幻灯片可参见“完成效果.docx”文档所示样例。其中第1张幻灯片的版式为“标题幻灯片”，第2张幻灯片、第4～7张幻灯片的版式为“世界动物日1”，第3张幻灯片的版式为“世界动物日2”；所有幻灯片中的文字字体保持与母版中的设置一致。

4．将第2张幻灯片中的项目符号列表转换为SmartArt图形，布局为“垂直曲形列表”，图形中的字体为方正姚体；为SmartArt图形中包含文字内容的5个形状分别建立超链接，链接到后面对应内容的幻灯片。

5．在第3张幻灯片右侧的图片占位符中插入图片“图片3.jpg”；对左侧的文字内容和右侧的图片添加“淡出”进入动画效果，并设置在放映时左侧文字内容首先自动出现，在该动画播放完毕且延迟1秒钟后，右侧图片再自动出现。

6．将第4张幻灯片中的文字转换为8行2列的表格，适当调整表格的行高、列宽以及表格样式；设置文字字体为方正姚体，字体颜色为“白色，背景1”；并应用图片“表格背景.jpg”作为表格的背景。

7．在第7张幻灯片的内容占位符中插入视频“动物相册.wmv”，并使用图片“图片1.jpg”作为视频剪辑的预览图像。

8．在第1张幻灯片中插入“背景音乐.mid”文件作为第1～6张幻灯片的背景音乐（即第6张幻灯片放映结束后背景音乐停止），放映时隐藏图标。

9．为演示文稿中的所有幻灯片应用一种恰当的切换效果，并设置第1～6张幻灯片的自动换片时间为10秒钟，第7张幻灯片的自动换片时间为50秒。

10．为演示文稿插入幻灯片编号，编号从1开始，标题幻灯片中不显示编号。

11．将演示文稿中的所有文本“法兰西斯”替换为“方济各”，并在第1张幻灯片中添加批注，内容为“圣方济各又称圣法兰西斯。”

12．删除“标题幻灯片”“世界动物日1”和“世界动物日2”之外的其他幻灯片版式。

二级MS Office高级应用题库试卷（6）

（考试时间120分钟，满分100分）

一、选择题（每题1分，共20分）

下列各题A、B、C、D四个选项中，只有一个选项是正确的。

1．设数据集合为D=｛1，3，5，7，9｝，D上的关系为R，下列数据结构B=（D，R）中为非线性结构的是（　　）。

A．R=｛（7，9），（5，1），（1，7），（9，3）｝

B．R=｛（3，5），（9，7），（1，3），（7，1）｝

C．R=｛（1，5），（5，7），（7，9）｝

D．R=｛（7，5），（1，9），（9，7），（5，3）｝

2．下列叙述中错误的是（　　）。

A．向量是线性结构

B．非空线性结构中只有一个结点，没有前件

C．非空线性结构中只有一个结点，没有后件

D．具有两个以上指针域的链式结构一定属于非线性结构

3．设某二叉树中共有48个结点，其中有12个度为1的结点，则（　　）。

A．该二叉树中有18个度为2的结点　　B．该二叉树中有19个叶子结点

C．该二叉树中有18个叶子结点　　D．不可能有这样的二叉树

4．在排序过程中，每一次数据元素的移动会产生新的逆序的排序方法是（　　）。

A．简单插入排序　　B．冒泡排序

C．快速排序　　D．以上说法均不正确

5．结构化程序设计主要强调的是（　　）。

A．程序的执行效率　　B．程序的易读性　　C．程序的规模　　D．程序的可移植性

6．下面不属于对象主要特征的是（　　）。

A．对象唯一性　　B．对象分类性　　C．对象可移植性　　D．对象多态性

7. 软件工程的三要素是（　　）。

A. 开发方法、技术与过程　　B. 方法、工具和过程

C. 方法、算法和工具　　D. 程序、数据和文档

8. 某系统结构图如下图所示（图中n≥5），该系统结构图的宽度是（　　）。

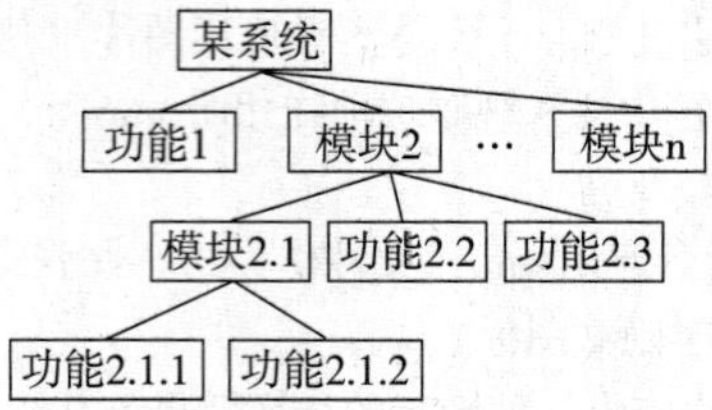

A. n　　B. 3　　C. 2　　D. 1

9. 在数据库中，数据模型包括数据结构、数据操作和（　　）。

A. 数据约束　　B. 数据类型　　C. 关系运算　　D. 查询

10. 有三个关系R、S和T如下，则由关系R和关系S得到关系T的操作是（　　）。

R

A	B	C
a	1	2
b	2	1
c	3	1
e	4	5

S

A	B	C
d	3	2
c	3	1

T

A	B	C
a	1	2
b	2	1
e	4	5

A. 选择　　B. 差　　C. 交　　D. 并

11. 如果不经过压缩处理而直接存储一幅600×300（24位真彩色）的图像，需要的存储空间约等于（　　）。

A. 175.8KB　　B. 180KB　　C. 360KB　　D. 527.3KB

12. 在计算机内部对汉字进行存储、处理和传输的汉字编码是（　　）。

A. 汉字内码　　B. 汉字字形码

C. 汉字输入码　　D. 汉字信息交换码

13. 为了减少计算机病毒带来的危害，在日常活动中应该注意（　　）。

①不要随便复制和使用盗版及来历不明的软件

②当计算机系统受到病毒侵害后就立即重装系统

③定期对计算机系统进行病毒检查

④对重要数据文件进行备份

A. ①②③　　B. ②③④　　C. ①③④　　D. ①②④

14. 互联网的基本含义是（　　）。

A. 计算机与计算机互联　　B. 计算机与计算机网络互联

C. 计算机网络与计算机网络互联　　D. 国内计算机与国际计算机互联

15. Word当中的自定义文本样式不可以自定义以下哪方面（　　）。

A. 段落格式　　B. 轮廓　　C. 发光　　D. 三维旋转

16. 在Word文档编辑时，如果要将图片作为段落的项目符号，做法为（　　）。

A. 单击“开始”选项卡“项目符号”下拉按钮，选择“定义新项目符号”

B. 选中段落，然后单击“插入”选项卡中的“编号”命令

C. 选中段落，然后单击页面布局选项卡中的“项目符号”按钮

D. 无法使用图片设置项目符号

17．小张从网站上查到了最近一次全国人口普查的数据表格，他准备将这份表格中的数据引用到Excel中以便进一步分析，最优的操作方法是（　　）。

A．先将包含表格的网页保存为.htm或 .mht格式文件，然后在Excel中直接打开该文件

B．对照网页上的表格，直接将数据输入到Excel工作表中

C．通过复制、粘贴功能，将网页上的表格复制到Excel工作表中

D．通过Excel中的“自网站获取外部数据”功能，直接将网页上的表格导入到Excel工作表中

18．赵老师在Excel中为400位学生每人制作了一个成绩条，每个成绩条之间有一个空行分隔。他希望同时选中所有成绩条及分隔空行，最快捷的操作方法是（　　）。

A．直接在成绩条区域中拖动鼠标进行选择

B．单击成绩条区域的第一个单元格，按下Shift键不放再单击该区域的最后一个单元格

C．单击成绩条区域的第一个单元格，然后按Ctrl+Shift+End组合键

D．单击成绩条区域的某一个单元格，然后按Ctrl+A组合键两次

19．在PowerPoint中，如果一组幻灯片中的几张暂时不想让观众看见，最好的方法是（　　）。

A．自定义放映方式时取消这些幻灯片　　B．隐藏这些幻灯片

C．新建一组不含这些幻灯片的演示文稿　　D．删除这些幻灯片

20．在PowerPoint中，对幻灯片文本设置动画，不能进行的操作是（　　）。

A．以逐个字为单位设置动画　　B．以段落层次为单位设置动画

C．以整个文本框为单位设置动画　　D．可以将多个文本框组合在一起设置动画

二、字处理（共30分）

晓云是某企业人力资源部的工作人员，现需要将上一年度的员工考核成绩发给每一位员工，按照如下要求，帮助她完成此项工作。

1．在考生文件夹下，将“Word素材.docx”文件另存为“Word.docx”（“.docx”为文件扩展名），后续操作均基于此文件，否则不得分。

2．设置文档纸张方向为横向，上、下、左、右页边距都调整为2.5厘米，并添加“阴影”型页面边框。

3．参考样例效果（“参考效果.png”文件），按照如下要求设置标题格式：

（1）将文字“员工绩效考核成绩报告2015年度”的字体修改为微软雅黑，文字颜色修改为“红色，强调文字颜色2”，并应用加粗效果。

（2）在文字“员工绩效考核”后插入一个竖线符号。

（3）对文字“成绩报告2015年度”应用双行合一的排版格式，“2015年度”显示在第2行。

（4）适当调整上述所有文字的大小，使其合理显示。

4．参考样例效果（“参考效果.png”文件），按照如下要求修改表格样式：

（1）设置表格宽度为页面宽度的100%，表格可选文字属性的标题为“员工绩效考核成绩单”。

（2）合并第3行和第7行的单元格，设置其垂直框线为无；合并第4～6行、第3列的单元格以及第4～6行、第4列的单元格。

（3）将表格中第1列和第3列包含文字的单元格底纹设置为“蓝色，强调文字颜色1，淡色80%”。

（4）将表格中所有单元格中的内容都设置为水平居中对齐。

（5）适当调整表格中文字的大小、段落格式以及表格行高，使其能够在一个页面中显示。

5．为文档插入“空白（三栏）”式页脚，左侧文字为“MicroMacro”，中间文字为“电话：010-123456789”，右侧文字为可自动更新的当前日期；在页眉的左侧插入图片“logo.png”，适当调整图片大小，使所有内容保持在一个页面中，如果页眉中包含水平横线则应删除。

6．打开表格右下角单元格中所插入的文件对象“员工绩效考核管理办法.docx”，按照如下要求进

行设置：

（1）设置“MicroMacro公司人力资源部文件”文字颜色为标准红色，字号为32，中文字体为微软雅黑，英文字体为Times New Roman，并应用加粗效果；在该文字下方插入水平横线（注意：不要使用形状中的直线），将横线的颜色设置为标准红色；将以上文字和下方水平横线都设置为左侧和右侧各缩进-1.5字符。

（2）设置标题文字“员工绩效考核管理办法”为“标题”样式。

（3）设置所有蓝色的文本为“标题1”样式，将手工输入的编号（如“第一章”）替换为自动编号（如“第1章”）；设置所有绿色的文本为“标题2”样式，并修改样式字号为小四，将手工输入的编号（如“第一条”）替换为自动编号（如“第1条”），在每一章中重新开始编号；各级自动编号后以空格代替制表符与编号后的文本隔开。

（4）将第2章中被标记为红色的文本转换为4行3列的表格，并合并最右一列2～4行的三个单元格；将第4章中被标记为红色的文本转换为2行6列的表格；将两个表格中的文字颜色都设置为“黑色，文字1”。

（5）删除文档中所有空行。

（6）保存此文件；然后将其在考生文件夹中另存一份副本，文件名为“管理办法.docx”（“.docx”为文件扩展名），然后关闭该文档。

7．将“Word.docx”文件中表格右下角所插入的文件对象下方的题注文字修改为“指标说明”。

8．使用文件“员工考核成绩.xlsx”中的数据创建邮件合并，并在“员工姓名”“员工编号”“员工性别”“出生日期”“业绩考核”“能力考核”“态度考核”和“综合成绩”右侧的单元格中插入对应的合并域，其中“综合成绩”保留1位小数。

9．在“是否达标”右侧单元格中插入域，判断成绩是否达到标准，如果综合成绩大于或等于70分，则显示“合格”，否则显示“不合格”。

10．编辑单个文档，完成邮件合并，将合并的结果文件另存为“合并文档.docx”（“.docx”为文件扩展名）。

三、电子表格（共30分）

阿文是某食品贸易公司销售部助理，现需要对2015年的销售数据进行分析，根据以下要求，帮助她完成此项工作。

1．在考生文件夹下，将“Excel_素材.xlsx”文件另存为“Excel.xlsx”（“.xlsx”为文件扩展名），后续操作均基于此文件，否则不得分。

2．将“产品信息”工作表的单元格区域A1:D78命名为“产品信息”；将“客户信息”工作表的单元格区域A1:G92命名为“客户信息”。

3．在“订单明细”工作表中，完成下列任务：

（1）根据B列中的产品代码，在C列、D列和E列填入相应的产品名称、产品类别和产品单价（对应信息可在“产品信息”工作表中查找）。

（2）设置G列单元格格式，折扣为0的单元格显示“-”，折扣大于0的单元格显示为百分比格式，并保留0位小数（如15%）。

（3）在H列中计算每个订单的销售金额，公式为“金额=单价×数量×(1-折扣)”，设置E列和H列单元格为货币格式，保留2位小数。

4．在“订单信息”工作表中，完成下列任务：

（1）根据B列中的客户代码，在E列和F列填入相应的发货地区和发货城市（提示：需首先清除B列中的空格和不可见字符），对应信息可在“客户信息”工作表中查找。

（2）在G列计算每个订单的订单金额，该信息可在“订单明细”工作表中查找（注意：一个订单可能包含多个产品），计算结果设置为货币格式，保留2位小数。

（3）使用条件格式，将每个订单订货日期与发货日期间隔大于10天的记录所在单元格填充颜色设置为“红色”，字体颜色设置为“白色，背景1”。

5. 在“产品类别分析”工作表中，完成下列任务：

（1）在B2:B9单元格区域计算每类产品的销售总额，设置单元格格式为货币格式，保留2位小数；并按照销售额对表格数据降序排序。

（2）在单元格区域D1:L17中创建复合饼图，并根据样例文件“图表参考效果.png”设置图表标题、绘图区、数据标签的内容及格式。

6. 在所有工作表的最右侧创建一个名为“地区和城市分析”的新工作表，并在该工作表A1:C19单元格区域创建数据透视表，以便按照地区和城市汇总订单金额。数据透视表设置需与样例文件“透视表参考效果.png”保持一致。

7. 在“客户信息”工作表中，根据每个客户的销售总额计算其所对应的客户等级（不要改变当前数据的排序），等级评定标准可参考“客户等级”工作表；使用条件格式，将客户等级为1～5级的记录所在单元格填充颜色设置为“红色”，字体颜色设置为“白色，背景1”。

8. 为文档添加自定义属性，属性名称为“机密”，类型为“是或否”，取值为“是”。

四、演示文稿（共20分）

在科技馆工作的小文需要制作一份介绍诺贝尔奖的PowerPoint演示文稿，以便为科普活动中的参观者进行讲解。按照下列要求，帮助他完成此项任务。

1. 在考生文件夹下，将“PPT素材.pptx”文件另存为“PPT.pptx”（“.pptx”为文件扩展名），后续操作均基于此文件，否则不得分。

2. 为演示文稿应用“茅草”主题和“基本”主题字体。

3. 将第2张幻灯片中标题下的文本转换为“梯形列表”布局的SmartArt图形，并分别将3个形状超链接至第3、7、11张幻灯片。

4. 修改第3、7、11张幻灯片为“节标题”版式。

5. 参考样例文件“幻灯片5.png”中的完成效果，在第5张幻灯片中完成下列操作：

（1）修改为“比较”版式。

（2）左上方占位符文本为“奖牌”，右上方占位符文本为“奖金”，并将这两处文本左对齐。

（3）在左下方占位符中插入图片“奖牌.jpg”，删除图片中的白色背景，添加图片边框，设置图片边框颜色与幻灯片边框颜色相同。

（4）根据幻灯片外部的数据源，在右下方占位符中插入带平滑线和数据标记的散点图，并设置不显示图表图例、网格线、坐标轴和图表标题；将数据标记设置为圆形、大小为7、填充颜色为“白色，文字1”，在图表区内为每个数据标记添加包含年份和奖金数额的文本框注释；添加图表区边框，并设置边框颜色与幻灯片边框颜色相同。

6. 将第6张幻灯片中标题下的文本转换为“交替流”布局的SmartArt图形（完成效果参考样例文件“评选流程.png”），为SmartArt图形应用“淡出”进入动画效果，并设置效果选项为“逐个”。

7. 修改第8～10张幻灯片为“两栏内容”版式，并在右侧占位符中分别插入图片“萨特.jpg”“希格斯.jpg”和“伦琴.jpg”，适当调整图片和文字的大小，并为这3张图片分别应用不同的图片样式。

8. 修改第12～14张幻灯片为“内容与标题”版式，将幻灯片中原来的标题和文字内容分别放置到标题占位符和文本占位符中，在右侧的内容占位符中分别插入图片“早期风格.jpg”“现代风格.jpg”和“文学奖证书.jpg”，适当调整图片的大小，并为这3张图片应用“矩形投影”图片样式。

9. 在第15张幻灯片中，将左右两个文本框上下居中对齐，为右侧文本框中的文本应用“淡出”进入动画效果，并设置动画文本按字/词显示、字/词之间延迟百分比的值为20；将右侧文本框中的文字转换为繁体。

10．按照下列要求对演示文稿分节，并为每一节添加不同的幻灯片切换效果。

幻灯片	节名称
第1~2张	开始
第3~6张	第1部分
第7~10张	第2部分
第11~14张	第3部分
第15张	结束

11．分别在“第1部分”“第2部分”和“第3部分”3节最后一张幻灯片中添加名称为“后退或前一项”的动作按钮，按钮大小为高1厘米、宽1.4厘米，距幻灯片左上角水平距离为23.3厘米、垂直距离为17.33厘米，并设置单击该按钮时可返回第2张幻灯片。

12．为演示文稿添加幻灯片编号，并设置在标题幻灯片中不显示；编号位置位于每张幻灯片底部正中。

二级MS Office高级应用题库试卷（7）

（考试时间120分钟，满分100分）

一、选择题（每题1分，共20分）

下列各题A、B、C、D四个选项中，只有一个选项是正确的。

1．设栈的存储空间为S(1:m)，初始状态为top=m+1。经过一系列入栈与退栈操作后，top=m。现又在栈中退出一个元素后，栈顶指针top值为（　　）。

A．m+1　　B．m−1　　C．0　　D．产生栈空错误

2．某二叉树中有28个度为1的结点，30个度为2的结点，则该二叉树中总的结点数为（　　）。

A．73　　B．72　　C．89　　D．88

3．某二叉树的后序遍历序列与中序遍历序列相同，均为ABCD，则按层次输出（同一层从左到右）的序列为（　　）。

A．CBAD　　B．ABCD

C．CDBA　　D．DCBA

4．在长度为180的顺序有序表中作二分查找，最多需要的比较次数为（　　）。

A．90　　B．179　　C．7　　D．8

5．在面向对象的软件结构中，对象是数据抽象和过程抽象的封装体。对象的状态封装在各个对象内，状态的变化由（　　）来改变。

A．外部的事件　　B．对象的操作

C．系统原来的状态与外部的事件　　D．消息的传递

6．下列叙述中正确的是（　　）。

A．在面向对象的程序设计中，各个对象之间具有密切的联系

B．在面向对象的程序设计中，各个对象都是公用的

C．在面向对象的程序设计中，各个对象之间相对独立，相互依赖性小

D．上述三种说法都不对

7．某系统结构图如下图所示（图中n≥5），该系统结构图的宽度是（　　）。

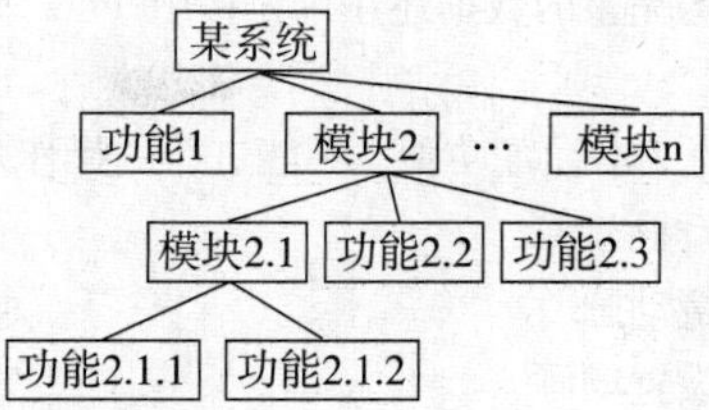

A．n　　B．3　　C．2　　D．1

8．下面属于黑盒测试方法的是（　　）。

A．条件覆盖　　B．基本路径测试　　C．语句覆盖　　D．错误推测法（猜错法）

9．在数据库管理技术发展的三个阶段中，数据库管理阶段的特点，下列说法中错误的是（　　）。

A．数据的共享性高，冗余度低，易扩充　　B．数据由DBMS统一管理和控制

C．数据真正实现了结构化　　D．数据之间逻辑关联紧密

10．数据库系统中支持安全性定义和检查的语言是（　　）。

A．数据定义语言　　B．数据控制语言　　C．数据操纵语言　　D．以上说法均不正确

11．无符号二进制整数01001001转换成十进制整数是（　　）。

A．69　　B．71　　C．73　　D．75

12．十进制数126转换为8位的二进制数为（　　）。

A．001010110　　B．01111110　　C．1111110　　D．01111100

13．下列关于计算机病毒的叙述中，错误的是（　　）。

A．计算机病毒具有潜伏性

B．感染过计算机病毒的计算机具有对该病毒的免疫性

C．计算机病毒具有传染性

D．计算机病毒是一个特殊的寄生程序

14．现行的IPv4的IP地址采用标记法为（　　）。

A．点分十进制　　B．冒号十六进制　　C．冒号十进制　　D．点分十六进制

15．Word文档可以分节管理，Word 2010默认插入分节符的方法是（　　）。

A．在“页面布局”选项卡下的“分隔符”功能中选择“分节符”

B．在“插入”选项卡下的“分隔符”功能中选择“分节符”

C．在键盘上键入快捷键Ctrl+Enter

D．在键盘上键入快捷键Alt+Enter

16．小明的毕业论文分别请两位老师进行了审阅。每位老师分别通过Word的修订功能对该论文进行了修改。现在，小明需要将两份经过修订的文档合并为一份，最优的操作方法是（　　）。

A．小明可以在一份修订较多的文档中，将另一份修订较少的文档修改内容手动对照补充进去

B．请一位老师在另一位老师修订后的文档中再进行一次修订

C．利用Word比较功能，将两位老师的修订合并到一个文档中

D．将修订较少的那部分舍弃，只保留修订较多的那份论文作为终稿

17．已知B3和B4单元格中的内容分别为“四川”和“成都”，要在D5单元格中显示“四川成都”，可在D5单元格中输入公式（　　）。

A．=B3+B4　　B．=B3−B4　　C．=B3&&B4　　D．=B3&B4

18．一般情况下，在Excel工作表的单元格内输入的文本超过了列宽，而此单元格右边的单元格内有数据，此时（　　）。

A．超长的文字被截去，数据发生错误

B. 输入的文本会扩展到右边的单元格

C. 超长的文字被截去，但完整的数据还在单元格中

D. 显示“#######”

19. 在PowerPoint中，对幻灯片文本设置动画，不能进行的操作是（　　）。

A. 以逐个字为单位设置动画

B. 以段落层次为单位设置动画

C. 以整个文本框为单位设置动画

D. 可以将多个文本框组合在一起设置动画

20. 如果希望每次打开PowerPoint演示文稿时，窗口中都处于幻灯片浏览视图，最优的操作方法是（　　）。

A. 通过“视图”选项卡上的“自定义视图”按钮进行指定

B. 在后台视图中，通过高级选项设置用幻灯片浏览视图打开全部文档

C. 每次打开演示文稿后，通过“视图”选项卡切换到幻灯片浏览视图

D. 每次保存并关闭演示文稿前，通过“视图”选项卡切换到幻灯片浏览视图

二、字处理（共30分）

小方正在为本部门报考会计职称的考生准备相关通知及准考证，利用考生文件夹下提供的相关素材，按下列要求帮助他完成文档的编排。

1. 新建一个空白Word文档，利用文档“准考证素材及示例.docx”中的文本素材并参考其中的示例图制作准考证主文档，以“准考证.docx”为文件名保存在考生文件夹下（“.docx”为文件扩展名），以下操作均基于此文件，否则不得分。具体制作要求如下：

（1）准考证表格整体水平、垂直方向均位于页面的中间位置。

（2）表格宽度根据页面自动调整，为表格添加任一图案样式的底纹，以不影响阅读其中的文字为宜。

（3）适当加大表格第1行中标题文本的字号和字符间距。

（4）“考生须知”四字竖排且水平、垂直方向均在单元格内居中，“考生须知”下包含的文本以自动编号排列。

2. 为指定的考生每人生成一份准考证，要求如下：

（1）在主文档“准考证.docx”中，将表格中的红色文字替换为相应的考生信息，考生信息保存在考试文件夹下的Excel文档“考生名单.xlsx”中。

（2）标题中的考试级别信息根据考生所报考科目自动生成：“考试科目”为“高级会计实务”时，考试级别为“高级”，否则为“中级”。

（3）在考试时间栏中，令中级三个科目名称（素材中蓝色文本）均等宽占用6个字符宽度。

（4）表格中的文本字体均采用微软雅黑、黑色，并选用适当的字号。

（5）在“贴照片处”插入考生照片（提示：只有部分考生有照片）。

（6）为所属“门头沟区”，且报考中级全部三个科目（中级会计实务、财务管理、经济法）或报考高级科目（高级会计实务）的考生每人生成一份准考证，并以“个人准考证.docx”为文件名保存到考生文件夹下，同时保存主文档“准考证.docx”的编辑结果。

3. 打开考生文件夹下的文档“Word素材.docx”，将其另存为“Word.docx”，以下所有的操作均基于此文件，否则不得分。

（1）将文档中的所有手动换行符（软回车）替换为段落标记（硬回车）。

（2）在文号与通知标题之间插入高2磅、宽40%、标准红色、居中排列的横线。

（3）用文档“样式模板.docx”中的样式“标题、标题1、标题2、标题3、正文、项目符号、编

号”替换本文档中的同名样式。

（4）参考素材文档中的示例将其中的蓝色文本转换为一个流程图，选择适当的颜色及样式。之后将示例图删除。

（5）将文档最后的两个附件标题分别超链接到考生文件夹下的同名文档。修改超链接的格式，使其访问前为标准紫色，访问后变为标准红色。

（6）在文档的最后以图标形式将“个人准考证.docx”嵌入到当前文档中，任何情况下单击该图标即可开启相关文档。

三、电子表格（共30分）

马老师负责本次公务员考试成绩数据的整理，按照下列要求帮助她完成相关的整理、统计和分析工作。

1. 将考生文件夹下的工作簿文档“Excel素材.xlsx”另存为“Excel.xlsx”（“.xlsx”为文件扩展名），之后所有的操作均基于此文件，否则不得分。操作过程中，不可以随意改变工作表中数据的顺序。

2. 将考生文件夹下的工作簿“行政区划代码对照表.xlsx”中的工作表“Sheet1”复制到工作表“名单”的左侧，并重命名为“行政区划代码”，且工作表标签颜色设为标准紫色；以考生文件夹下的图片“map.jpg”作为该工作表的背景，不显示网格线。

3. 按照下列要求对工作表“名单”中的数据进行完善：

（1）在“序号”列中输入格式为“00001、00002、00003……”的顺序号。

（2）在“性别”列的空白单元格中输入“男”。

（3）在“性别”和“部门代码”之间插入一个空列，列标题为“地区”。自左向右准考证号的第5、6位为地区代码，依据工作表“行政区划代码”中的对应关系在“地区”列中输入地区名称。

（4）在“部门代码”列中填入相应的部门代码，其中准考证号的前3位为部门代码。

（5）准考证号的第4位代表考试类别，按照下列计分规则计算每个人的总成绩。

准考证的第4位	考试类别	计分方法
1	A类	笔试面试各占50%
2	B类	笔试占60%，面试占40%

4. 按照下列要求对工作表“名单”的格式进行设置：

（1）修改单元格样式“标题1”，令其格式变为微软雅黑、14磅、不加粗、跨列居中，其他保持默认效果。为第1行中的标题文字应用更改后的单元格样式“标题1”，令其在所有数据上方居中排列，并隐藏其中的批注内容。

（2）将笔试分数、面试分数、总成绩3列数据设置为形如“123.320分”，且能够正确参与运算的数值类数字格式。

（3）正确的准考证号为12位文本，面试分数的范围为0～100之间整数（含本数），试检测这两列数据的有效性，当输入错误时给出提示信息“超出范围请重新输入！”，以标准红色文本标出存在的错误数据。

（4）为整个数据区域套用一个表格格式，取消筛选并转换为普通区域。

（5）适当加大行高，并自动调整各列列宽至合适的大小。

（6）锁定工作表的第1～3行，使之始终可见。

（7）分别以数据区域的首行作为各列的名称。

5. 以工作表“名单”的原始数据为依据，在工作表“统计分析”中按下列要求对各部门数据进行统计：

（1）首先获取部门代码及报考部门，并按部门代码的升序进行排列。

（2）将各项统计数据填入相应单元格，其中统计男女人数时应使用函数并应用已定义的名称，最低笔试分数线按部门统计。

（3）对工作表“统计分析”设置条件格式，令其只有在单元格非空时才会自动以某一浅色填充偶数行，且自动添加上下边框线。

（4）令第G列数字格式显示为百分数，要求四舍五入精确到小数点后3位。

6. 以工作表“统计分析”为数据源，生成如表中数据右侧示例所示的图表，要求如下：

（1）图标标题与数据上方第1行中的标题内容一致并可同步变化。

（2）适当改变图表样式、图表中数据系列的格式，调整图例的位置。

（3）坐标轴设置应与示例相同。

（4）将图表以独立方式嵌入到新工作表“分析图表”中，令其不可移动。

四、演示文稿（共20分）

李老师需要制作有关节能环保低碳创业大赛宣传的演示文稿，用于展台自动播放。按照下列要求，帮助李老师组织材料完成演示文稿的整合制作，制作完成的文档共包含12张幻灯片。

1. 根据考生文件夹下的Word文档“PPT素材.docx”创建初始包含13张幻灯片名为“PPT.pptx”的演示文稿（“.docx”“. pptx”均为文件扩展名），其对应关系如下表所列。令新生成的演示文稿“PPT.pptx”不包含有原素材中的任何格式，之后所有的操作均基于此文件，否则不得分。

Word文本颜色	对应PPT内容
红色	标题
蓝色	第一级文本
绿色	第二级文本
黑色	备注文本

2. 创建一个名为“环境保护”的幻灯片母版，对该幻灯片母版进行下列设计：

（1）仅保留“标题幻灯片”“标题和内容”“节标题”“空白”“标题和竖排文字”和“标题和文本”6个默认版式。

（2）在最下面增加一个名为“标题和SmartArt图形”的新版式，并在标题框下添加SmartArt占位符。

（3）设置幻灯片中所有中文字体为微软雅黑、西文字体为Calibri。

（4）将所有幻灯片中一级文本的颜色设为标准蓝色，项目符号替换为图片“Bullet.png”。

（5）将考生文件夹下的图片“Background.jpg”作为“标题幻灯片”版式的背景，透明度为65%。

（6）设置除标题幻灯片外其他版式的背景为渐变填充“雨后初晴”；插入图片“Pic.jpg”，设置该图片背景色为透明，并令其对齐幻灯片的右侧和下部，不要遮挡其他内容。

（7）为演示文稿“PPT.pptx”应用新建的设计主题“环境保护”。

3. 为第1张幻灯片应用“标题幻灯片”版式。为其中的标题和副标题分别指定动画效果，其顺序为：单击时标题在5秒内自左上角飞入，同时副标题以相同的速度自右下角飞入，4秒钟后标题与副标题同时自动在3秒内沿原方向飞出。将素材中的黑色文本作为标题幻灯片的备注内容，在备注文字下方添加图片“Remark.png”，并适当调整其大小。

4. 将第3张幻灯片中的文本转换为字号60磅、字符间距加宽至20磅的“填充－红色，强调文字颜色2，暖色粗糙棱台”样式的艺术字，文本效果转换为“朝鲜鼓”，且位于幻灯片的正中间。

5. 将第5张幻灯片的版式设为“节标题”；在其中的文本框中创建目录，内容分别为第6、7、8张幻灯片的标题，并令其分别链接到相应的幻灯片。

6．将第9、10两张幻灯片合并为一张，并应用版式“标题和SmartArt图形”；将合并后的文本转换为“垂直块列表”布局的SmartArt图形，适当调整其颜色和样式，并为其添加任一动画效果。

7．将第10张幻灯片的版式设为“标题和竖排文字”，并令文本在文本框中左对齐。为最后一张幻灯片应用“空白”版式，将其中包含联系方式的文本框左右居中，并为其中的文本设置动画效果，令其按第二级文本段落逐字弹跳式进入幻灯片。

8．将第5～8张幻灯片组织为一节，节名为“参赛条件”，为该节应用设计主题“暗香扑面”。为演示文稿不同的节应用不同的切换方式，所有幻灯片均每隔5秒自动换片。

9．设置演示文稿由观众自行浏览且自动循环播放。

二级MS Office高级应用题库试卷（8）

（考试时间120分钟，满分100分）

一、选择题（每题1分，共20分）

下列各题A、B、C、D四个选项中，只有一个选项是正确的。

1．一个栈的入栈元素序列是1、2、3、4、5，若允许出栈操作可在任意可能的时刻进行，则下面的序列中，不可能出现的出栈序列是（　　）。

A．3、4、2、5、1　　B．2、5、4、1、3
C．2、3、1、5、4　　D．3、5、4、2、1

2．下列叙述中正确的是（　　）。

A．带链的栈有栈顶指针和栈底指针，因此又称为双重链表
B．有两个指针域的链表称为二叉链表
C．结点中具有多个指针域的链表称为多重链表
D．循环链表是循环队列的链式存储结构

3．某完全二叉树共有256个结点，则该完全二叉树的深度为（　　）。

A．7　　B．8　　C．9　　D．10

4．设二叉树的前序序列为ABDEGHCFIJ，中序序列为DBGEHACIFJ，则后序序列为（　　）。

A．DGHEBIJFCA　　B．JIHGFEDCBA　　C．GHIJDEFBCA　　D．ABCDEFGHIJ

5．如果将S设为字符串类，则下面属于类S的对象是（　　）。

A．文本框　　B．单元格　　C．“确定”按钮　　D．菜单项

6．面向对象的开发方法中，类与对象的关系是（　　）。

A．抽象与具体　　B．具体与抽象　　C．整体与部分　　D．部分与整体

7．下列叙述中正确的是（　　）。

A．内聚度是指模块间互相连接的紧密程度
B．耦合和内聚是不相关的
C．降低耦合度、提高内聚度有利于提高模块的独立性
D．耦合度是指一个模块内部各个元素间彼此结合的紧密程度

8．下面属于软件设计阶段产生的文档是（　　）。

A．详细设计规格说明书　　B．数据流程图和数据字典
C．软件确认测试计划　　D．软件需求规格说明书

9．若实体A和B是一对一的联系，实体B和C是多对一的联系，则实体A和C的联系是（　　）。

A．多对一　　B．多对多　　C．一对一　　D．一对多

10．图书馆数据库系统中有下列模式：书（书号，类别，书名，出版社，年份，作者，价格，总藏书量，现有库存），借书卡（卡号，姓名，单位，类别），借书记录（卡号，书号，借期，还期），其中关系书和关系借书卡的主键分别为书号和卡号，关系借书记录的主键为（　　）。

A．卡号，书号，借期　　B．卡号，借期

C．书号，借期　　D．卡号，书号

11．十进制数122转换成八进制数和转换成十六进制数分别是（　　）。

A．144，8B　　B．136，6A　　C．336，6B　　D．172，7A

12．目前，受到广泛重视的自动驾驶技术，其核心属于计算机应用领域中的（　　）。

A．虚拟现实与自动控制　　B．科学计算与自动控制

C．人工智能与自动控制　　D．计算机图形学与虚拟现实

13．企业内部网的防火墙应当设置在（　　）。

A．客户机与集线器之间　　B．集线器与交换机之间

C．交换机与服务器之间　　D．Internet与Intranet之间

14．消费者与消费者之间通过第三方电子商务平台进行交易的电子商务模式是（　　）。

A．O2O　　B．C2C　　C．B2C　　D．B2B

15．缺省情况下，Word文档页眉分隔线为单实线，如果要将页眉分隔线改为双实线，操作方法为（　　）。

A．在页眉的“设计”选项卡中设置

B．进入页眉编辑状态，选中页眉，更改字体下划线

C．进入页面编辑状态，利用段落边框选项更改

D．删除页眉，重新添加具有双实线下划线的页眉

16．下面对Word创建表格功能的正确描述是（　　）。

A．在Word中创建表格不能对数据进行运算

B．在Word中创建的表格单元中可以插入图形文件

C．不能对Word表格的行列宽度进行调整

D．单元格中的数据只能由键盘输入

17．有关Excel图表，下面表述正确的是（　　）。

A．要往图表中增加一个系列，必须重新建立图表

B．修改了图表数据源单元格的数据，图表会自动跟着刷新

C．要修改图表的类型，必须重新建立图表

D．修改了图表坐标轴的字体、字号，坐标轴标题就自动跟着变化

18．在Excel工作表A1单元格里存放了18位二代身份证号码，其中第7～10位表示出生年份。在A2单元格中利用公式计算该人的年龄，最优的操作方法是（　　）。

A．=YEAR(TODAY())-MID(A1,7,4)　　B．=YEAR(TODAY())-MID(A1,6,8)

C．=YEAR(TODAY())-MID(A1,7,8)　　D．=YEAR(TODAY())-MID(A1,6,4)

19．如需将PowerPoint演示文稿中的SmartArt图形列表内容通过动画效果一次性展现出来，最优的操作方法是（　　）。

A．将SmartArt动画效果设置为“逐个按分支”

B．将SmartArt动画效果设置为“逐个按级别”

C．将SmartArt动画效果设置为“一次按级别”

D．将SmartArt动画效果设置为“整批发送”

20．小明在制作公司产品介绍的PowerPoint演示文稿时，希望每类产品可以通过不同的演示主题进行展示，最优的操作方法是（　　）。

A．为每类产品分别制作演示文稿，每份演示文稿均应用不同的主题

B．在演示文稿中选中每类产品所包含的所有幻灯片，分别为其应用不同的主题

C．通过PowerPoint中的“主题分布”功能，直接应用不同的主题

D．为每类产品分别制作演示文稿，每份演示文稿均应用不同的主题，然后将这些演示文稿合并为一个

二、字处理（共30分）

办事员小李需要整理一份有关高新技术企业的政策文件。参照“示例1.jpg”“示例2.jpg”，利用考生文件夹下提供的相关素材，按下列要求帮助小李完成文档的编排。

1．打开考生文件夹下的文档“Word素材.docx”，将其另存为“Word.docx”（“.docx”为文件扩展名），之后所有的操作均基于此文件，否则不得分。

2．首先将文档“附件4 新旧政策对比.docx”中的“标题1”“标题2”“标题3”及“附件正文”4个样式的格式应用到“Word.docx”文档中的同名样式；然后将文档“附件4 新旧政策对比.docx”中的全部内容插入到“Word.docx”文档的最下面，后续操作均应在“Word.docx”文档中进行。

3．删除文档“Word.docx”中所有空行和全角（中文）空格；将“第一章”“第二章”“第三章”……所在段落应用“标题2”样式；将所有应用“正文1”样式的文本段落以“第一条、第二条、第三条……”的格式连续编号并替换原文中的纯文本编号、字号设为五号、首行缩进2字符。

4．在文档的开始处插入“瓷砖型提要栏”文本框，将“插入目录”标记之前的文本移动到该文本框中，要求文本框内部边距分别为左右各1厘米、上0.5厘米、下0.2厘米，为其中的文本进行适当的格式设置，以使文本框高度不超过12厘米，结果可参考“示例1.jpg”。

5．在标题段落“附件3：高新技术企业证书样式”的下方插入图片“附件3 证书.jpg”，为其应用恰当的图片样式、艺术效果，并改变其颜色。

6．将标题段落“附件2：高新技术企业申请基本流程”下的绿色文本参照其上方的样例转换成布局为“分段流程”的SmartArt图形，适当改变其颜色和样式，加大图形的高度和宽度，将第二级文本的字号统一设置为6.5磅，将图形中所有文本的字体设置为“微软雅黑”。最后将多余的文本及样例删除。

7．在标题段落“附件1：国家重点支持的高新技术领域”的下方插入以图标方式显示的文档“附件1 高新技术领域.docx”，图标名称为“国家重点支持的高新技术领域”，双击该图标应能打开相应的文档进行阅读。

8．将标题段落“附件4：高新技术企业认定管理办法新旧政策对比”下的以连续符号“###”分隔的蓝色文本转换为一个表格，套用恰当的表格样式，在“序号”列插入自动编号“1、2、3……”，将表格中所有内容的字号设置为“小五号”、在垂直方向上居中。令表格与其上方的标题“新旧政策的认定条件对比表”占用单独的横向页面，且表格与页面同宽，并适当调整表格各列列宽，结果可参考“示例2.jpg”。

9．文档的4个附件内容排列位置不正确，将其按1、2、3、4的正确顺序进行排列，但不能修改标题中的序号。

10．在文档开始的“插入目录”标记处插入只包含第1、第2两级标题的目录并替换“插入目录”标记，目录页不显示页码。自目录后的正式文本另起一页，并插入自“1”开始的页码于右边距内，最后更新目录。

三、电子表格（共30分）

晓雨任职于某企业的人力资源部门，她需要对企业员工Office应用能力考核报告进行完善和分析。按照如下要求帮助晓雨完成数据处理工作。

1．在考生文件夹下，将“Excel素材.xlsx”文件另存为“Excel.xlsx”（“.xlsx”为文件扩展名），后续操作均基于此文件，否则不得分。

2．在“成绩单”工作表中，设置工作表标签颜色为标准红色；对数据区域套用“表样式浅色16”表格格式，取消镶边行后将其转换为区域。

3．删除“姓名”列中所有的汉语拼音字母，只保留汉字。

4．设置“员工编号”列的数据格式为“001,002,…334”；在G3:K336单元格区域中的所有空单元格中输入数值“0”。

5．计算每个员工5个考核科目（Word、Excel、PowerPoint、Outlook和Visio）的平均成绩，并填写在“平均成绩”列。

6．在“等级”列中计算并填写每位员工的考核成绩等级，等级的计算规则如下：

等级分类	计算规则
不合格	5个考核科目中任一科目成绩低于60分
及格	60分≤ 平均成绩 <75分
良	75分≤ 平均成绩 <85分
优	平均成绩 ≥85分

7．适当调整“成绩单”工作表B2:M336单元格区域内各列列宽，并将该区域内数据设置为水平、垂直方向均居中对齐。

8．依据自定义序列“研发部→物流部→采购部→行政部→生产部→市场部”的顺序进行排序；如果部门名称相同，则按照平均成绩由高到低的顺序进行排序。

9．设置“分数段统计”工作表标签颜色为蓝色；参考考生文件夹中的“成绩分布及比例.png”示例，以该工作表B2单元格为起始位置创建数据透视表，计算“成绩单”工作表中平均成绩在各分数段的人数以及所占比例（数据透视表中的数据格式设置以参考示例为准，其中平均成绩各分数段下限包含临界值）；根据数据透视表在单元格区域E2:L17内创建数据透视图（数据透视图图表类型、数据系列、坐标轴、图例等设置以参考示例为准）。

10．根据“成绩单”工作表中的“年龄”和“平均成绩”两列数据，创建名为“成绩与年龄”的图表工作表（参考考生文件夹中的“成绩与年龄.png”示例，图表类型、样式、图表元素均以此示例为准）。设置图表工作表标签颜色为绿色，并将其放置在全部工作表的最右侧。

11．将“成绩单”工作表中的数据区域设置为打印区域，并设置标题行在打印时可以重复出现在每页顶端。

12．将所有工作表的纸张方向都设置为“横向”，并为所有工作表添加页眉和页脚，页眉中间位置显示“成绩报告”文本，页脚样式为“第1页，共?页”。

四、演示文稿（共20分）

张老师正在准备有关儿童孤独症的培训课件，按照下列要求帮助张老师组织资料，完成该课件的制作：

1．在考生文件夹下，将“PPT素材.pptx”文件另存为“PPT.pptx”（“.pptx”为文件扩展名），后续操作均基于此文件，否则不得分。

2．依据考生文件夹下的文本文件“1-3张素材.txt”中的大纲，在演示文稿最前面新建3张幻灯片，其中“儿童孤独症的干预与治疗”“目录”“基本介绍”3行内容为幻灯片标题，其下方的内容分别为各自幻灯片的文本内容。

3．为演示文稿应用设计主题“聚合”；将幻灯片中所有中文字体设置为“微软雅黑”；在幻灯片母版右上角的相同位置插入任一剪贴画，改变该剪贴画的图片样式、为其重新着色，并使其不遮挡其他文本或对象。

4．将第1张幻灯片的版式设为“标题幻灯片”，为标题和副标题分别指定动画效果，其顺序为：单击时标题以“飞入”方式进入后3秒副标题自动以任意方式进入，5秒后标题自动以“飞出”方式退出，接着3秒后副标题再自动以任意方式退出。

5．设置第2张幻灯片的版式为“图片与标题”，将考生文件夹下的图片“pic1.jpg”插入到幻灯片图片框中；为该页幻灯片目录内容应用格式为“1、2、3……”的编号，并分为两栏，适当增大其字号；为目录中的每项内容分别添加可跳转至相应幻灯片的超链接。

6．将第3张幻灯片的版式设为“两栏内容”、背景设为“样式5”；在右侧的文本框中插入一个表格，将“基本信息（见表）”下方的5行2列文本移动到右侧表格中，并根据内容适当调整表格大小。

7．将第6张幻灯片拆分为4张标题相同、内容分别为“1.”至“4.” 四点表现的幻灯片。

8．将第11张幻灯片中的文本内容转换为“表层次结构”SmartArt图形，适当更改其文字方向、颜色和样式；为SmartArt图形添加动画效果，令SmartArt图形伴随着“风铃”声逐个按分支顺序“弹跳”式进入；将左侧的红色文本作为该张幻灯片的备注文字。

9．除标题幻灯片外，其他幻灯片均包含幻灯片编号和内容为“儿童孤独症的干预与治疗”的页脚。将考生文件夹下“结束片.pptx”中的幻灯片作为PPT.pptx的最后一张幻灯片，并保留原主题格式；为所有幻灯片均应用切换效果。

二级MS Office高级应用题库试卷（9）~（42）请见软件。

第5部分 新增机考题库详解

二级MS Office高级应用题库试卷（1）参考答案及解析

一、选择题

答案表

1	2	3	4	5	6	7	8	9	10	11	12	13	14	15	16	17	18	19	20
C	A	D	B	C	B	A	D	C	D	A	B	A	C	B	D	D	C	B	A

解析

1．解析：算法的时间复杂度是指算法执行过程中所需要的基本运算次数。所以，答案为C。

2．解析：数据结构B=（D，R）中，B表示数据结构，设D、R是B中的2个数据，则二元组（D，R）表示D是R的前件，R是D的后件（D在R之前，R在D之后）。线性结构的特点是开始结点和终端结点都是唯一的，除了开始结点和终端结点外，其余结点都有且仅有一个直接前件，有且仅有一个直接后件。A选项中，d为根结点，构成d→b→c→e→a的线性结构。而B选项中b有两个后件，C选项中d有两个后件，D选项中c有两个前件，都不是线性结构。所以，答案为A。

3．解析：对于循环队列，当front=rear=15时可知队列空或者队列满，此后又退出一个元素，如果之前队列为空，退出操作会产生错误，队列里有0个元素；如果退出之前队列已满（30个元素），执行退出后，队列里还有29个元素。所以，答案为D。

4．解析：后序根靠后，中序两边分。二叉树的后序遍历序列为CBEDA，由于后序遍历最后访问根结点，可以确定该二叉树的根结点是A。再由中序遍历序列为CBADE，可以得到子序列（CB）一定在左子树中，子序列（DE）一定在右子树中。结点C、B在中序序列和后序序列中顺序未变，说明结点B是结点C的父结点；结点D、E在中序序列和后序序列中顺序相反，说明结点D是结点E的父结点。因此该二叉树的前序遍历序列为ABCDE，答案为B。

5．解析：编译程序就是把高级语言变成计算机可以识别的二进制语言，即编译程序完成高级语言程序到低级语言程序的等价翻译。所以，答案为C。

6．解析：在面向对象程序设计中，对象是类的实例，类是对具有相同属性（数据）和行为（操作）的一组客体的抽象，它是创建对象时的模板或模型。因此，对象是指数据以及在其上操作的封装体。所以，答案为B。

7．解析：软件过程是把输入转化为输出的一组彼此相关的资源和活动。软件过程所进行的基本活动主要有软件规格说明、软件开发或软件设计与实现、软件确认、软件演进。在过程结束时，将输入（用户要求）转化为输出（软件产品）。所以，答案为A。

8．解析：数据流分析设计、变换流分析设计和事务分析设计都是系统设计中的具体方法，只有模块化是软件设计的基本原理。所以，答案为D。

9．解析：一名运动员可以参加多个项目，而每个项目又可以有多名运动员参加，所以是多对多的关系。答案为C。

10．解析：T具有与R和S相同的关系模式，且T中包含了S和R中的所有元组。因此，答案为D。

11．解析：组成CPU的主要部件是控制器和运算器，运算器又称算术逻辑单元。控制器负责协调和指挥整个计算机系统的操作，而运算器负责算术逻辑运算。所以，答案为A。

12．解析：不同进制数之间的比较，必须统一转换成同一进制的数。一般而言，转换成十进制数比较方便。十六进制数34转换成十进制数是52；二进制数110010转换成十进制数是50；八进制数63转换成十进制数是51。所以，答案为B。

13．解析：在计算机安全防护措施中，最重要的是提高管理水平和技术水平。管理水平的提高保证了计算机安全中人的因素，而技术水平的提高保证了计算机安全中物的因素。所以，答案为A。

14．解析：计算机网络建立的主要目的是实现计算机资源的共享，计算机资源主要指计算机硬件、软件与数据。网络用户可以使用本地计算机资源，可以通过网络访问联网的远程计算机资源，也可以调用网上几台不同的计算机共同完成某项任务。因此，答案为C。

15．解析：Word 文档中，可以通过“更改大小写”命令实现大写英文字母转换为小写，该命令缺省在“开始”选项卡中。因此，答案为B。

16．解析：“页码设置”窗口中没有“首页无页码”选项，而将起始页码调整为0，首页也会显示页码“0”；插入“空白页”只会在光标位置前插入一个空白页，而在文档中插入“封面”，封面是不会参与页码编制的。所以，答案为D。

17．解析：Excel中自带的网格线可以不显示，设置方法是：将光标停留在数据区域，然后在“页面布局”选项卡上的“工作表选项”组中将“网格线”的“查看”取消勾选。故答案为D。

18．解析：Excel中可以为单元格定义名称，以便单元格引用。而且，定义了名称的单元格可以集中设置，保证了数据的一致性、规范性和引用的简洁性。所以，答案为C。

19．解析：幻灯片方向是页面设置的内容，可以通过页面设置功能实现。选项功能是对整个PowerPoint的工作选项进行设置，而版式用于设置幻灯片的标题与内容的分布。所以，答案为B。

20．解析：将演示文稿内容制作成一份Word 版本讲义，最佳的方法是通过“开始”选项卡的“保存并发送”→“创建讲义”命令实现。因此，答案为A。

二、字处理

解析

要求1，操作步骤：

（1）打开考生文件夹下的“Word素材.docx”文件；

（2）单击“文件”标签，系统打开文件操作页，单击“另存为”按钮，弹出“另存为”对话框，在该对话框中将“文件名”设为“中国互联网络发展状况统计报告”，将其保存于考生文件夹下。

要求2，操作步骤：

（1）单击“页面布局”选项卡下“页面设置”组中的对话框启动器按钮，弹出“页面设置”对话框，在“页边距”选项卡中将“多页”设为“对称页边距”，将页边距的“上”和“下”设为2.5厘米，“内侧”设为2.5厘米，“外侧”设为2厘米，“装订线”设为1厘米。如图5–1所示。

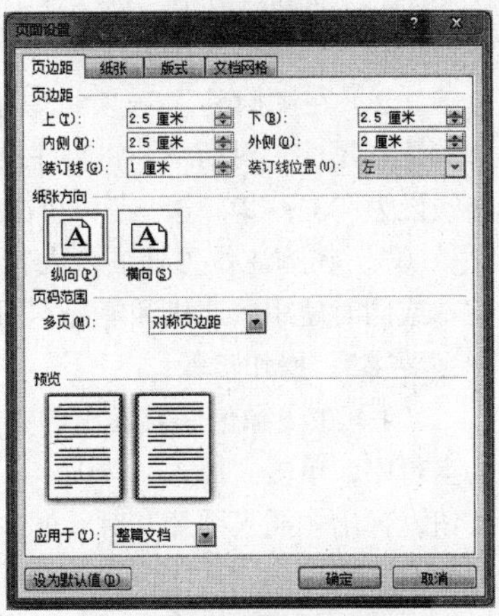

图 5–1 页面设置修改页边距

（2）切换到“纸张”选项卡，在“纸张大小”中设置纸张大小为A4。

（3）切换到“版式”选项卡，在“页眉和页脚”组中将“距边界”组中的“页眉”和“页脚”设为1.1厘米。然后，单击“确定”按钮即可。

要求3，操作步骤：

（1）在“开始”选项卡下“样式”选项组中选择“标题1”样式，单击鼠标右键，选择“修改”，弹出“修改样式”对话框，在“格式”组中将字体设为“华文中宋”，字号设为“小二”，不加粗，颜色设为“标准红色”，“对齐方式”设为“居中”。如图5–2所示。

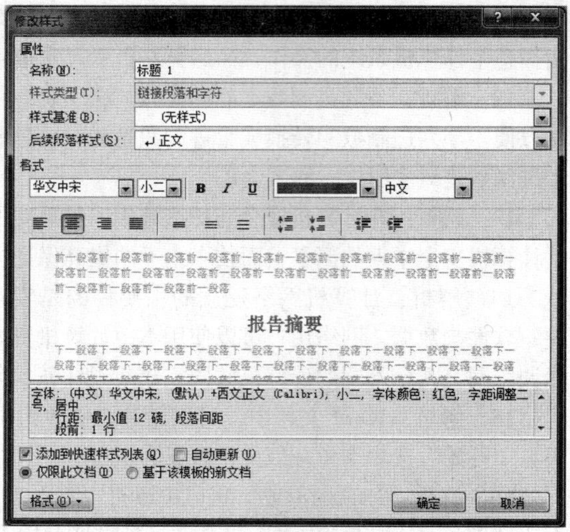

图5–2　修改样式

（2）单击下面的“格式”按钮，选择列表中的“段落”，弹出“段落”对话框，选择“缩放和间距”选项卡，在“间距”组中将“段前”设为1.5行、将“段后”设为1行（注意：将默认的间距单位“磅”更换为“行”，只需输入“XX行”即可），将“行距”设为最小值12磅。

（3）切换至“换行和分页”选项卡，在“分页”组中勾选“与下段同页”复选框，单击“确定”按钮。

（4）按住Ctrl键，选中所有红色的章标题，对其应用“标题1”样式。

（5）按照（1）~（4）同样的方式，设置所有的“标题2”“标题3”和“正文”样式的格式，其中正文样式要求1.25倍行距，在“段落”对话框“间距”组中将“行距”设为“多倍行距”，值为“1.25”。

本要求中第（4）步的操作除了可以按住Ctrl键同时选择标题外，还可以使用“选择格式相似的文本”功能，具体操作方法如下：选中红色字体的“报告摘要”段（或者将光标停留在这一段），单击“开始”选项卡“编辑”|“选择”功能组下的“选择格式相似的文本”，可以看到文本中的红色“章”标题（包括“报告摘要”“附录1”和“附录2”）段落都被选中，单击“样式”列表中设置好格式的“标题1”，即完成了章标题样式的应用。按照同样方法和题目表格中的要求，对文档相应段落应用设置好的“标题2”“标题3”和“正文”段落样式，例如“标题2”样式格式为：小三号字、华文中宋、不加粗、标准深蓝色，段前1行、段后0.5行，行距最小值12磅，等等。

要求4，操作步骤：

（1）选中用黄色底纹标出的文字“手机上网比例首超传统 PC”，单击“引用”选项卡下“脚注”选项组中的“插入脚注”按钮。

（2）在“脚注”选项组中单击对话框启动器按钮，弹出“脚注和尾注”对话框，将脚注位置选择为“页面底端”，编号格式设为“①，②，③…”，单击“应用”按钮。如图5–3所示。

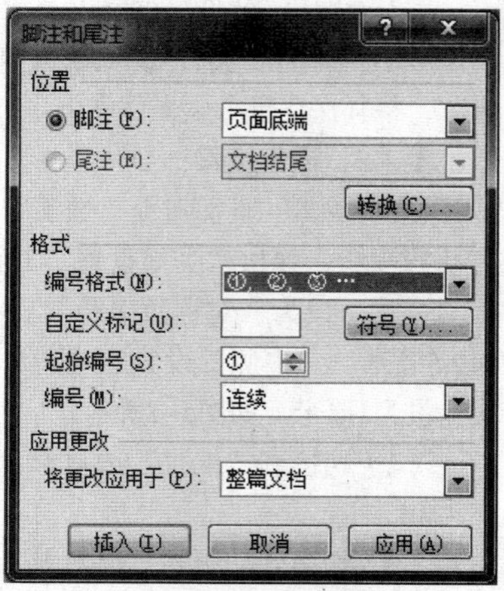

图5–3　修改脚注格式

（3）在脚注位置处输入内容“最近半年使用过台式机、笔记本或同时使用台式机和笔记本的网民统称为传统PC用户”。

要求5，操作步骤：

（1）在浅绿色底纹标出的文字“调查总体细分图示”上方的空行中，单击“插入”选项卡下“插图”选项组中的“图片”按钮，弹出“插入图片”对话框，选择考生文件夹下的素材图片“pic1.png”，单击“插入”按钮。

（2）将光标置于“调查总体细分图示”左侧，单击“引用”选项卡下“题注”选项组中的“插入题注”按钮，弹出“题注”对话框，在该对话框中单击“新建标签”按钮，将标签设置为“图”，单击“确定”按钮，即“题注”对话框出现了“图”标签，“题注”栏中标识了“图 1”，单击“确定”按钮。如图5–4所示。

（3）单击“开始”选项卡“样式”组右侧的下拉按钮，在下拉列表中选择“题注”，单击右键，选择“修改”，弹出“修改样式”对话框，设置字体为“楷体”，字号为“小五”，对齐方式为“居中”，单击“确定”按钮。

（4）将光标置于文字“如下”的右侧，单击“引用”选项卡下“题注”选项组中的“交叉引用”按钮，弹出“交叉引用”对话框，将“引用类型”设置为“图”，“引用内容”设置为“只有标签和编号”，“引用哪一个题注”选择为“图1调查总体细分图示”按钮，然后单击“插入”按钮。如图5–5所示。

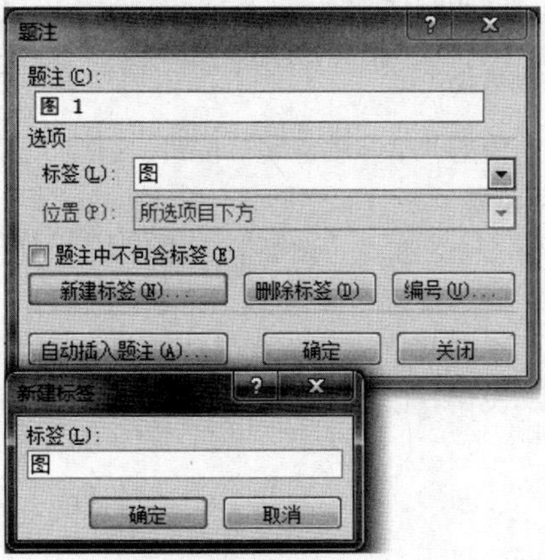

图 5–4　题注设置

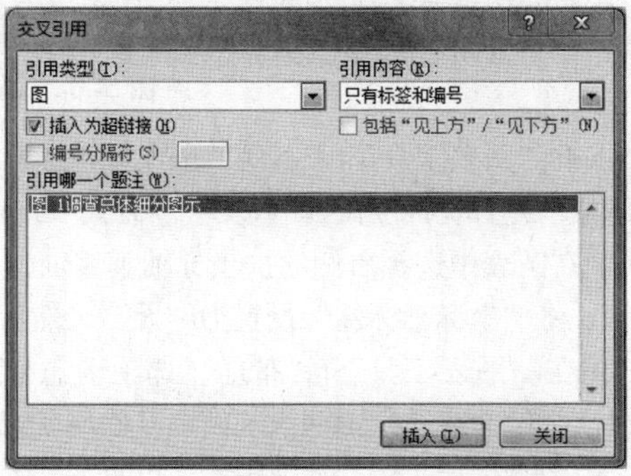

图 5–5　题注的交叉引用

要求6，操作步骤：

（1）将光标置于“表1”下方，单击“插入”选项卡下“插图”选项组中的“图表”按钮，弹出“插入图表”对话框，在该对话框中选择“簇状柱形图”，单击“确定”按钮，弹出“Excel”表格，删除“类别3”和“类别4”，不要关闭Excel，回到Word文档，全选“表1”，回到Excel，将光标停留在A1单元格，单击“开始”选项卡“粘贴”按钮，即将“表1”的数据粘贴到了Excel数据表中，并且拖拽标识图表数据区域的右下角使蓝色线框包括A1:J3区域；仍然不要关闭Excel表格，切换到Word文档中，选中柱形图，在“图表工具”|“设计”选项卡“数据”组中单击“切换行/列”，然后关闭Excel表格。

（2）将图表放大，选择红色的“互联网普及率”数据。单击“设计”选项卡下“类型”选项组中的“更改图表类型”按钮，弹出“更改图表类型”对话框，在该对话框中选择“带数据标记的折线图”，单击“确定”按钮。

（3）在图表中单击并选中红色的“互联网普及率”数据，单击鼠标右键，在弹出的快捷菜单中选择“设置数据系列格式”选项，弹出“设置数据系列格式”对话框。选择“系列选项”，单击“次坐标轴”单选按钮；选择“数据标记选项”，单击“内置”单选按钮，选择一种标记类型“×”，适当设置“大小”；选择“标记线颜色”，选择“实线”，颜色设置为绿色；选择“标记线样式”，适当设置“宽度”；可以看到，在此过程中数据系列“互联网普及率”的折线图会同步变动。最后单击“关闭”按钮。如图5–6所示。

（4）在图表中选择左侧的垂直轴，单击鼠标右键，选择“设置坐标轴格式”，在弹出的对话框中，单击“最大值”右侧的“固定”单选按钮，将参数设置为“100000”；单击“主要刻度单位”右侧的“固定”单选按钮，将参数设置为25000，单击“关闭”按钮即可。

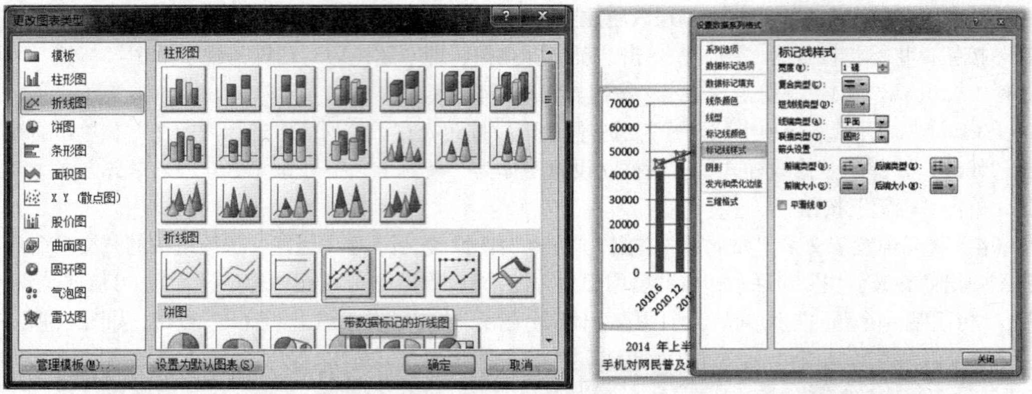

图 5-6 设置数据系列格式

（5）在“图表工具”|“布局”选项卡“标签”组中，单击“坐标轴标题”按钮，选择“主要纵坐标轴标题-旋转过的标题”，输入文字“万人”，调整合适位置。

（6）在图表中选择右侧的次坐标轴垂直轴，单击鼠标右键，选择“设置坐标轴格式”，在弹出的对话框中，将“坐标轴标签”设置为“无”，然后单击“关闭”按钮。

（7）在“图表工具”|“布局”选项卡“标签”组中，单击“图表标题”，选择“居中覆盖标题”，录入标题文字“中国网民规模与互联网普及率”；“图例”选择“在底部显示图例”；选中全部绿色的×型数据标记，将“数据标签”设置为“上方”。

（8）设置图表居中，并适当调整大小。

要求7，操作步骤：

（1）将光标置于“前言”文字前，在键盘上按Ctrl+Enter组合键，插入分页符。

将光标置于“报告摘要”文字的前面，在“页面布局”选项下“页面设置”选项组中单击“分隔符”按钮，在弹出的下拉列表中选择“分节符-下一页”。

（2）参考样例文件，设置封面及前言的字体、字号、颜色和段落格式。

（3）将光标置于“中国互联网络信息中心”文字上方，单击“插入”选项卡“插图”组中的“图片”按钮，选择素材图片“Logo.jpg”插入到文档中。选中图片，在“图表工具”|“格式”选项卡“大小”组中对其进行裁剪，并适当调整大小。

要求8，操作步骤：

（1）在“报告摘要”前插入“分节符-奇数页”。光标置于新的空白页面中，在“引用”选项卡下“目录”选项组中单击“目录”按钮，在弹出的下拉列表中选择“自动目录1”选项。

（2）双击目录的第1页页脚，在“页眉和页脚工具”|“设计”选项卡下，取消勾选“链接到前一条页眉”，使之变成灰色按钮，在“页眉和页脚”组中单击“页码”按钮，在弹出的下拉列表中选择“设置页码格式”选项，在弹出的对话框中将“编号格式”设置为“Ⅰ，Ⅱ，Ⅲ，…”，将“起始页码”设置为“Ⅰ”，单击“确定”按钮。如图5-7所示。

图 5-7 设置页码格式

再次单击“页码”按钮，在弹出的下拉列表中选择“页面底端-普通数字2”选项。

（3）将光标置于页眉中，取消勾选“链接到前一条页眉”，使之变成灰色按钮，在“插入”选项卡“文本”组中，单击“文档部件”按钮，在弹出的下拉列表中选择“文档属性-标题”选项。

要求9，操作步骤：

（1）将光标置于正文第1页的页脚中，在“页眉和页脚工具”|“设计”选项卡“导航”组中取消选择“链接到前一条页眉”按钮，在“选项”组中勾选“奇偶页不同”复选框。单击“页眉和页脚”组中的“页码”下拉按钮，在下拉列表中单击“删除页码”，删除原有的页码。

（2）将光标置于正文第1页的页眉中，在“导航”组中取消选择“链接到前一条页眉”按钮，按上一步骤“设置页码格式”方法将“编号格式”设置为“1，2，3，…”，将“起始页码”设置为“1”。

（3）在“页眉和页脚”选项组中单击“页码”按钮，在弹出的下拉列表中选择“页面顶端”|“普通数字3”。

（4）继续将光标置于该页眉中页码的左侧，在“插入”选项组中单击“文档部件”按钮，在弹出的下拉列表中选择“域”，弹出“域”对话框，域名选择“StyleRef”，样式名选择“标题1”，单击“确定”按钮。如图5-8所示。

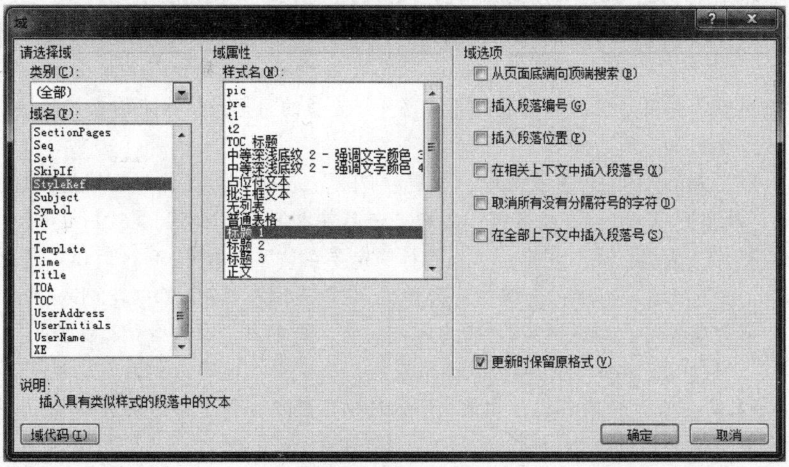

图 5-8　插入标题域

（5）在页码和章标题之间，按Shift+空格键切换到全角状态，再按空格键。

（6）将光标置于正文第2页的页眉中，“导航”组中取消选择“链接到前一条页眉”按钮，首先在“页眉和页脚”选项组中单击“页码”按钮，在弹出的下拉列表中选择“页面顶端-普通数字1”，并居左显示。

（7）继续将光标置于该页眉中页码的右侧，按Shift+空格键切换到全角状态，再按空格键。在“插入”选项卡下单击“文本”组中“文档部件”按钮，在弹出的下拉列表中选择“文档属性—作者”选项。

（8）检查目录和前言的页眉页脚。将光标定位到目录页第2页的页眉处，在“插入”选项卡中单击“文档部件”按钮，在弹出的下拉列表中选择“文档属性—标题”。

（9）将光标定位到目录页第2页的页脚处，在“页眉和页脚”选项组中单击“页码”按钮，在弹出的下拉列表中选择“页面底端—普通数字2”，然后手动删除前言页码。

（10）在“页眉和页脚工具”|“设计”选项卡下，单击“关闭页眉和页脚”按钮。

要求10，操作步骤：

（1）按Ctrl+H组合键，弹出“查找和替换”对话框，在“查找内容”文本框中输入半角空格（英文状态下按空格键），“替换为”栏内不输入，单击“全部替换”按钮。

（2）在“引用”选项卡下“目录”选项组中单击“更新目录”按钮，在弹出的对话框中单击“更新整个目录”单选按钮，单击“确定”按钮。

最后，按Ctrl+S组合键保存文件，并关闭Word系统。

三、电子表格

解析

要求1，操作步骤：

（1）打开考生文件夹下的“Excel素材.xlsx”素材文件。

（2）单击“文件”标签进入文件操作页，然后单击“另存为”按钮，弹出“另存为”对话框，在对话框中将文件名设为“一二季度销售统计表”，并保存到考生文件夹中。

要求2，操作步骤：

（1）在“一季度销售情况表”工作表的E2单元格中，插入公式“=VLOOKUP(B2,产品基本信息表!$B$1:$C$21,2,0)”，按Enter键，双击右下角的填充柄自动填充。

提示：录入各参数时可以用鼠标到工作表中拖拉或点选。下同。

说明：VLOOKUP(lookup_value, table_array, col_index_num, [range_lookup])，是在表格或区域中按行查找并引用信息的函数，即给定一个查找的目标，从指定的查找区域中查找并返回想要查找的值。参数含义如下所示。

lookup_value：查找目标，本题为“B2”，将在参数2指定区域的第1列中查找与B2相同的单元格。

table_array：查找范围，本题“产品基本信息表!$B$1:$C$21”表示“产品基本信息表”工作表中的B1:C21数据区域。注意：查找目标一定要在该区域的第1列，例如本题中的“产品型号”。

col_index_num：返回值的列数，“2”表示参数2中工作表的第2列。如果在参数2中找到与参数1相同的单元格，则返回第2列的内容，例如本题中由“产品型号”去查找“单价”。

[range_lookup]：精确或模糊查找，决定查找精确匹配值还是近似匹配值。第四个参数如果值为0或FALSE则表示精确查找，如果找不到精确匹配值，则返回错误值#N/A。如果值为1或TRUE，或者省略，则表示模糊查找。

（2）在F2单元格中输入公式“=D2*E2”，按Enter键，双击右下角的填充柄自动填充。

（3）选中E列和F列，单击“开始”选项卡下“数字”组中的对话框启动器按钮，设置为“数值”、2位小数，并勾选“使用千位分隔符”。

（4）按（1）~（3）相同的方法，在“二季度销售情况表”E2和F2单元格中输入相应的公式，并设置格式。

要求3，操作步骤：

（1）同时选中“产品销售汇总表”的D、F、H列，单击“开始”选项卡下“数字”组中的对话框启动器按钮，设置为“数值”，0位小数，并勾选“使用千位分隔符”，对齐方式为“右对齐”。

（2）在C2单元格中插入公式“=SUMIF(一季度销售情况表!$B$2:$B$44,B2,一季度销售情况表!$D$2:$D$44)”，按Enter键，双击右下角的填充柄自动填充。

说明：SUMIF(range, criteria, [sum_range])，是对指定单元格区域中符合某一条件的单元格求和的函数。本题中“=SUMIF(一季度销售情况表!$B$2:$B$44,B2,一季度销售情况表!$D$2:$D$44)”是指在参数1指定区域中查找产品型号为B2所示，即“P-01”，并对其一季度销量求总和。具体参数含义如下。

range：条件区域，用于条件判断的单元格区域。

criteria：求和的条件，判断哪些单元格将被用于求和的条件。

sum_range：实际求和区域，要求和的实际单元格、区域或引用。如果省略，Excel即对第一个参数range中指定的单元格求和。

（3）在D2单元格中插入公式“=SUMIF(一季度销售情况表!$B$2:$B$44,B2,一季度销售情况表!$F$2:$F$44)”，按Enter键，双击右下角的填充柄自动填充。

（4）在E2单元格中插入公式“=SUMIF('二季度销售情况表'!$B$2:$B$43,B2,二季度销售情况表!$D$2:$D$43)”，按Enter键，双击右下角的填充柄自动填充。（注意：原素材中“二季度销售情况表”表名后有一个空格，因此，生成的公式会带有单引号。）

（5）在F2单元格中插入公式“=SUMIF('二季度销售情况表'!$B$2:$B$43,B2,二季度销售情况表!$F$2:$F$43)”，按Enter键，双击右下角的填充柄自动填充。

（6）在G2单元格中输入公式“=C2+E2”。

（7）在H2单元格中输入公式“=D2+F2”。

要求4，操作步骤：

（1）在I2单元格中插入公式“=RANK(H2,$H$2:$H$21,0)”，按Enter键，双击右下角的填充柄自动填充。

说明：RANK(number,ref,[order])是排位函数，功能是返回一个数值在指定数值列表中的排位。本题中“=RANK(H2,$H$2:$H$21,0)”是指求取H2单元格中的数值在单元格区域H2:H21中的降序排位。

（2）选中I2:I21单元格区域，单击“开始”选项卡下“样式”组中的“条件格式”下拉按钮，在下拉列表中选择“突出显示单元格规则–其他规则”，弹出“新建格式规则”对话框，在“选择规则类型”组中选择“仅对排名靠前或靠后的数值设置格式”，在“编辑规则说明”选项组中设为“前”“3”；单击“格式”按钮，弹出“设置单元格格式”对话框，切换至“填充”选项卡，将背景色设置为“红色”，单击“确定”按钮，返回到“新建格式规则”对话框，再次单击“确定”按钮。如图5–9所示。

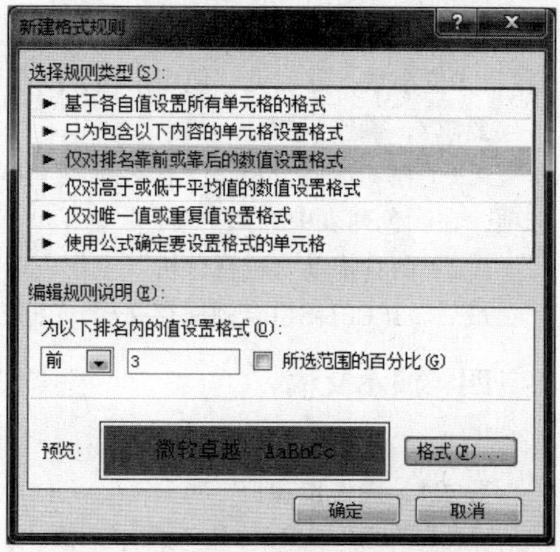

图 5–9　条件格式——新建格式规则

（3）按相同的方法为“后3”设置“绿色”背景。

说明：根据Excel语法规则，前三指数值最大的，后三指数值最小的。按照题目要求，前三（1、2、3）显示为红色，规则中应设置为红色，同理，后三在规则中应设置为绿色。

要求5，操作步骤：

（1）在“产品销售汇总表”中选中A1:I21区域中的任意单元格，单击“开始”选项卡下“样式”选项组中的“套用表格格式”按钮，在下方选择一种表格格式；在弹出的“套用表格式”对话框中勾选“表包含标题（M）”选项，单击“确定”按钮，如图5–10所示。

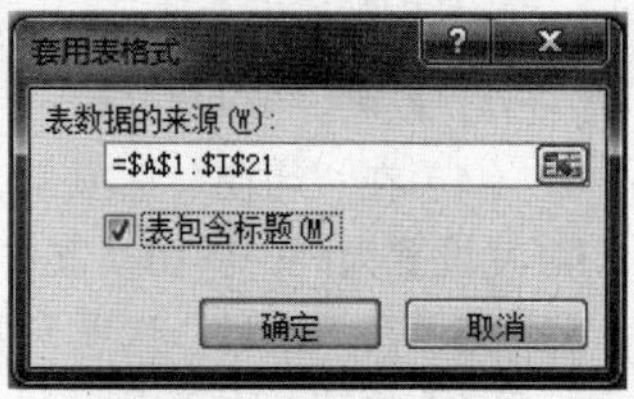

图 5–10　套用表格格式

由此，“产品销售汇总表”含数据的区域A1:I21即转化为了一个Excel表，表名称为“表1”。

（2）单击“开始”选项卡下“编辑”选项组中的“排序和筛选”按钮，在下方单击“筛选”按钮，取消列标题行的筛选标记。

要求6，操作步骤：

（1）单击“表1”的任意单元格，然后单击“表格工具”|“设计”选项卡下“工具”组中“通过数据透视表汇总”按钮，系统弹出“创建数据透视表”对话框，默认数据区域为“表1”，默认“选择放置数据透视表的位置”为“新工作表”，单击“确定”按钮，如图5–11所示。系统则在新工作表中建立了一个数据透视表。

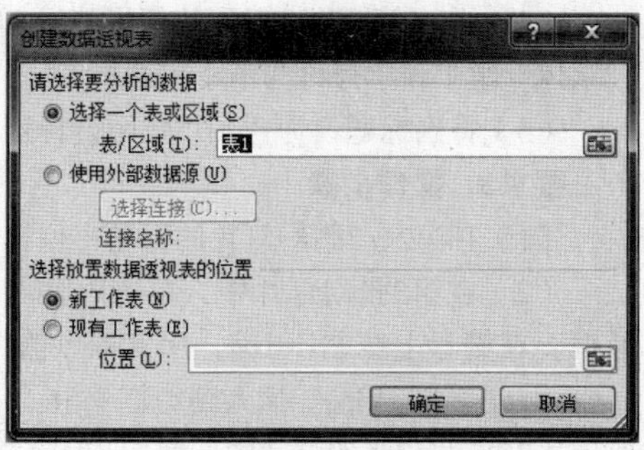

图 5–11　创建数据透视表

（2）双击新建立的放置数据透视表的工作表标签，将其改名为“透视分析”。

（3）根据图片“透视表样例.png”所示，在“选择要添加到报表的字段”列表框中选择“产品类别代码”，拖拽至“行标签”列表框中，然后分别将“一季度销售额”“二季度销售额”“一二季度销售总额”添加至“数值”列表框中。

（4）在工作表中选择“行标签”，命名为“产品类别”，将其他字段分别设置为“第一季度销售额”“第二季度销售额”“两个季度销售总额”。

（5）单击“产品类别”右侧的“自动排序”按钮，在弹出的下拉列表中选择“其他排序选项”，在弹出的对话框中单击“降序排序（Z到A）依据”单选按钮，并在其下方的下拉列表中选择“两个季度销售总额”选项，单击“确定”按钮即可完成操作。

（6）选择B、C、D列，单击“开始”选项卡下“数字”组中的对话框启动器按钮，设置为“数值”、0位小数，并勾选“使用千位分隔符”。

要求7，操作步骤：

（1）在“透视分析”工作表标签上单击鼠标右键，在弹出的快捷菜单中选择“工作表标签颜色”选项，在颜色列表中选择“紫色”。

（2）向右拖动“透视分析”工作表标签，将其移动到“产品销售汇总表”右侧。

最后，按Ctrl+S组合键保存文档，并关闭Excel系统。

四、演示文稿

解析

要求1，操作步骤：

（1）新建一个PowerPoint演示文稿。

（2）单击“开始”选项卡下“幻灯片”选项组中的“新建幻灯片”按钮，使演示文稿包含8张幻灯片。

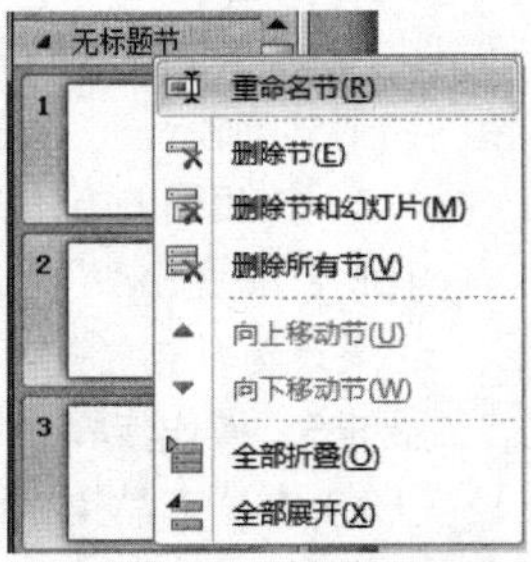

图5-12 重命名节

（3）在左侧“幻灯片窗格”视图中选择第一张幻灯片，单击右键，选择“新增节”。选中节名，单击右键，重命名为“标题”，如图5-12所示。按同样的方法，在第2、第4、第7、第8张幻灯片前新增节，将第2、3张幻灯片定义为一节，取名“第一节”；将第4、5、6张幻灯片定义为一节，取名“第二节”；第7张幻灯片定义为“第三节”；第8张幻灯片定义为一节，取名“致谢”。

（4）在“切换”选项卡下“切换到此幻灯片”选项组中，为每一节的幻灯片设置为同一种切换方式，注意节与节的幻灯片切换方式均不同。

（5）在“设计”选项卡下“主题”选项组中，选择“角度”主题。

（6）将演示文稿保存为“图解2015施政要点.pptx”。

要求2，操作步骤：

（1）选择第1张幻灯片，单击“开始”选项卡“幻灯片”组中的“版式”按钮，在下拉列表中选择“标题幻灯片”。

（2）单击第1张幻灯片的标题占位符，输入文字“图解今年施政要点”，在“开始”选项卡的“字体”组中将字号设为不小于40。

（3）将副标题设为“2015年两会特别策划”，在“字体”选项组中将字号设为20。

要求3，操作步骤：

（1）在第2、3张幻灯片的标题占位符中输入文字“一、经济”。

（2）在第2张幻灯片中，单击内容占位符中“插入来自文件的图片”按钮，弹出“插入图片”对话框，在键盘上按住Ctrl键，用鼠标点选，再单击“插入”按钮，如图5-13所示。将考生文件夹下的“Eco1.jpg ~ Eco3.jpg”插入到幻灯片中。

（3）在第3张幻灯片中，使用步骤（2）的方法将考生文件夹下的“Eco4.jpg ~ Eco6.jpg”插入到幻灯片中。

（4）选择插入的图片，单击“图片工具”|“格式”选项卡“大小”选项组中的对话框启动器按钮，弹出“设置图片格式”对话框，勾选“锁定纵横比”复选框，高度不低于125像素。如图5-14所示。

（5）选中第2张幻灯片中的3幅图片，在“图片工具”|“格式”选项卡下“图片样式”选项组中，选择“剪裁对角线，白色”样式。

（6）选中第3张幻灯片中的3幅图片，在“图片工具”|“格式”选项卡下“图片样式”选项组中，选择“棱台矩形”样式。

图 5-13　选择插入多张图片

（7）选择插入的图片，在“动画”选项卡下“动画”组中，为图片设置一种进入动画效果，在“计时”选项组中为每张图片都设置为“上一动画之后”。

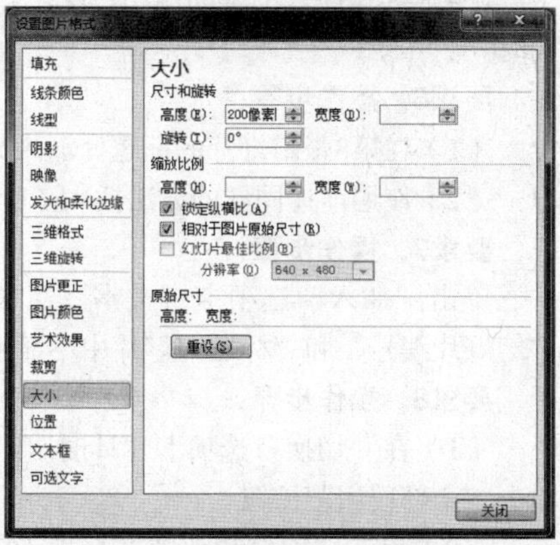

图 5-14　设置图片格式

要求4，操作步骤：

（1）在第4、5、6张幻灯片的标题占位符中输入文字“二、民生”。

（2）按要求3操作步骤（2）中的方法，将考生文件夹下的“Ms1.jpg ~ Ms6.jpg”插入到第4张幻灯片中。

（3）选中插入的图片，单击“图片工具”|“格式”选项卡“大小”选项组中的对话框启动器按钮，弹出“设置图片格式”对话框，高度输入为“100像素”，宽度输入为“150像素”。

（4）选中插入的图片，在“图片工具”|“格式”选项卡下“图片样式”选项组中选择“居中矩形阴影”样式。

（5）选中插入的图片，在“动画”选项卡下“动画”组中，为图片设置一种进入动画效果，在“计时”选项组中为每张图片都设置为“上一动画之后”。

（6）①在第5张幻灯片中，单击内容占位符中的“插入SmartArt图形”按钮，弹出“选择SmartArt图形”对话框，选择“列表”组中的“垂直图片列表”，双击将其插入幻灯片中。如图5-15所示。

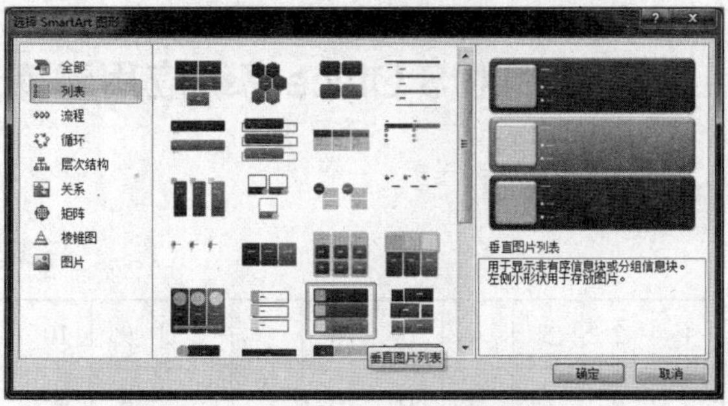

图 5-15　选择 SmartArt 图形

②单击SmartArt最上面一个形状中间的图片占位符按钮，系统弹出“插入图片”对话框，选择考生文件夹下的“Icon1.jpg”作为第一个形状的图标；用相同的方法将“Icon2.jpg”和“Icon3.jpg”作为后两个形状的图标。

③打开考生文件夹下的“文本素材.docx”，按要求将“养老金”“对外开放”和“稳增长”的文本逐个复制到对应的SmartArt形状文本占位符位置，并删除SmartArt形状中多余的“[文本]”占位符。

④选中插入的SmartArt图形，在“动画”选项卡下“动画”组中，为图片设置一个进入动画效果。在“效果选项”中设置为“逐个”，在“计时”选项组中将每张图片都设置为“与上一动画同时”。

（7）按照第（6）步中①的方法在第6张幻灯片中插入“垂直图片列表”SmartArt，单击“SmartArt

工具”|“设计”选项卡“创建图形”组中“添加形状”按钮，使SmartArt的形状增加到4个。

按照第（6）步中②的方法分别将“Icon4.jpg ~ Icon7.jpg”插入到SmartArt各个形状的图标位置。

按照第（6）步中③的方法将“文本素材.docx”中的“民生”的后四项“用电”“医疗卫生”“基础设施建设”和“环境保护”相关内容复制到对应的SmartArt形状文本占位符位置，并删除SmartArt形状中多余的“[文本]”占位符。

按照第（6）步中④的方法为SmartArt设置动画。

要求5，操作步骤：

（1）在第7张幻灯片的标题处输入文字“三、政府工作需要把握的要点”。

（2）单击内容占位符中的“插入SmartArt图形”按钮，弹出“选择SmartArt图形”对话框，选择列表组中的“垂直框列表”。

（3）将“文本素材.docx”中“三、政府工作需要把握的要点”对应的文字内容复制到SmartArt图形中。

（4）选择插入的SmartArt图形，使用同样的方法将进入动画效果设置为“逐个”及“与上一动画同时”。

要求6，操作步骤：

（1）在第8张幻灯片的标题处输入文字“谢谢！”。

（2）使用前述同样的方法插入“End.jpg”图片，并设置为“映像圆角矩形”样式。

要求7，操作步骤：

单击“插入”选项卡“文本”组中的“页眉和页脚”按钮，弹出“页眉和页脚”对话框，勾选“幻灯片编号”和“标题幻灯片中不显示”复选框，单击“全部应用”按钮。

要求8，操作步骤：

（1）在“切换”选项卡“计时”组中勾选“设置自动换片时间”复选框，将时间设置为10秒钟，单击“全部应用”按钮。

（2）单击“幻灯片放映”选项卡“设置”组中的“设置幻灯片放映”按钮，弹出“设置放映方式”对话框，在“放映选项”中勾选“循环放映，按ESC键终止”，单击“确定”按钮。

最后，按Ctrl+S组合键保存制作完毕的演示文稿，并关闭PowerPoint系统。

二级MS Office高级应用题库试卷（2）参考答案及解析

一、选择题

答案表

1	2	3	4	5	6	7	8	9	10	11	12	13	14	15	16	17	18	19	20
C	B	A	D	D	D	C	B	B	A	D	C	B	A	C	D	D	B	A	C

解析

1．解析：算法分析的两个主要方面是时间复杂度和空间复杂度。时间复杂度是指执行算法所需要的计算工作量；而空间复杂度是指执行这个算法所需要的内存空间。二者一般都与计算规模有关。所以，答案为C。

2．解析：有序表可以用顺序存储空间内连续存放的元素序列来实现，也可以用链接存储（或者链式存储）方式存储在不连续的存储空间内，以达到逻辑上连续，存储空间上不一定连续的效果。二分法查找只适用于顺序存储的有序表。因此，答案为B。

3．解析：在线性表的链式存储结构中，各数据结点的存储序号是不连续的，并且各结点在存储空间中的位置关系与逻辑关系也不一致，因此前件结点的存储序号与后件结点的存储序号之间不存在大小关系。所以，答案为A。

4．解析：叶子结点数为126，根据在二叉树中度为0的结点（叶子结点）总比度为2的结点多一个，则度为2的结点数为125，125+126>250，故不存在这样的二叉树。所以，答案为D。

5．解析：应用软件是为解决特定领域的应用而开发的软件，例如，办公软件系统、工程与科学计算软件、实时通信处理软件等软件。编译程序、Android操作系统、汇编程序属于系统软件，即时通讯系统属于应用软件。所以，答案为D。

6．解析：从外面看只能看到对象的外部特性，而对象的内部，即处理能力的实行和内部状态对外是不可见的，指的是对象的封装性。故答案为D。

7．解析：软件需求是指用户对目标软件系统在功能、行为、性能、设计约束等方面的期望。需求分析的任务是发现需求、求精、建模和定义需求。因此，答案为C。

8．解析：系统结构图中的最大扇出数为系统图中某一节点输出的最大节点数，本系统图中显然“模块2”的输出节点最多，分别为“模块1.2”“功能2.1”和“功能2.2”，所以系统结构图的最大扇出数为3。因此，答案为B。

9．解析：数据库管理系统是数据库系统的核心，它位于用户和操作系统之间，从软件分类的角度来说，属于系统软件。所以，答案为B。

10．解析：关系R与S经交运算后所得到的关系是由那些既在R内又在S内的有序组所组成，记为R∩S。本题中，关系T中的行既属于关系R又属于关系S，故为交运算。所以，答案为A。

11．解析：总线（Bus）是计算机各种功能部件之间传送信息的公共通信干线。数据总线用于传送数据信息。数据总线是双向三态形式的总线，即它既可以把CPU的数据传送到存储器或输入输出接口等其他部件，也可以将其他部件的数据传送到CPU。数据总线的位数是微型计算机的一个重要指标，通常与微处理器的字长相一致。故答案为D。

12．解析：bps是传输率的通用单位，为每秒的比特数（Bits Per Second）。而在计算机中计算数据量常用字节（byte），一个字节由8位组成，即8比特。因此，答案为C。

13．解析：计算机病毒可以感染压缩文件，且可以突破防火墙；可以感染Word文档，如将Word文档感染成exe文件等。计算机病毒不都是独立的软件（程序），有的病毒会挂载在其他程序或文件上进行伪装和传播，被挂载的程序或文件称为宿主文件。而加密或者压缩文档同样可能感染病毒。安装了防病毒软件的计算机只能防止已经发现的病毒的侵入，对新病毒则无能为力。所以，答案为B。

14．解析：计算机网络建立的主要目的是实现计算机资源的共享。互联的计算机是分布在不同地理位置的多台独立的自治计算机，它们之间没有明确的主从关系，每台计算机可以联网工作，也可以脱网独立工作。联网计算机可以为本地用户提供服务，也可以为远程网络用户提供服务。所以，答案为A。

15．解析：题目中给出的条件是较长的段落，直接在段落左侧的空白处双击即可选中该段落。因此答案为C。

16．解析：在为文档设置目录时，首先需将文档的各级标题设置样式，Word提供了多种内置样式，方便用户使用。设置样式后，单击“引用”选项卡中“目录”选项组中的“目录”按钮，在弹出的下拉列表中选择“插入目录”命令，在打开的“目录”对话框中设置目录格式，单击“确定”按钮即可插入目录。所以，答案为D。

17．解析：在Excel工作表中，图表既能嵌入在当前工作表中，又能作为新工作表保存。在图表的“设计”选项卡中，通过“移动图表”命令，即可将图表移动到需要的工作表中。所以，答案为D。

18．解析：直接拖动填充柄时，填充复制有如下规律：当首单元格为数字格式时，复制单元格；当首单元格为字符格式时，直接拖动，如果字符中有数字型字符，生成步长为1的等差序列。当首单元格为日期格式时，直接拖动，生成步长为1的等差序列。当首单元格为公式时，直接拖动可自动填充与首单元格相应的公式。所以，答案为B。

19. 解析：幻灯片视图是演示文稿的编辑视图，可以在幻灯片视图中添加和显示备注文字。所以，答案为A。

20. 解析：在已经分节的PowerPoint演示文稿中，只需要单击节标题就可以选中该节内所有幻灯片。选项A和B也可以完成选中某一节内的幻灯片，但是没有选项C快捷；选项D是选中所有的幻灯片。所以，答案为C。

二、字处理

解析

要求1，操作步骤：

（1）打开考生文件夹下的“Word素材1.docx”素材文件。

（2）单击“文件”标签，在文件操作页中单击“另存为”按钮，在“另存为”对话框中将“文件名”设为“结算单模板”，并保存到考生文件夹中。打开考生文件夹下的“结算单样例.jpg”作为参照。

要求2，操作步骤：

（1）单击“页面布局”选项卡下“页面设置”选项组中的对话框启动器按钮，弹出“页面设置”对话框，切换到“纸张”选项卡，将“纸张大小”设置为“A4”。

（2）切换至“页边距”选项卡，在“页边距”组中将“上”“下”“左”“右”都设置为“1厘米”，在“纸张方向”组中单击“横向”按钮，然后，单击“确定”按钮。

（3）将光标置于表格下方的空白回车符前，单击“页面布局”选项卡下“页面设置”选项组中的“分栏”按钮，在弹出的下拉列表中选择“更多分栏”选项，在弹出的对话框中将“栏数”设置为“2”，将“间距”设置为“2字符”，单击“确定”按钮。如图5-16所示。

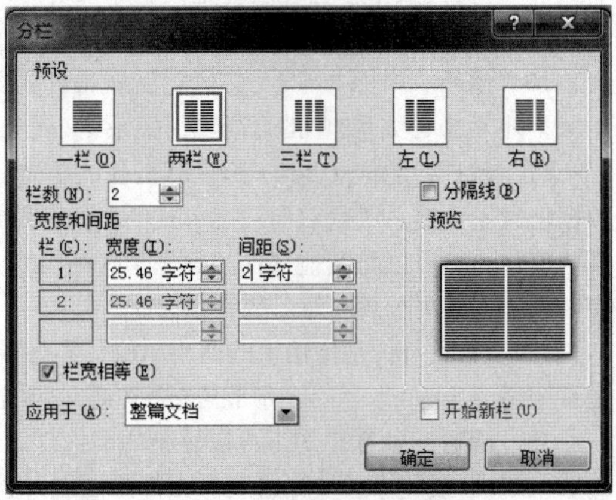

图 5-16 页面分栏设置

（4）确认光标处于表格下方的空白回车符前，选择“页面布局”选项卡，在“页面设置”组中单击“分隔符”按钮，在下拉列表中选择“分栏符”。此时，表格下的文字即被放入了表格右侧栏中。

要求3，操作步骤：

（1）选中表格对象，右击鼠标，在弹出的快捷菜单中选择“表格属性”选项，在弹出的对话框中选择“单元格”选项卡，在“垂直对齐方式”组中单击“居中”按钮；切换到“行”选项卡，将尺寸的“指定高度”调整为0.98厘米，单击“确定”按钮。

（2）选中“经办单位意见”和“财务部门意见”两行，在“表格工具”|“布局”选项卡“单元格大小”组里设置高度不低于2.5厘米。

（3）选中表格第1行和第2行，切换到“表格工具”|“设计”选项卡，单击“表格样式”组中“边框”下拉列表中的“无框线”。

（4）选中表格中除第1、2行以外的所有行，设置“绘图边框”组中的线条大小为0.5磅，选择“边框”下拉列表中的“内部框线”；设置“绘图边框”组中的线条大小为2.25磅，选择“边框”下拉列表中的“外侧框线”。

要求4，操作步骤：

（1）选择表格第1行（“经费联审结算单”文字），单击“开始”选项卡下“段落”组的“居中”按钮，在“字体”组中将字体设置为“华文中宋”，将字号设置为“小二”；将其他单元格中已有文字设置为“仿宋”“小四”、加粗。

（2）将“单位：”设置为“左对齐”，其余含有文字的单元格均为“居中对齐”。

（3）选择表格第2行的最后一个空白单元格，将该单元格的字体设置为“楷体”，将字号设置为“四号”，并右对齐；将其他空白单元格的字体设置为“楷体”，将字号设置为“四号”，并将对齐方式设置为左对齐。

要求5，操作步骤：

（1）选中分栏右侧的文本文字，单击“插入”选项卡下“文本”选项组中的“文本框”按钮，在弹出的下拉列表中选择“绘制文本框”，此时，右栏中的文本被放入了文本框。

（2）选中绘制的文本框，在“文本框工具”|“格式”选项卡下“排列”组中单击“旋转”按钮，在弹出的下拉列表中选择“向左旋转90°”。

要求6，操作步骤：

（1）选择文本框中的第1行文字，在“开始”选项卡下“字体”组中将字体设置为“黑体”，将字号设置为“小三”，分别单击“加粗”与“居中”按钮；将第2行文字的字体设置为“黑体”，将字号设置为“小四”，单击“居中”按钮。

（2）选择除第1、2行外的其他内容，将字体设置为“仿宋”，将字号设置为“小四”，并将对齐设置为“两端对齐”；然后，单击“段落”组中的对话框启动器按钮，在弹出的对话框中的“缩进”选项组中将“特殊格式”设置为“首行缩进”，将“磅值”设置为“2字符”，单击“确定”按钮。

要求7，操作步骤：

（1）在“科研经费报账基本流程”下面另起一行，单击“插入”选项卡下“插图”选项组中的“SmartArt”按钮，在弹出的对话框中选择“流程”下的“垂直流程”选项，单击“确定”按钮。

（2）在“SmartArt工具”|“设计”选项卡下的“SmartArt样式”组中单击“更改颜色”按钮，在弹出的下拉列表中选择“强调文字颜色1”中的一个，样式设置为“简单填充”。

（3）在SmartArt图形中添加一个图形，将下方的文字输入，适当调整SmartArt图形的大小。

要求8，操作步骤：

（1）在“邮件”选项卡下的“开始邮件合并”组中单击“开始邮件合并”下拉按钮，在展开列表中选择“邮件合并分步向导”命令，启动“邮件合并”任务窗格。

（2）邮件合并向导第1步：在“邮件合并”任务窗格“选择文档类型”中保持默认选择“信函”，单击“下一步：正在启动文档”超链接。

（3）邮件合并向导第2步：在“邮件合并”任务窗格“选择开始文档”中保持默认选择“使用当前文档”，单击“下一步：选取收件人”超链接。

（4）邮件合并向导第3步：在“邮件合并”任务窗格“选择收件人”中保持默认选择“使用现有列表”，单击“浏览”超链接。启动“选取数据源”对话框，在考生文件夹下选择文档“Word素材2.xlsx”，单击“打开”按钮。此时会弹出“选择表格”对话框，单击“确定”按钮。

启动“邮件合并收件人”对话框，保持默认设置（勾选所有收件人），单击“确定”按钮。如图5-17所示。

返回到“邮件合并导航窗格”，单击“下一步：撰写信函”超链接。

（5）邮件合并向导第4步：将光标置于“单位：”右侧的单元格中，在“邮件合并”任务窗格中单击“其他项目”超链接，打开“插入合并域”对话框，双击其中的“单位”域（或者选中，单击“插入”按钮），文档中的相应位置就会出现已插入的“<<单位>>”域标记，单击“关闭”按钮。如图5-18所示。

（6）对表格中的“预算科目”“经办人”“预算科目”“项目代码”“单据张数”“开支内容”“金额（小写）”和“金额（大写）”按第（5）步中的方法插入合并域。

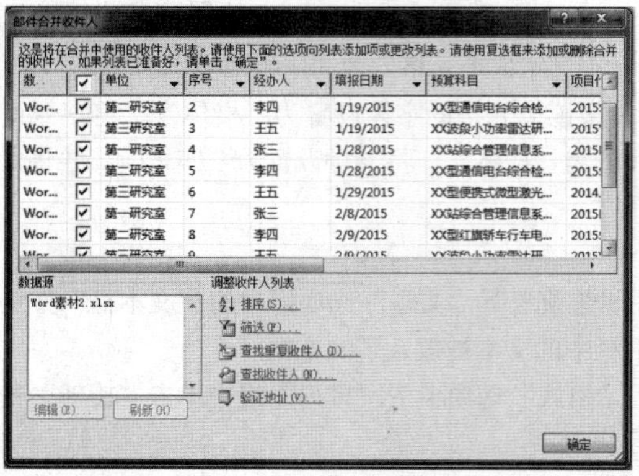

图 5-17 邮件合并收件人选择图

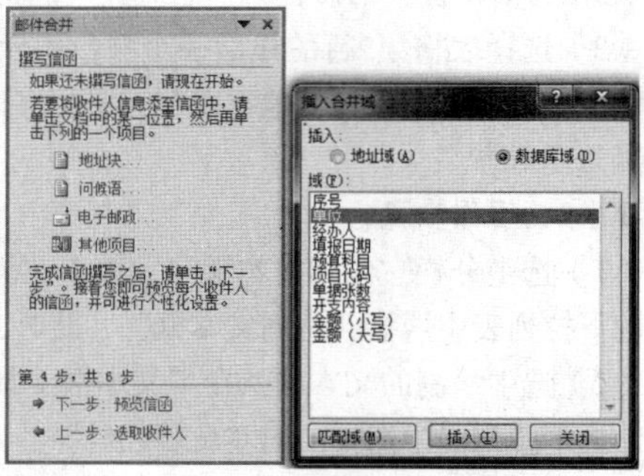

图 5-18　邮件合并插入合并域

（7）将光标置于“经办单位意见”右侧的单元格中，在“邮件”选项卡“编写和插入域”组中单击“规则”按钮，按照题意在下拉列表中选择“如果…那么…否则…”，弹出“插入Word域：IF”对话框，按题目要求［对于结算金额为5000（含）以下的单据，“经办单位意见”栏填写“同意，送财务审核。”；否则填写“情况属实，拟同意，请所领导审批。”］设置，单击“确定”按钮。如图5-19所示。

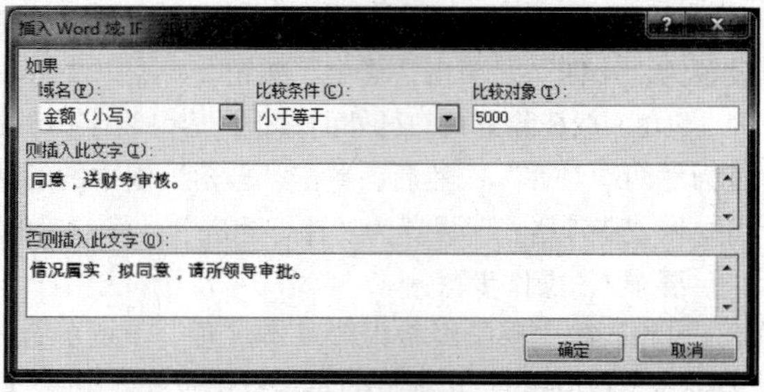

图 5-19　邮件合并插入 IF 规则域

再次单击“规则”按钮，在下拉列表中按照题意选择“跳过记录条件”，弹出“插入Word域：Skip Record If”对话框，按照题目要求，设置“域名”为“结算金额”，“比较条件”为“小于等于”，比较对象为“500”，单击“确定”按钮。再删除文档中的“跳过记录条件”域。

然后，在“邮件合并”导航窗格单击“下一步：预览信函”超链接。

（8）邮件合并分步向导第5步：在“预览信函”选项区域中，通过单击“<<”或“>>”按钮可查看具有不同信息的信函。单击“下一步：完成合并”超链接。

（9）邮件合并分步向导第6步：单击“编辑单个信函”选项，启动“合并到新文档”对话框。在“合并到新文档”对话框中选择“全部”单选按钮，然后单击“确定”按钮，系统即会生成新文档“信函1”。

（10）在生成的新文档“信函1”中，单击“文件”标签，在文件操作页面单击“另存为”按钮，并将其命名为“批量结算单”保存到考生文件夹下。

最后，在编辑的模板文档中按Ctrl+S组合键保存文档，并关闭Word系统。

三、电子表格

解析

要求1，操作步骤：

（1）打开考生文件夹下的“素材.xlsx”文件。

（2）单击“文件”标签，在文件操作页面下单击“另存为”按钮，弹出“另存为”对话框，在该对话框中将“文件名”设为“滨海市2015年春高二物理统考情况分析”，将文件保存到考生文件夹中。

要求2，操作步骤：

（1）切换至“按班级汇总”工作表中，选择C2单元格，在该单元格中输入“=COUNTIFS(成绩单!$A$2:$A$950,按班级汇总!$A2,成绩单!$B$2:$B$950,按班级汇总!$B2)”公式，按Enter键完成输入，双击右下角的填充柄填充数据。

提示：录入各参数时可以用鼠标指针在工作表中拖拉或点选。下同。

说明：COUNTIFS(criteria_range1，criteria1，[criteria_range2，criteria2]…)为多条件计数函数。

此函数的主要功能：统计满足某个条件的单元格的数量。参数含义如下。

criteria_range1：第1组条件中指定计数的区域，为必需的参数。

criteria1：第1组条件中指定的条件，条件的形式可以为数字、表达式、单元格地址或文本，为必需的参数。

criteria_range2，criteria2：第2组参数，分别对应区域与条件，还可以有其他多组条件，为可选参数。

本题中公式用于统计同时满足以下条件的单元格的个数："成绩单"工作表A2:A950区域中，等于"按班级汇总"工作表A2单元格内容（即滨海市第一中学），并且"成绩单"工作表B2:B950区域中，等于"按班级汇总"工作表B2单元格内容（即1班）。

（2）在工作表中选择D2单元格，在该单元格中输入公式"=MAX((A2=成绩单!A2:A950)*(B2=成绩单!B2:B950)*成绩单!D2:D950)"，按Ctrl+Shift+Enter组合键完成输入。

说明：MAX(number1,[number2],…)，返回一组值或指定区域中的最大值。

参数说明：参数至少有1个，且必须是数值，最多可以有255个。

本题中：语句(A2=成绩单!A2:A950)，返回值为逻辑值(TRUE或FALSE)，是在"成绩单"工作表中匹配到A2中的学校；语句(B2=成绩单!B2:B950)是在"成绩单"工作表中匹配到B2中的班级，返回值也为逻辑值(TRUE或FALSE)；将两个表达式进行乘运算时，逻辑值TRUE转换为1，逻辑值FALSE转换为0参加运算。

也就是说，同时满足两个条件时，MAX中的求值区域才为非0数，最终形成的表达式只有是MAX(1*1*成绩单!D2:D950)，才会统计这个区域的最大值。

提示：当编辑完第一个公式后，必须同时按下Ctrl+Shift+Enter组合键，才会被Excel识别为"数组公式"（公式两端自动出现一对大括号），才能显示出统计结果。

然后，用填充柄进行公式填充，找到各学校各班的最高分。

（3）选择E2单元格，在该单元格中输入公式"=MIN(IF((按班级汇总!$A2=成绩单!$A$2:$A$950)*(按班级汇总!$B2=成绩单!$B$2:$B$950),成绩单!$D$2:$D$950))"，按Ctrl+Shift+Enter组合键完成输入，同样将公式转为了"数组公式"。

说明：①MIN(number1,[number2],…)为求最小值函数，返回一组值或指定区域中的最小值。

参数说明：参数至少有1个，且必须是数值，最多可以有255个。本题使用的是MIN函数的一个特殊用法，即第一个参数为真时，在第二个参数的区域中找出最小值。

②IF(logical_test,[value_if_true],[value_if_false])为逻辑判断函数，如果指定条件的计算结果为TRUE，IF函数将返回某个值；如果该条件的计算结果为FALSE，则返回另一个值。

参数说明：

logical_test：作为判断条件的任意值或表达式，必需的参数。

value_if_true：logical_test参数的计算结果为TRUE时所要返回的值，可选的参数。

value_if_false：logical_test参数的计算结果为FALSE时所要返回的值，可选的参数。

本题中：语句(按班级汇总!$A2 =成绩单!$A$2:$A$950)返回值为逻辑值(TRUE或FALSE)，语句(按班级汇总!$B2 =成绩单!$B$2:$B$950)也返回逻辑值(TRUE或FALSE)，将两个语句进行乘运算时，逻辑值TRUE转换为1，逻辑值FALSE转换为0参加运算。显然，只有同时满足两个条件时，IF函数中的条件表达式为TRUE，才能返回表达式"成绩单!$D$2:$D$950"，此时使用MIN函数统计指定区域中的最小值。

（4）选择F2单元格，在该单元格中输入公式"=AVERAGEIFS(成绩单!$D$2:$D$950,成绩单!$A$2:$A$950,按班级汇总!$A2,成绩单!$B$2:$B$950,按班级汇总!$B2)”，按Enter键完成输入。

说明：AVERAGEIFS(average_range,criteria_range1,criteria1,[criteria_range2, criteria2],…)为多条件平均值函数，即对指定区域中满足多个条件的所有单元格中的数值求算术平均值。

参数说明：

average_range：计算平均值的实际单元格区域，必需的参数。

criteria_range1，criteria_range2，…：在其中计算关联条件的区域，每个criteria_range的大小和形状必须与average_range相同。

criteria1，criteria2，…：求平均值的条件。

本题中的公式表示对“成绩单”工作表D2:D950区域中符合以下条件的单元格的数值求平均值：“成绩单”工作表A2:A950区域中，等于“按班级汇总”工作表A列中相应单元格内容（即各个学校），并且“成绩单”工作表B2:B950区域中，等于“按班级汇总”工作表B列中相应单元格内容（即各个班级）。

（5）选择G2单元格，在该单元格中输入公式“=SUM(小分统计!$C2:$AP2)”，按Enter键完成输入，双击右下角的填充柄填充数据。

（6）选择H2单元格，在该单元格中输入公式“=SUM(小分统计!$AQ2:$AZ2)”，按Enter键完成输入，双击右下角的填充柄填充数据。

（7）选择C、D、E列，单击鼠标右键，在弹出的快捷菜单中选择“设置单元格格式”选项，在弹出的对话框中选择“分类”列表中的“数值”选项，将“小数位数”设置为0，然后，单击“确定”按钮即可。按同样的方式，将F、G、H列的“小数位数”设置为2。

（8）切换至“按学校汇总”工作表中，选择B2单元格，在该单元格中输入公式“=COUNTIF(成绩单!$A$2:$A$950,按学校汇总!$A2)”，按Enter键完成输入，双击右下角的填充柄填充数据。

说明：COUNTIF(range,criteria)为条件计数函数，统计指定区域中满足单个指定条件的单元格的个数。

参数说明：

range：计数的单元格区域，必需的参数。

criteria：计数的条件，条件的形式可以为数字、表达式、单元格地址或文本，必需的参数。

本题中公式表示“成绩单”工作表A2:A950区域中，等于A2单元格内容（即滨海市第一中学）的单元格的个数。

（9）选择C2单元格，在该单元格中输入“=MAX((成绩单!$A$2:$A$950=按学校汇总!$A2)*成绩单!$D$2:$D$950)”，按Ctrl+Shift+Enter组合键完成输入，双击右下角的填充柄填充数据。

在D2单元格中输入“=MIN(IF(成绩单!$A$2:$A$950=按学校汇总!$A2,成绩单!$D$2:$D$950))”，按Ctrl+Shift+Enter组合键完成输入，双击右下角的填充柄填充数据。

在E2单元格中输入“=AVERAGEIFS(成绩单!$D$2:$D$950,成绩单!$A$2:$A$950,按学校汇总!$A2)”，按Enter键完成输入，双击右下角的填充柄填充数据。

（10）在F2单元格中输入“=SUM((按班级汇总!$A$2:$A$33=按学校汇总!$A2)*(按班级汇总!$C$2:$C$33)*(按班级汇总!$G$2:$G$33))/$B2”，按Ctrl+Shift+Enter组合键完成输入，双击右下角的填充柄填充数据。

说明：表达式(按班级汇总!$A$2:$A$33=按学校汇总!$A2)返回的值为逻辑值(TRUE和FALSE)，参加运算时，TRUE转换为1，FALSE转换为0，即统计指定学校的学生，使用SUM函数将数组(按班级汇总!$C$2:$C$33)与数组(按班级汇总!$G$2:$G$33)对应位置的数据进行乘运算，然后求出乘积的和，最后将得到的总成绩与学生人数相除，求得平均分。下同。

在G2单元格中输入“=SUM((按班级汇总!$A$2:$A$33=按学校汇总!$A2)*(按班级汇总!$C$2:$C$33)*(按班级汇总!$H$2:$H$33))/$B2”，按Ctrl+Shift+Enter组合键完成输入，双击右下角的填充柄填充数据。

（11）在H2单元格中输入“=SUM((小分统计!$A$2:$A$33=$A2)*小分统计!C$2:C$33*按班级汇总!$C$2:$C$33)/$B2/分值表!B$3”，按Ctrl+Shift+Enter组合键完成输入，拖动填充柄，横向填充到BE2单元格，紧接着从BE2单元格拖动填充柄，纵向填充到BE5单元格。

（12）选择B、C、D列，单击鼠标右键，在弹出的快捷菜单中选择“设置单元格格式”选项，在弹出的对话框中选择“分类”列表中的“数值”选项，将“小数位数”设置为0，然后单击“确定”按钮。按同样的方式，将E、F、G列的“小数位数”设置为2。

（13）选择H列到BE列，单击鼠标右键，在弹出的快捷菜单中选择“设置单元格格式”选项，在弹出的对话框中选择“分类”列表中的“百分比”选项，将“小数位数”设置为2，然后单击“确定”按钮。

要求3，操作步骤：

（1）在工作表标签的右侧单击“插入工作表”按钮，新建一个工作表。

（2）在新建的工作表标签上单击鼠标右键，在弹出的快捷菜单中选择“重命名”选项，将其命名为“按学校汇总2”。

（3）选择“按学校汇总”工作表中单元格A1:BE5，单击“开始”选项卡“剪贴板”组中的“复制”按钮。切换到“按学校汇总2”工作表，选择A1单元格，单击“粘贴”按钮下的“选择性粘贴”命令，在弹出的“选择性粘贴”对话框中，选择“粘贴”组中的“数值”选项，并勾选下方的“转置”复选框，单击“确定”按钮。如图5–20所示。

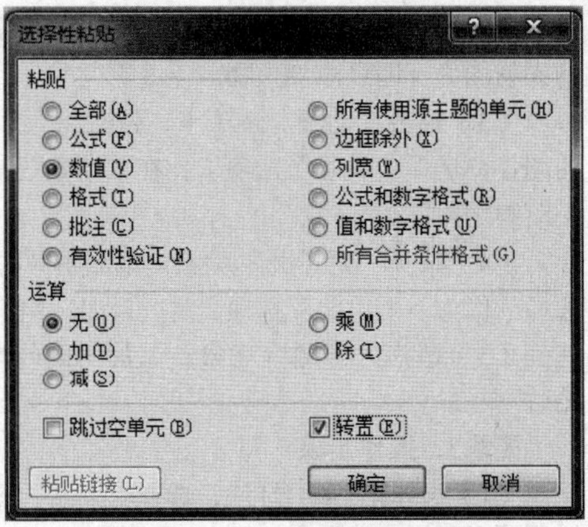

图 5–20　选择性粘贴对话框

要求4，操作步骤：

（1）选择“按学校汇总2”工作表的A1:E57单元格区域，在“开始”选项卡下“样式”选项组中单击“套用表格样式”按钮，在弹出的下拉列表中选择“表样式中等深浅12”选项。

（2）选择A8:E57单元格区域，在“样式”选项组中单击“条件格式”按钮，在弹出的下拉列表中选择“突出显示单元格规则”|“小于”选项，在弹出的对话框的左侧文本框中输入“80%”，将“设置为”选择为“浅红填充色深红色文本”，单击“确定”按钮。

（3）继续选择A8:E57单元格区域，在“样式”选项组中单击“条件格式”按钮，在弹出的下拉列表中选择“突出显示单元格规则”|“介于”选项，在弹出的对话框的左侧文本框中分别输入“80%”“90%”，将“设置为”选择为“黄填充色深黄色文本”，单击“确定”按钮。

最后，按Ctrl+S组合键保存文件，并关闭Excel系统。

四、演示文稿

解析

要求1，操作步骤：

（1）打开Word文档“PPT_素材.docx”文件。①在Word中选中任意一行红色的标题文字，单击“开始”选项卡“编辑”组中的“选择”按钮，选择“选定所有格式类似的文本（无数据）”，然后在“样式”下拉列表中将这些标题文本定义为“标题”样式；②再选中任意绿色的文字，同样通过“选定所有格式类似的文本”功能选中其他所有绿色的文字，然后通过“样式”下拉列表将这些标题文本定义为“副标题”样式；③再选中任意蓝色的文字，同样通过“选定所有格式类似的文本”功能选中其他所有蓝色的文字，然后通过“样式”下拉列表将这些标题文本定义为“标题3”样式。将“PPT_素材.docx”另存为“PPT_大纲.docx”，最后关闭Word系统。

（2）启动PowerPoint演示文稿，新建一个演示文稿。单击快速访问工具栏中的“保存”按钮，系统弹出“另存为”对话框，在该对话框中将“文件名”设为“PPT.pptx”，将其保存到考生文件夹中。

（3）删除新建演示文稿唯一的一张幻灯片，然后，单击“开始”选项卡下“新建幻灯片”下拉按钮，在下拉列表中选择“幻灯片（从大纲）”功能，系统弹出“插入大纲”对话框，在窗格中找到步骤（1）中另存的“PPT_大纲.docx”，单击“打开”，则PowerPoint根据大纲导入了“PPT_素材.docx”中的文字，且将红色文字作为标题、绿色文字作为一级文本、蓝色文字作为二级文本。

要求2，操作步骤：

（1）选中第1张幻灯片，选择“开始”选项卡，单击“幻灯片”组中的“版式”按钮，在弹出的下拉菜单中选择“标题幻灯片”。

（2）选择“插入”选项卡，在“图像”组中单击“剪贴画”按钮，任意添加一幅剪贴画，将其放置于该幻灯片的右下角。例如：在“搜索文字”文本框中输入“人物”，按回车键进行搜索，选择需要的人物图像，即可添加人物。

（3）单击“动画”选项卡，依次为新插入的图片、副标题和标题设置不同的动画效果。选择插入的图片，选择“动画”选项卡，在“动画”组中设置动画效果，将“计时”组中的“开始”设置为“上一动画之后”。

（4）选择“副标题”对象，添加不同的动画效果，单击“效果选项”按钮，在弹出的快捷菜单中选择“作为一个对象”选项，将“计时”组中的“开始”设置为“上一动画之后”。

（5）选择“标题”对象，添加不同的动画效果，将“计时”组中的“开始”设置为“上一动画之后”。

要求3，操作步骤：

（1）选择第3张幻灯片，选择“开始”选项卡，单击“幻灯片”组中的“版式”按钮，在弹出的下拉菜单中选择“两栏内容”版式。

（2）打开考生文件夹下的Excel文档“业务报告签发稿纸.xlsx”，选择“B1:E19”单元格，按Ctrl+C组合键，对其进行复制。

（3）返回至PPT文档，在“开始”选项卡“剪贴板”组中，单击“粘贴”下拉按钮，在弹出的快捷菜单中选择“选择性粘贴”选项，此时弹出“选择性粘贴”对话框，勾选“粘贴链接”选项，单击“确定”按钮，即可插入模板表格；此时，如果Excel文档更改内容，该表格也会随Excel文档的改变而自动变化。如图5-21所示。

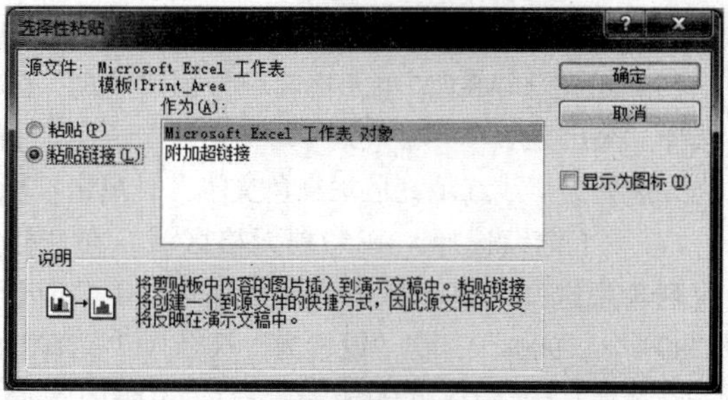

图 5-21　选择性粘贴插入Excel工作表对象

（4）将后面多余的文本框删除，适当调整表格的大小和位置。

要求4，操作步骤：

（1）再次打开Word文档“PPT_素材.docx”，将其中黄色背景的绿色文字全部复制到第4张幻灯片的内容文本框中，取代原来的“业务部门”和“档案管理部门”文字；然后，单击“大纲”窗格标签，在大纲状态下选中最低一层缩进的内容，单击鼠标右键，在右键菜单中选择“降级”，再选中所有“业务部门”和“档案管理部门”下一级的文字，将它们降级，这样内容文本框就形成了三级文字的格局。选中内容文本框，单击“开始”选项卡下“段落”组中“转换为SmartArt”按钮，在下拉窗中选择“其他SmartArt图形”，系统弹出“选择SmartArt图形”对话框，在下方选择“分阶段流程”选项。单击“确定”按钮，即可将文本框中的三层文字转换为SmartArt图形。如图5-22所示。

（2）选择SmartArt图形，在“SmartArt工具”选项卡“设计”组中的“SmartArt样式”中选择“三维-优雅”，单击“更改颜色”按钮，在弹出的下拉列表中选择“彩色-强调文字颜色”。

（3）选择第4张幻灯片的标题，选择“动画”选项卡，添加动画效果，将“计时”组中的“开始”设置为“上一动画之后”。

（4）选择SmartArt图形，为其添加动画效果，单击“效果选项”按钮，在弹出的下拉列表中选择“逐个级别”选项，将“开始”设置为“上一动画之后”，单击“动画窗格”按钮，打开“动画窗格”任务窗格，选中SmartArt图形，单击右侧的下拉按钮，在弹出的下拉列表中选择“效果选项”按钮。

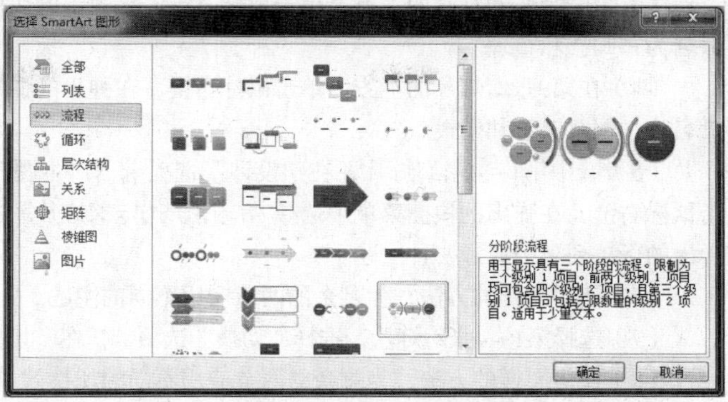

图 5-22　将文本框内容转换为SmartArt图形

（5）在弹出的对话框中，将“增强”下方的“声音”设置为“风铃”，单击“确定”按钮。

（6）选择SmartArt图形中“建立业务档案”下的文字“案卷封面、备考表”，单击鼠标右键，在弹出的快捷菜单中选择“超链接”选项，弹出“插入超链接”对话框，选择考生文件夹下的Word文档“封面备考表模板.docx”，单击“确定”按钮。

要求5，操作步骤：

（1）选择标题为“七、业务档案的保管”的幻灯片，在幻灯片窗格中复制两份，然后，修改每一个副本的内容，其中“（一）~（三）”为1张，（四）及下属内容为1张，（五）及下属内容为1张，标题均为“七、业务档案的保管”。

（2）为“（四）业务档案保管的基本方法和要求”所在的幻灯片添加备注“业务档案保管需要做好的八防工作：防火、防水、防潮、防霉、防虫、防光、防尘、防盗”。

要求6，操作步骤：

（1）单击“视图”选项卡“母版视图”组中的“幻灯片母版”按钮，打开幻灯片母版视图，在幻灯片母版视图中选择第1张幻灯片，然后单击“插入”选项卡“图像”组中的“图片”按钮，选择标志图片Logo1.png，单击“插入”按钮，将其放置于幻灯片的左上角，并在插入的图片上单击鼠标右键，在弹出的快捷菜单中选择“置于底层”按钮。

（2）单击“幻灯片母版”选项卡，单击“关闭母版视图”按钮关闭幻灯片母版。可以看到，Logo图片出现在了每一张幻灯片的左上角。

（3）单击“插入”选项卡“文本”组“日期和时间”按钮，弹出“页眉和页脚”对话框，勾选“日期和时间”“幻灯片编号”“标题幻灯片中不显示”复选框，并将“日期和时间”设置为自动更新，单击“全部应用”按钮。如图5-23所示。

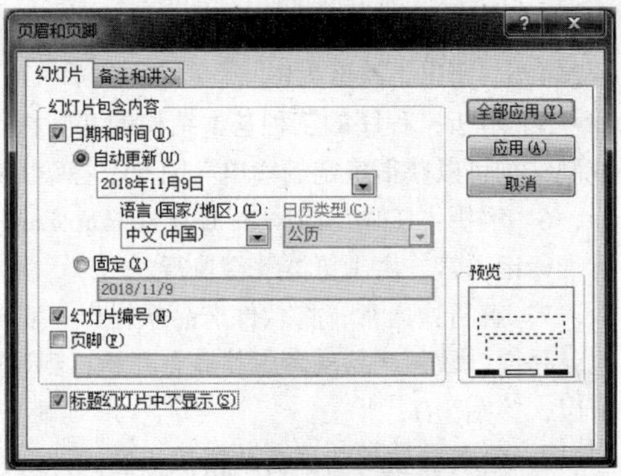

图 5-23　幻灯片页眉和页脚设置

要求7，操作步骤：

（1）在幻灯片窗格中选择第1张幻灯片，在上方单击鼠标右键，在弹出的快捷菜单中选择“新增节”。

（2）在新添加的“无标题节”处单击鼠标右键，在弹出的快捷菜单中选择“重命名节”功能，将“节名称”设置为“档案管理概述”，单击“重命名”按钮，即完成了第一节的定义。

（3）在第5张幻灯片的上方，单击鼠标右键，在弹出的快捷菜单中选择“新增节”选项，将其重新命名为“归档和整理”。

（4）在第9张幻灯片的上方，单击鼠标右键，在弹出的快捷菜单中选择“新增节”选项，将其重新命名为“档案保管和销毁”。

（5）选中第1～4张幻灯片，在“设计”选项卡下“主题”组中选择需要应用的主题，在其上方单击鼠标右键，在弹出的快捷菜单中选择“应用于选定幻灯片”选项，单击“主题”|“颜色”按钮，在弹出的下拉列表中选择一种主题。

（6）使用同样的方法，为剩余的两节应用不同的主题。

（7）选择第1～4张幻灯片，选择“切换”选项卡，在“切换到此幻灯片”组中为其添加切换效果。

（8）使用同样的方法，为剩余的两节应用不同的切换效果。

最后，按Ctrl+S组合键保存演示文稿，并关闭PowerPoint系统。

二级MS Office高级应用题库试卷（3）参考答案及解析

一、选择题

答案表

1	2	3	4	5	6	7	8	9	10	11	12	13	14	15	16	17	18	19	20
A	C	B	B	B	D	D	C	C	D	A	B	A	B	A	D	B	A	D	C

解析

1．解析：计算机算法必须具备输入、输出、可行性、确定性和有穷性等五个特性。所以，答案为A。

2．解析：front=30，rear=10，front>rear，则队列中有10-30+m=m-20个元素，在作顺序查找时，最坏情况下（最后一个元素才是要找的元素或没有要查找的元素）比较次数为m-20次。所以，答案为C。

3．解析：从前序序列可知，A为二叉树的根结点，因此，后序序列必以A结尾。因此，答案为B。

4．解析：对长度为n的线性表排序，在最坏情况下，冒泡排序需要经过n/2遍的从前往后的扫描和n/2遍的从后往前的扫描，需要比较的次数为n(n-1)/2。本题中n=32，故比较次数为32×（32-1）÷2=496。所以，答案为B。

5．解析：程序的三种基本结构的共同特点是只有一个入口和一个出口，即在确定的输入条件下，控制结构可以获得确定的输出。因此，答案为B。

6．解析：HTML是Hyper Text Markup Language（超文本标记语言）的缩写，是一种用于创建网页的标准标记语言，由浏览器解释执行。所以，答案为D。

7．解析：通常，将软件产品从提出、实现、使用维护到停止使用退役的过程称为软件生命周期。也就是说，软件产品从考虑其概念开始，到该软件产品不能使用为止的整个时期都属于软件生命周期。所以，答案为D。

8．解析：软件测试需严格执行测试计划，排查随意性，且需要正确执行测试用例。软件调试的目的是改正软件错误。软件测试需要考虑测试成本。故答案为C。

9．解析：数据定义语言（DDL）负责数据的模式定义与数据的物理存取构建；数据操纵语言（DML）负责数据的操纵，如查询与增、删、改等；数据控制语言（DCL）负责数据完整性、安全性的定义与检查以及并发控制、故障恢复等。故答案为C。

10．解析：图中T将关系R和S基于共有的属性B拼接成一个更宽的关系模式T，生成的新关系中包含满足联接条件的元组。所以，答案为D。

11．解析：冯·诺依曼体系结构决定了计算机由输入、存储、运算、控制和输出五个部分组成。所以，答案为A。

12．解析：四位二进制对应一位十六进制，A表示10，对应的二进制为1010，E表示14，对应的二进制为1110。因此，答案为B。

13．解析：网络只是计算机病毒传播的途径之一，除了网络传播，计算机病毒还可能通过其他移动介质传播，因此，不必因为有计算机病毒而不使用网络。所以，答案为A。

14．解析：随着微型计算机的广泛应用，大量的微型计算机通过局域网联入广域网，局域网与广域网、广域网与广域网的互联是通过路由器实现的。所以，答案为B。

15．解析：用户可以通过页面颜色设置，为背景应用渐变、图案、图片、纯色或纹理等填充效果。为Word文档添加页面图片背景的具体操作步骤为：在"页面布局"选项卡的"页面背景"选项组中单击"页面颜色"按钮，在弹出的下拉列表中选择"填充效果"命令，在打开的"填充效果"对话框中选择"图片"选项卡，然后选择需要设置为背景的图片，单击"确定"按钮。所以，答案为A。

16．解析：在Word的编辑状态下，选择了整个表格，在键盘上按Delete键，会删除表格中的文字。按BackSpace键，则整个表格被删除。所以，答案为D。

17．解析：在同一个工作簿中，编写函数时如果需要区分不同工作表的引用，必须在公式中引用地址前面增加工作表的名称，然后以半角叹号（!）分隔单元格地址。所以，答案为B。

18．解析：ROUND函数的格式为：ROUND(number,num_digits)，将指定数值number按指定的位数num_digits进行四舍五入。如果希望始终进行向上舍入，可使用ROUNDUP函数；如果希望始终进行向下舍入，则应使用ROUNDDOWN函数。INT函数只能向下取整。因此，答案为A。

19．解析：幻灯片母版用于设置演示文稿中的共有元素，因此，要某种共有元素在每张幻灯片中得以反映，最佳方法是在幻灯片母版中设置。所以，答案为D。

20．解析：幻灯片母版也可以分节管理，因此，在幻灯片母版中插入图片，并不一定所有幻灯片都会出现此图片。所以，答案为C。

二、字处理

解析

要求1，操作步骤：

（1）启动考生文件夹下的"WORD.docx"文件。

（2）单击"页面布局"选项卡下"页面设置"组中的对话框启动器按钮，弹出"页面设置"对话框。切换至"纸张"选项卡，在"宽度"微调框中设置为"16厘米"，在"高度"微调框中设置为"20厘米"。

（3）切换至"页边距"选项卡，在"上"微调框和"下"微调框中都设置为"5厘米"，在"左"微调框和"右"微调框中都设置为"3厘米"。然后，单击"确定"按钮。如图5-24所示。

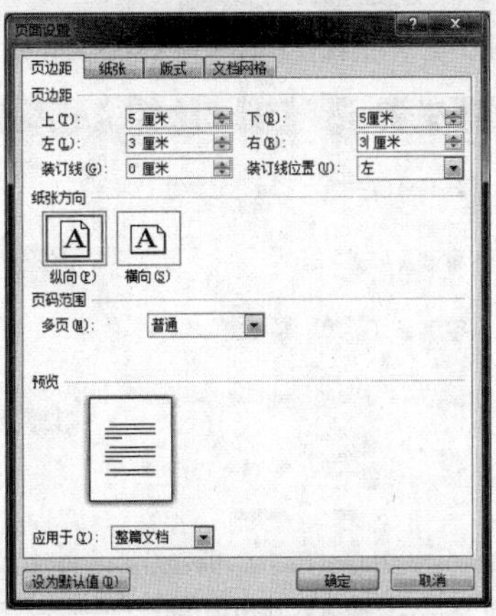

图 5-24　页面设置——页边距

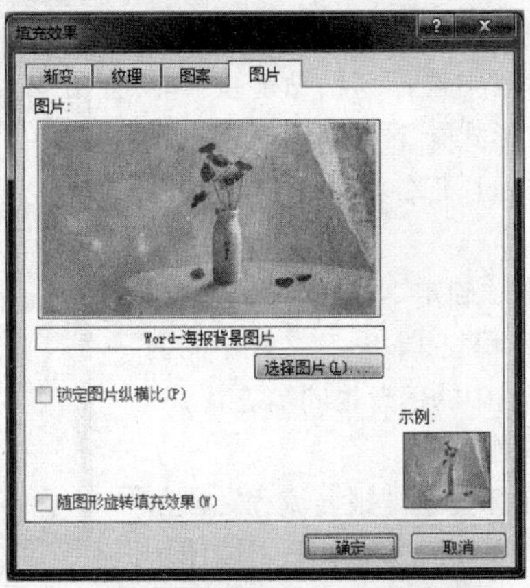

图 5-25　页面背景——填充图片

（4）单击“页面布局”选项卡下“页面背景”组中的“页面颜色”下拉按钮，在弹出的下拉列表中选择“填充效果”命令，弹出“填充效果”对话框。在对话框中切换至“图片”选项卡，单击“选择图片”按钮。从考生文件夹下选择“Word-海报背景图片.jpg”，单击“插入”按钮。返回到“填充效果”对话框，单击“确定”按钮即可完成设置。如图5-25所示。

要求2，操作步骤：

（1）选中标题部分，单击“开始”选项卡下“字体”组中的对话框启动器按钮，在弹出的“字体”对话框中，根据“WORD-海报参考样式.docx”文件，设置合适的字体、字号和颜色。

（2）按同样方式设置正文部分的字体、字号和颜色。

要求3，操作步骤：

选中“报告题目”“报告人”“报告日期”“报告时间”“报告地点”等信息，单击“开始”选项卡下“段落”组中的对话框启动器按钮，弹出“段落”对话框。在“缩进和间距”选项卡下的“间距”选项中，单击“行距”下拉列表，选择合适的行距，在“段前”和“段后”微调框中都选择合适的间距。单击“确定”按钮后即可完成设置。

要求4，操作步骤：

在“报告人：”位置后面输入报告人姓名“郭云”。

要求5，操作步骤：

（1）将鼠标置于“主办：校学工处”位置后面，单击“页面布局”选项卡下“页面设置”组中的“分隔符”下拉按钮，选择“分节符-下一页”命令，即可插入一个分节符并另起一页。

（2）选择第2页，单击“页面布局”选项卡“页面设置”组中的对话框启动器按钮，弹出“页面设置”对话框。切换至“纸张”选项卡，选择“纸张大小”中的“A4”选项。

（3）切换至“页边距”选项卡，选择“纸张方向”中的“横向”选项，单击“确定”按钮。

（4）单击“页面布局”选项卡“页面设置”组中的“页边距”下拉按钮，在弹出的下拉列表中选择“普通”选项。

要求6，操作步骤：

（1）打开“Word-活动日程安排.xlsx”，选中表格中的所有内容，按Ctrl+C组合键，复制所选内容。

（2）切换到WORD.docx文件中，将光标置于“日程安排：”段落下面，单击“开始”选项卡下“剪贴板”组中的“粘贴”按钮，在弹出的下拉列表中单击“选择性粘贴”，在弹出的“选择性粘贴”对话框中选择“粘贴链接”单选按钮，在“形式”下拉列表框中选择“Microsoft Excel 工作表 对象”。如图5-26所示。

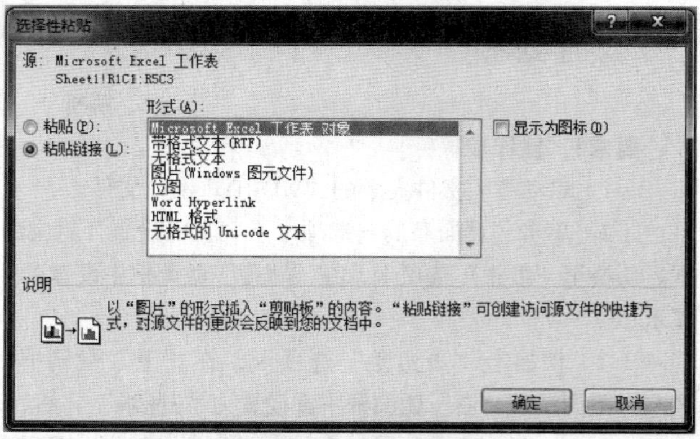

图 5-26 选择性粘贴——Excel工作表对象

（3）单击“确定”按钮后，若更改“Word-活动日程安排.xlsx”文件中的内容，则Word文档中的信息也同步更新。

要求7，操作步骤：

（1）将光标置于“报名流程”段落下面，单击“插入”选项卡下“插图”

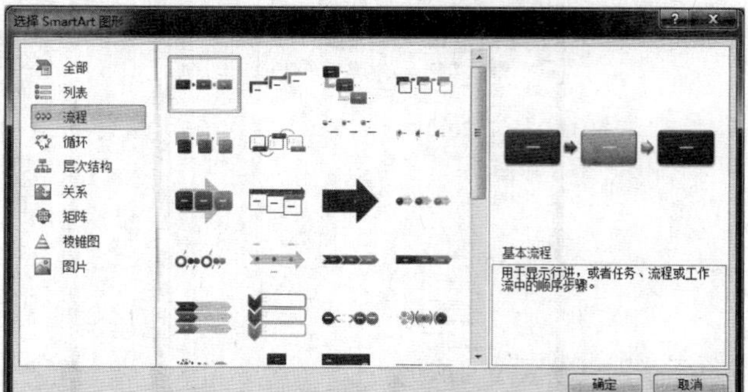

图 5-27 插入SmartArt图形——基本流程

组中的“SmartArt”按钮，弹出“选择SmartArt图形”对话框，选择“流程”中的“基本流程”图标，单击“确定”按钮。如图5–27所示。

（2）默认有3组图形，选择最后一组图形，在“SmartArt工具”|“设计”选项卡下，单击“创建图形”组中的“添加形状”按钮，在弹出的下拉列表中选择“在后面添加形状”。将在最后一个图形右侧添加一个新的图形，这样就变成了4组图形。

（3）在矩形框输入相应的流程名称，将SmartArt图形调整至合适大小。

（4）选中SmartArt图形，单击“SmartArt工具”|“设计”选项卡中的“更改颜色”下拉按钮，在弹出的下拉列表中选择一种合适的颜色并在“SmartArt样式”选择一种合适的样式。

要求8，操作步骤：

（1）将光标置入文档中，单击“插入”选项卡“插图”组中的“图片”按钮，在弹出的“插入图片”对话框中选择考生文件夹下的“Pic 2.png”，单击“插入”按钮。

（2）选中图片，切换到“图片工具”|“格式”选项卡，在“自动换行”下拉菜单中选择“四周型环绕”。或者在图片上单击鼠标右键，在右键菜单的“自动换行”子菜单中选择“四周型环绕”。

（3）选择图片，放置到最后一段的最右端，注意不要遮挡到文档中的文字内容。

要求9，操作步骤：

在键盘上按Ctrl+S组合键保存文档，然后关闭Word系统。

三、电子表格

解析

要求1，操作步骤：

（1）打开考生文件夹下的“Excel. xlsx”工作簿，打开“员工档案”工作表。

（2）选中“员工档案”工作表工资列K3:M37区域，单击“开始”选项卡“数字”组中的“数字格式”下拉按钮，在下拉列表中选择“数值”，并单击“增加小数位数”或“减少小数位数”按钮，将小数位数设为2位。

（3）选中所有单元格内容，单击“开始”选项卡下“单元格”组中的“格式”下拉按钮，在弹出的下拉列表中选择“行高”，适当加大行高。

（4）通过拖拉列表分隔线的方式，适当加大E列（“职务”列）列宽，缩小J列（“工龄”列）列宽。

要求2，操作步骤：

在“员工档案”工作表G3单元格中输入“=MID(F3,7,4)&"年"&MID(F3,11,2)&"月"&MID(F3,13,2)&"日"”，按Enter键确认，双击G3右下角的填充柄，向下填充公式到最后一个员工，并适当调整该列的列宽。

说明：MID函数为截取字符串函数，返回文本字符串中从指定位置开始的特定数目的字符。用法：=MID(text, start_num, num_chars)。

其中，text为被截取的字符串，start_num为起始点，num_chars为截取的字符数。支持双字节字符，即每个汉字、日文假名或朝鲜字按1字符算。

要求3，操作步骤：

在“员工档案”工作表的J3单元格中输入“=INT((TODAY()–I3)/365)”，表示当前日期减去入职时间的余额再除以365天后向下取整，按Enter键确认，双击填充柄向下填充公式到最后一个员工。

要求4，操作步骤：

（1）在“员工档案”工作表的L3单元格中输入“=J3*工龄工资!$B$3”，按Enter键确认，然后向下填充公式到最后一个员工。

（2）在M3单元格中输入“=K3+L3”，按Enter键确认，然后向下填充公式到最后一个员工。

要求5，操作步骤：

在“统计报告”工作表的B2单元格中输入“=SUM(员工档案!M3:M37)”，按Enter键确认。

要求6，操作步骤：

在“统计报告”工作表的B3单元格中输入“=SUMIF(员工档案!E3:E37,"项目经理",员工档案!K3:K37)”，按Enter键确认。

说明：SUMIF函数为条件求和函数，即对指定区域中满足一定条件的所有单元格中的数值求和。用法：= SUMIF(range,criteria,[sum_range])。

参数说明：

range：在其中计算关联条件的区域，其大小和形状必须与sum_range相同。

criteria：求和条件。

sum_range：计算平均值的实际单元格区域。

本题公式“=SUMIF(员工档案!E3:E37,"项目经理",员工档案!K3:K37)”即求出职务为“项目经理”的员工的基本工资总和。

要求7，操作步骤：

在“统计报告”工作表的B4单元格中输入“=AVERAGEIF(员工档案!H3:H37,"本科",员工档案!K3:K37)”，按Enter键确认。然后，单击“开始”选项卡“数字”组中的“减少小数位数”按钮，将平均工资调整至保留2位小数。

说明：AVERAGEIF函数为条件平均值函数，即对指定区域中满足一定条件的所有单元格中的数值求算术平均值。用法：= AVERAGEIF(range,criteria,[average_range])。

参数说明：

range：在其中计算关联条件的区域，其大小和形状必须与average_range相同。

criteria：求平均值的条件。

average_range：计算平均值的实际单元格区域，必需的参数。

本题中“=AVERAGEIF(员工档案!H3:H37,"本科",员工档案!K3:K37)”即求出学历为本科的员工的平均工资。

要求8，操作步骤：

（1）选中“员工档案”工作表的A2:M37单元格区域，单击“数据”选项卡下“分级显示”组中的“分类汇总”按钮。

（2）然后弹出“分类汇总”对话框，单击“分类字段”组中的下拉按钮，选择“职务”选项；单击“汇总方式”组中的下拉按钮，选择“平均值”选项；在“选定汇总项”组中勾选“基本工资”复选框；单击“确定”按钮。如图5-28所示。

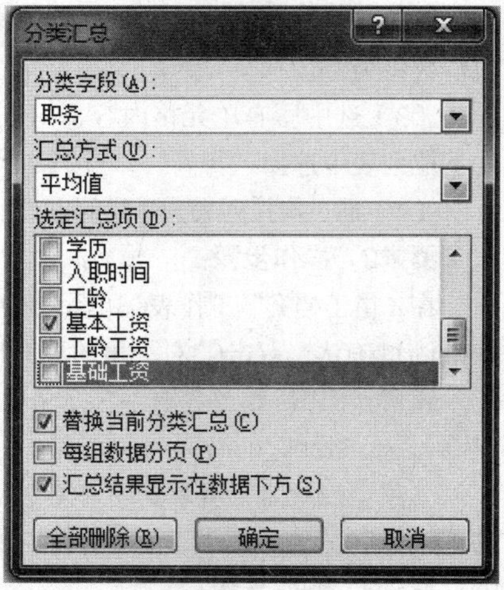

图 5-28　分类汇总

要求9，操作步骤：

（1）选中工作表中A2:M46的数据区域，在“数据”选项卡的“分级显示”组中单击“隐藏明细数据”按钮，此时，表格中只显示汇总后的数据条目。

（2）选择E2:E45单元格，按住Ctrl键不松开，再选择K2:K45数据，单击“插入”选项卡“图表”组中“饼图”下拉按钮，在下拉列表中选择“饼图”图表类型，此时，会在工作表生成一个图表。

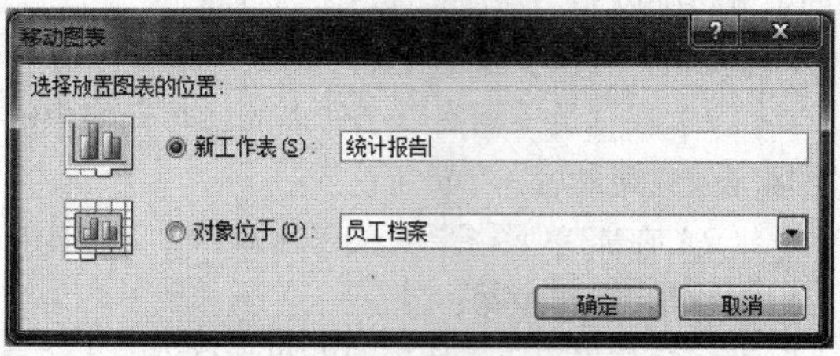

图 5-29　移动图表

（3）选中新生成的图表，在“图表工具”|“设计”选项卡“位置”组中单击“移动图

表”按钮，打开“移动图表”对话框，勾选新工作表单选按钮，在右侧的文本框中输入“统计报告”，单击“确定”按钮，弹出“此工作表已经存在，是否要在其中插入嵌入式图表”，单击“是”，即可将此图表放置于“统计报告”工作表中，如图5–29所示。

要求10，操作步骤：

单击快捷访问工具栏中的“保存”按钮，保存工作簿。然后，关闭Excel系统。

四、演示文稿

解析

要求1，操作步骤：

（1）打开考生文件夹中的“入职培训.pptx”演示文稿，选中第1张幻灯片，单击“开始”选项卡下的“幻灯片”组中的“版式”按钮，在弹出的下拉列表中选择“节标题”版式。

（2）单击“插入”选项卡下“图像”组中的“剪贴画”按钮，弹出“剪贴画”任务窗格，在“搜索文字”文本框中输入“人物”，从中选择一幅图片，调整到适当位置。如图5–30所示。

图 5–30　插入剪贴画

要求2，操作步骤：

在“设计”选项卡的“主题”功能组中，选择一种合适的主题，则相应主题应用于所有幻灯片。

要求3，操作步骤：

（1）选中第2张幻灯片上面的文字“公司制度意识架构要求”，在“插入”选项卡下的“链接”组中单击“超链接”按钮，弹出“插入超链接”对话框。

（2）选择“现有文件或网页”选项，在右侧的“查找范围”中查找到“公司制度意识架构要求.docx”文件。

（3）单击“确定”按钮后即可为文字“公司制度意识架构要求”插入超链接。

要求4，操作步骤：

（1）单击“幻灯片放映”选项卡下“开始放映幻灯片”组中的“自定义幻灯片放映”下拉按钮，在弹出的下拉列表中选择“自定义放映”命令，弹出“自定义放映”对话框。

（2）单击“新建”按钮，弹出“定义自定义放映”对话框，在“幻灯片放映名称”文本框中输入“放映方案1”，从左侧的“在演示文稿中的幻灯片”列表框中选择幻灯片1、3、4，添加到“在自定义放映中的幻灯片”中。如图5–31所示。

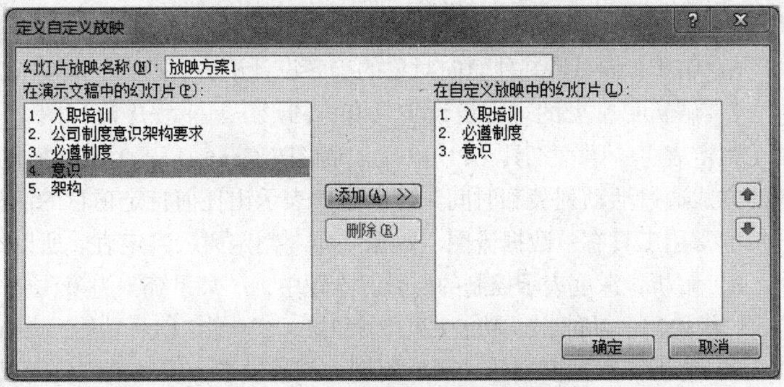

图 5–31　自定义放映方案

（3）单击“确定”按钮后重新返回到“自定义放映”对话框中，单击“关闭”按钮。

（4）单击“幻灯片放映”选项卡下“开始放映幻灯片”组中的“自定义幻灯片放映”下拉按钮，在弹出的下拉列表中选择“放映方案1”即可放映。

要求5，操作步骤：

（1）根据题意为演示文稿设置不少于3种的幻灯片切换方式。选择一张幻灯片，在“切换”选项卡下“切换到此幻灯片”组中选择一种切换效果。

（2）再选取其他几张幻灯片，按照同样的方式为其设置切换效果。根据题目要求，设置不少于3种的幻灯片切换方式。

要求6，操作步骤：

单击快捷访问工具栏的“保存”按钮，保存演示文稿，然后单击窗口右上角的“关闭”按钮退出PowerPoint系统。

二级MS Office高级应用题库试卷（4）参考答案及解析

一、选择题

答案表

1	2	3	4	5	6	7	8	9	10	11	12	13	14	15	16	17	18	19	20
B	C	B	D	A	D	B	A	C	A	C	D	C	D	B	A	A	C	D	B

解析

1. 解析：只有一个空结点的结构也属数据结构，所以A和C选项不正确；有且只有一个根结点，每一个结点最多有一个前件，也最多有一个后件的数据结构才属于线性结构，其他的都属于非线性结构，故D选项不正确。故本题选B。

2. 解析：栈是先进后出的线性表，当输入序列为1，2，3，…，n，若输出序列的第一个元素是n，说明n处于栈顶，则输出第i个（$1 \leq i \leq n$）个元素是第$n-i+1$次出栈。所以，答案为C。

3. 解析：后序根靠后，所以，本题答案应该在选项B和C中。又由于中序遍历和后序遍历都是先遍历左子树，故本题后序遍历首先访问D结点，可见选项B和C中，B满足条件。

当然，也可按照后序遍历方法，获得后序遍历序列为DGEBHFCA。因此，答案为B。

4. 解析：最坏情况下，快速排序、冒泡排序均需要比较$n(n-1)/2$次，希尔排序需要比较$n^r(1<r<2)$次，堆排序需要比较$n\log_2 n$次，故堆排序时间复杂度最低。所以，答案为D。

5. 解析：使用顺序、选择和重复（循环）三种基本控制结构表示程序的控制逻辑是结构化程序设计的基础。选项B违背了结构化程序设计的要求。结构化程序设计建议限制goto语句，但不等于完全不使用。关于程序执行效率，结构化程序设计注重的是提高整体效率。所以，答案为A。

6. 解析：Java是一种面向对象的程序设计语言。所以，答案为D。

7. 解析：常见的过程设计工具有：图形工具［程序流程图（PFD）、N-S图、PAD图］、表格工具（判定表）、语言工具（PDL）。甘特图（Gantt chart ）又叫横道图、条状图（Bar chart），它是以图示的方式通过活动列表和时间刻度形象地表示出任何特定项目的活动顺序与持续时间。结构化软件需求分析的常用工具有：数据流图、数据字典、判定树、判定表。所以本题选B。

8. 解析：深度表示控制的层数。本题中，“某系统”为第1层，“功能1、模块2、…、模块n”为第2层，“模块2.1、功能2.2、功能2.3”为第3层，“功能2.1.1、功能2.1.2”为第4层，共4层。所以，答案为A。

9. 解析：数据模型分为网状模型、关系模型、层次模型。所以，答案为C。

10. 解析：为保证数据的规范性、一致性和可维护性，关系数据库中的关系是要满足一定要求的，满足不同程度要求的为不同的范式。满足最低要求的叫第一范式，简称1NF。在满足第一范式的基础上，进一步满足更多要求规范则是第二范式。然后在满足第二范式的基础上，还可以再满足第三范式，以此类推。对于关系模式，若其中的每个属性都已不能再分为简单项，则它属于第一范式。所以，答案为A。

11．解析：键盘、鼠标、扫描仪、条码阅读器、CD-ROM驱动器都属于输入设备，显示器、绘图仪、打印机属于输出设备。所以，答案为C。

12．解析：在计算机中，对于西文与中文字符，由于形式的不同，使用不同的编码。其中，西文字符采用的是ASCII编码，中文字符采用的是国标码。因此，西文字符编码与中文字符编码是不同的。所以，答案为D。

13．解析：计算机病毒爆发不仅会破坏存储在硬盘上的数据，还会导致计算机系统瘫痪，或者盗取用户的机密数据，造成更加恶劣和深远的破坏。所以，答案为C。

14．解析：联网计算机是联网的自治计算机的集合，联网计算机之间需要遵循共同的网络协议，且能实现网络资源共享。但是联网计算机之间不需要有明确的主从关系。所以，答案为D。

15．解析：缺省情况下，在键盘上按快捷键Ctrl+PageUp，是向上搜索；Ctrl+Home是光标回到文档开头；Ctrl+↑是光标回到段落开头；而Ctrl+向上滚动鼠标滚轮是显示比例扩大。所以，答案为B。

16．解析：Word的文档部件的功能就是对制定文档内容进行封装，使其保存和重复使用。因此，答案选A。

17．解析：编写函数时如果需要区分不同工作表的引用，必须在公式中引用地址前面增加工作表的名称，然后以半角叹号（!）分隔单元格地址。所以答案为A。

18．解析：在单元格中输入数字型的字符串的方法是首先输入一个半角的单引号，然后再输入数据即可。选项A获得的结果是数据20；选项B和D获得的结果为字符串“^010”和“"010”，只有C获得了字符串“010”。所以，答案为C。

19．解析：在PowerPoint中，可以为幻灯片设置不同颜色、图案或者纹理的背景；可以用图片作为幻灯片的背景；既可以为单张幻灯片设置背景，也可以为多张幻灯片设置相同的背景。所以，答案为D。

20．解析：在演示文稿的表格中可以绘制斜线，且可以设置图片背景，所以选项B说法是错误的，其余说法均正确。所以，答案为B。

二、字处理

解析

要求1，操作步骤：

打开考生文件夹下的“Word素材.docx”文件，单击“文件”标签打开文件操作页，单击“另存为”按钮，在对话框中将“文件名”设为“Word”，将其保存到考生文件夹中。

要求2，操作步骤：

（1）单击“页面布局”选项卡下“页面设置”组中右下角的对话框启动器按钮，弹出“页面设置”对话框。

（2）选择“纸张”选项卡，将“纸张大小”改为“A4”；选择“页边距”选项卡，将“上”“下”微调框中的数值设置为2.3厘米，将“左”“右”微调框中的数值设置为2厘米，然后，单击“确定”按钮，关闭对话框。如图5-32所示。

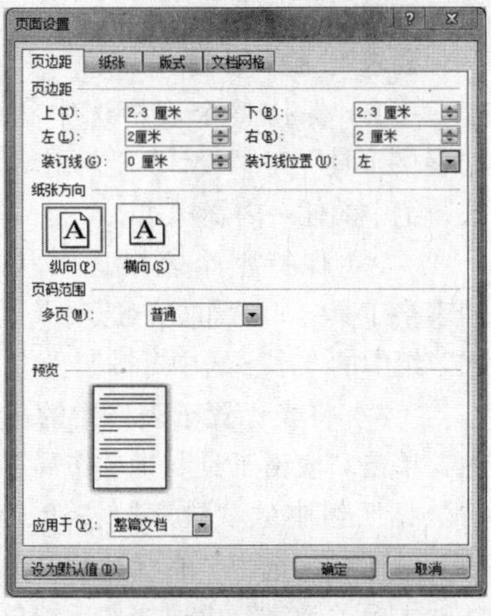

图 5-32　页面设置——页边距

要求3，操作步骤：

（1）选中除表格外的所有内容（可以使用Ctrl键，选择不连续的文本区域），单击“开始”选项卡下“字体”组右下角的对话框启动器按钮，弹出“字体”对话框，将“中文字体”设置为“仿宋”，将“西文字体”设置为“Times New Roman”，将“字号”设置为“四号”，然后，单击“确定”按钮。

（2）仍然保持选中除表格外的所有内容，单击“开始”选项卡下“段落”组右下角的对话框启动器按钮，弹出“段落”设置对话框，在“缩进和间距”选项卡中，将“特殊格式”设置为“首行缩进”，将“磅值”设置为“2字符”，将“行距”设置为“单倍行距”，然后，单击“确定”按钮。

要求4，操作步骤：

（1）选中文档第一段标题“企业质量管理浅析”，单击“开始”选项卡下“样式”组中的“标题1”样式，单击“段落”组中的“居中”按钮。

（2）按住Ctrl键，依次选中“一、”“二、”“三、”“四、”“五、”“六、”对应的标题段落，单击“开始”选项卡下“样式”组中的“标题2”样式。

要求5，操作步骤：

选中文档中的蓝色文字，单击“开始”选项卡下“段落”组中的“项目符号”下拉按钮，在下拉列表中选择一种项目符号。

要求6，操作步骤：

（1）将光标置于表格标题内容之前，单击“页面布局”选项卡下“页面设置”组中的“分隔符”下拉按钮，从下拉列表中选择“分节符-下一页”命令；继续将光标置于表格下方“在数据库中建立一张用户权限表……”段落之前，单击“页面布局”选项卡下“页面设置”组中的“分隔符”下拉按钮，从下拉列表中选择“分节符-下一页”命令。如图5-33所示。

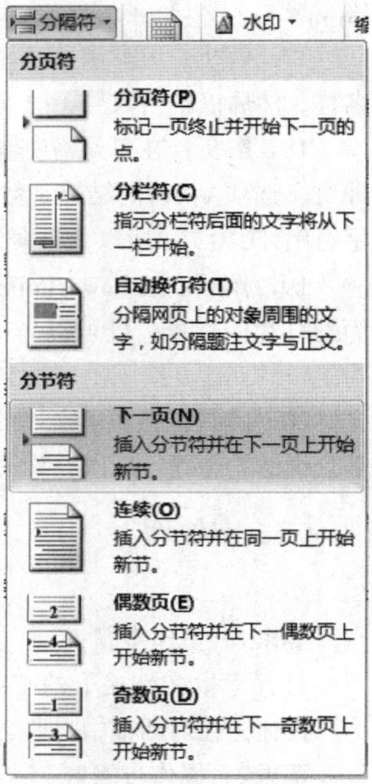

图5-33　插入分节符

（2）将光标置于表格页中的任意位置，单击“页面布局”选项卡下“页面设置”组中的“纸张方向”下拉按钮，在下拉列表中选择“横向”。

（3）选中表格标题，单击“开始”选项卡下“段落”组中的“居中”按钮，使表格标题居中。

（4）选中表格最后一行，在其上单击鼠标右键，在弹出的快捷菜单中选择“删除单元格”命令，在弹出的“删除单元格”对话框中选择“删除整行”命令，删除最后一行。

（5）单击表格左上角的“选中表格”柄，选中整个表格，单击“表格工具”|“布局”选项卡下“表”组中的“属性”按钮，弹出“表格属性”对话框，在“表格”选项卡中将表格宽度调整为25厘米，在“行”选项卡中将“行-尺寸”调整为“指定高度-1.2厘米”，单击“确定”按钮。

要求7，操作步骤：

（1）保持整个表格选中状态，选择“表格工具”|“设计”选项卡下“表格样式”组中的任一内置样式。

（2）保持整个表格选中状态，单击“表格工具”|“布局”选项卡下“对齐方式”组中的“水平居中”按钮。

（3）将光标置于表格中的任一单元格内，单击“表格工具”|“布局”选项卡下“数据”组中的“排序”按钮，弹出“排序”对话框，选中“有标题行”单选按钮，在“主要关键字”中选择“反馈单号”，选

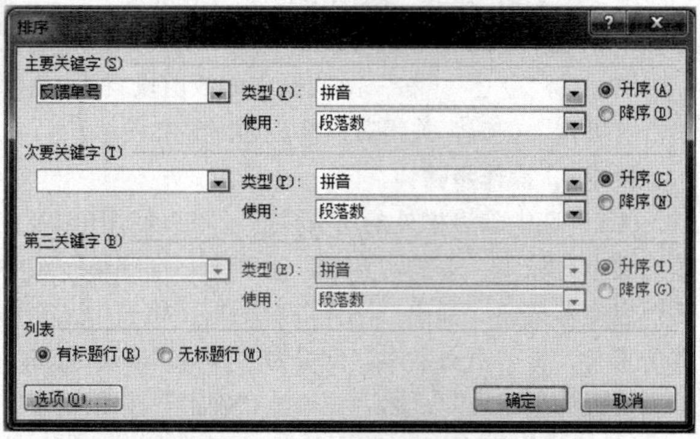

图5-34　表格排序

中右侧的“升序”，单击“确定”按钮。如图5-34所示。

要求8，操作步骤：

（1）将光标置于正文第一段之前（“有人说：产量是……”），单击“引用”选项卡下“目录”组中的“目录”下拉按钮，在下拉列表中选择“插入目录”，弹出“目录”对话框。

（2）单击右下角的“选项”按钮，弹出“目录选项”对话框，将“标题1”和“标题3”对应的“目录级别”中的“1”和“3”删除，只保留“标题2”，单击“确定”按钮。如图5-35所示。

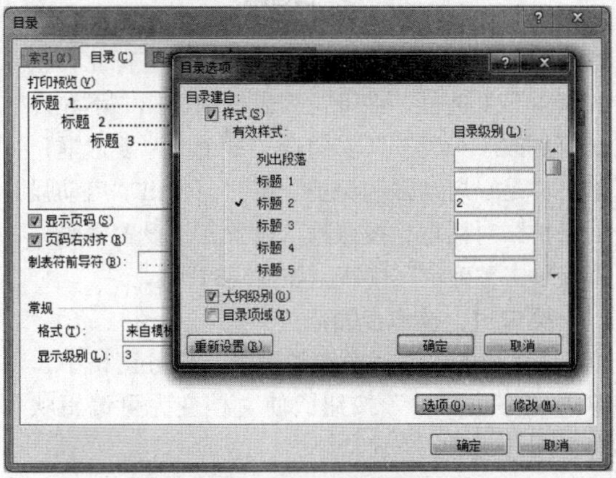

图 5-35　目录及其选项设置

（3）返回到“目录”对话框中，单击右下角的“修改”按钮，弹出“样式”对话框，选择“目录2”，单击“修改”按钮，弹出“修改样式”对话框。

（4）单击“修改样式”对话框底部的“格式”按钮，在下拉列表中选择“字体”，打开“字体”对话框，将“字号”设置为“三号”，单击“确定”按钮，返回到“修改样式”对话框。

（5）继续单击“修改样式”对话框底部的“格式”按钮，在下拉列表中选择“段落”，打开“段落”对话框，将“行距”设置为“多倍行距”，设置值为“3”，连续单击“确定”按钮关闭所有对话框。

（6）将光标置于正文（“有人说：产量是……”）之前，在键盘上按Ctrl+Enter组合键，插入分页符。

要求9，操作步骤：

（1）在页眉处双击鼠标，进入页眉编辑界面。

（2）勾选“页眉和页脚工具”｜“设计”选项卡下“选项”组中的“首页不同”复选框，在首页页眉位置输入“质量管理”，并设置为“居中”显示。

（3）将光标放置在正文第1页的页脚位置，输入文字“第X页共X页”，并设置为“右对齐”。

（4）单击“页眉和页脚工具”｜“设计”选项卡下“页眉和页脚”组中的“页码”下拉按钮，从下拉列表中选择“设置页码格式”，弹出“页码格式”对话框，将起始页码设置为“0”，单击“确定”按钮。如图5-36所示。

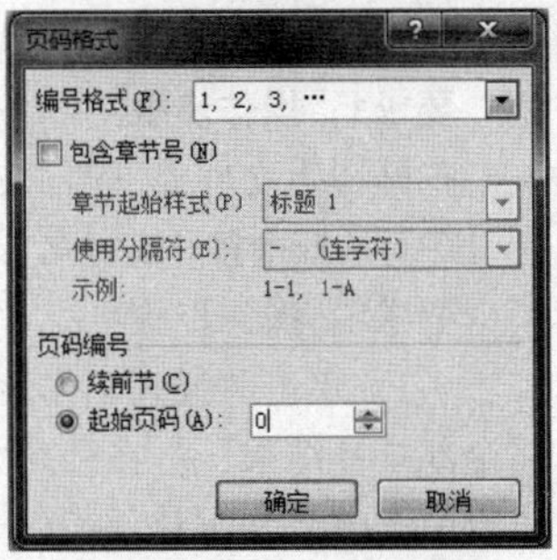

图 5-36　页码格式设置

（5）将光标放置在“第”和“页”之间的位置，按键盘上的Ctrl+F9组合键插入域，在一对“{ }”之间输入“Page”（注意：不包括双引号）；同理，将光标置于“共”和“页”之间的位置，按键盘上的Ctrl+F9组合键插入域，在一对“{ }”之间输入“=”，再按Ctrl+F9组合键插入域，在出现的一对“{ }”之间输入“NUMPAGES”，在第一个“}”后输入“-1”。然后将光标停留到页脚最后，在键盘上按Alt+F9组合键查看显示结果为“第1页共8页”。

（6）单击“页眉和页脚工具”｜“设计”选项卡下“关闭”组中的“关闭页眉和页脚”按钮。

（7）单击“引用”选项卡下“目录”组中的“更新目录”按钮，弹出“更新目录”对话框，选择“更新整个目录”单选按钮，最后单击“确定”按钮。

要求10，操作步骤：

（1）选中文档中除表格外的所有内容。

（2）单击“审阅”选项卡下“保护”组中的“限制编辑”按钮，在右侧出现的“限制格式和编辑”任务窗格中勾选“限制对选定的样式设置格式”复选框和“仅允许在文档中进行此类型的编辑”复选框，在下拉列表框中选择“不允许任何更改（只读）”，勾选“每个人”复选框，单击“是，启动强制保护”按钮，弹出“启动强制保护”对话框，按照默认设置，不设置密码，直接单击“确定”按钮。如图5–37所示。

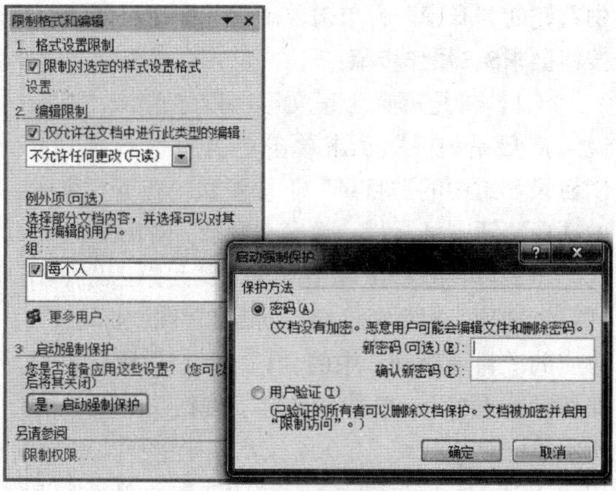

图 5–37 文档限制编辑设置

要求11，操作步骤：

（1）在“限制格式和编辑”任务窗格中，单击“停止保护”按钮，使文档变为可编辑状态，不必关闭任务窗格。

（2）单击“页面布局”选项卡下“页面背景”组中的“水印”下拉按钮，在下拉列表中选择“自定义水印”，弹出“水印”对话框。

（3）选择“文字水印”，在“文字”行中输入“质量是企业的生命”；“字体”设置为“宋体”；“字号”设置为“80”；“颜色”设置为“黄色”；勾选“半透明”复选框；将“版式”设置为“斜式”。然后，单击“应用”按钮和“关闭”按钮。

（4）添加水印后，再单击“限制格式和编辑”任务窗格中的“是，启动强制保护”按钮，弹出“启动强制保护”对话框，按照默认设置，不设置密码，直接单击“确定”按钮，再次启动强制保护。

最后，单击快速访问工具栏中的“保存”按钮，并退出Word系统。

三、电子表格

解析

要求1，操作步骤：

打开考生文件夹下的“Excel素材1.xlsx”，单击“文件”标签打开文件操作页，单击“另存为”按钮，在对话框中将“文件名”设为“Excel.xlsx”（“.xlsx”为文件扩展名），将其保存到考生文件夹中。

要求2，操作步骤：

（1）单击“插入工作表”标签，在工作簿中新建一个工作表，双击标签中的“Sheet1”，改名为“全部统计结果”。在“高小丹”工作表中，选中A1:G19单元格区域并复制，在“全部统计结果”工作表中选中A2单元格，按Ctrl+V组合键将复制的区域粘贴过来；按顺序，按照同样方法将其余4张工作表中的内容（不包括标题）复制到“全部统计结果”工作表中，每个区域的数据顺序向下堆叠。

（2）在“高小丹”工作表处，单击鼠标右键，在弹出的快捷菜单中选择“隐藏”命令。按照同样方法，隐藏其余4张工作表。（实际上，隐藏工作表在做完“要求3”的“步骤（4）”后再进行更合理。）

要求3，操作步骤：

（1）选中“全部统计结果”工作表的C列，单击鼠标右键，在弹出的快捷菜单中选择“插入”命令插入一个新列，在C2单元格中输入列标题“责任人”。

（2）选中C3单元格，单击“数据”选项卡下“数据工具”组中的“数据有效性”下拉按钮，在下拉列表中选择“数据有效性”，弹出“数据有效性”对话框，在“设置”选项卡中，在“允许”下方的列表框中选择“序

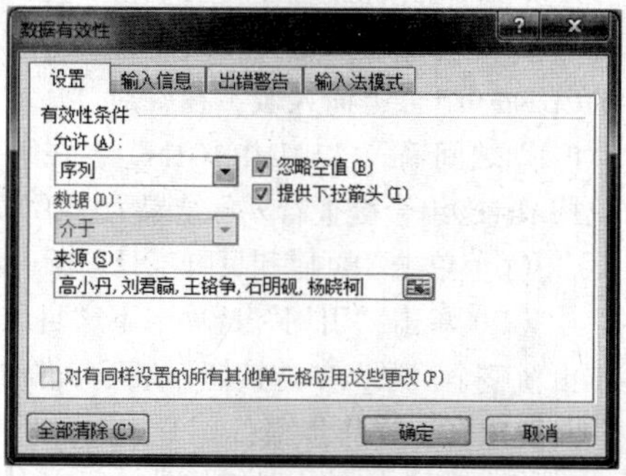

图 5–38 数据有效性设置

列”，在“来源”行中输入文本“高小丹，刘君赢，王铬争，石明砚，杨晓柯”，然后，单击“确定”按钮。图5–38所示。

（3）选中C3单元格，拖动该单元格右下角的填充柄填充到C94单元格。

（4）单击C3单元格右侧的下拉箭头，选择“高小丹”，然后使用填充柄填充到C20单元格；单击C21单元右侧的下拉箭头，选择“刘君赢”，然后使用填充柄填充到C39单元格；单击C40单元格右侧的下拉箭头，选择“王铬争”，然后使用填充柄填充到C57单元格；单击C58单元格右侧的下拉箭头，选择“石明砚”，然后使用填充柄填充到C74单元格；单击C75单元格右侧的下拉箭头，选择“杨晓柯”，然后使用填充柄填充到C94单元格。

要求4，操作步骤：

（1）选中“全部统计结果”工作表的A3:A94单元格区域，单击“开始”选项卡下“样式”组中的“条件格式”下拉按钮，在下拉列表中选择“突出显示单元格规则”，在出现的级联菜单中选择“重复值”，弹出“重复值”对话框，单击“设置为”右侧的下拉箭头，在下拉列表框中选择“浅红色填充”，单击“确定”按钮。如图5–39所示。

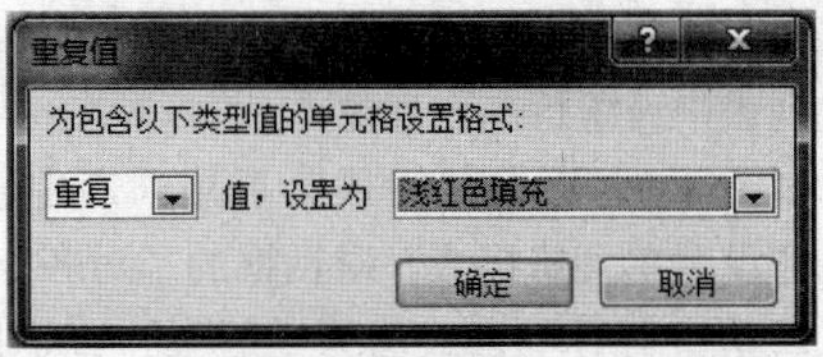

图 5–39　突出显示单元格规则——重复值

（2）选中数据区域中的任一单元格，单击“开始”选项卡下“编辑”组中的“排序和筛选”下拉按钮，在下拉列表中选择“自定义排序”，弹出“排序”对话框，将“主要关键字”设置为“报告文号”，将“次序”设置为“升序”；单击“添加条件”按钮，将“次要关键字”设置为“客户简称”，将“次序”设置为“降序”；单击对话框右上角的“选项”按钮，弹出“排序选项”对话框，在“方法”中选择“笔划排序”，然后依次单击“确定”按钮。如图5–40所示。

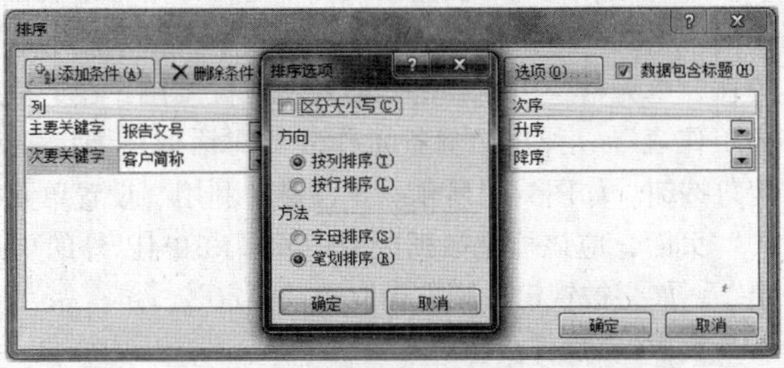

图 5–40　自定义排序及排序选项

（3）在弹出的“排序提醒”对话框中，采用默认设置，直接单击“确定”按钮。

（4）找到“报告文号”列中标记为“浅红色填充”的单元格，按照题目要求，分别设置为“042(1)”和“042(2)”。

要求5，操作步骤：

（1）在“全部统计结果”工作表的I2单元格中输入列标题“完成情况”，在I3单元格中输入公式“=IF(AND(F3="是",G3="是",H3="是"),"完成","未完成")”，输入完成后按Enter键确认，双击单元格右下角的填充柄向下填充。

说明：IF函数功能为：根据对指定条件的逻辑判断的真假结果，返回相对应的内容。用法：=IF(logical_test,[value_if_true], [value_if_false])，即当参数logical_test为真时，返回第二个参数，否则，返回第三个参数。

（2）选中I3:I94单元格区域，单击“开始”选项卡下“样式”组中的“条件格式”下拉按钮，在下拉列表中选择“突出显示单元格规则”，在级联菜单中选择“其他规则”，弹出“新建格式规则”对话框，在“选择规则类型”列表框中选择“只为包含以下内容的单元格设置格式”，在“编辑规则说明”中将“单元格值”设置为“等于”“未完成”。

（3）单击“格式”按钮，弹出“设置单元格格式”对话框，在“字体”选项卡下，将字体“颜色”设置为“标准色–红色”。

（4）单击“确定”按钮，关闭所有对话框。

要求6，操作步骤：

在“全部统计结果”工作表的J2单元格中输入列标题“报告奖金”，在J3单元格中输入公式“=IF(I3="完成",IF(D3<=1000,100,IF(D3<=2800,D3*0.08,D3*0.1))+30,IF(D3<=1000,100,IF(D3<=2800,D3*0.08,D3*0.1)))”，输入完成后单击Enter键确认，双击该单元格右下角的填充柄向下填充到J94单元格。

要求7，操作步骤：

（1）选中“报告收费（元）”列和“报告奖金”列，单击鼠标右键，在弹出的快捷菜单中选择“设置单元格格式”，在“设置单元格格式”对话框中将数字类型设置为“货币”，保留2位小数。

（2）选中整个工作表的数据区域，单击“开始”选项卡下“样式”组中的“套用表格格式”下拉按钮，在下拉列表框中选择一种样式。

（3）单击“开始”选项卡，在“单元格”组中的“格式”下拉列表中设置行高和列宽。

（4）再在“格式”下拉列表中选择“设置单元格格式”，在“设置单元格格式”对话框的“对齐”选项卡中设置“水平对齐”和“垂直对齐”方式均为“居中”；切换到对话框中的“保护”选项卡，取消“锁定”复选框的勾选，单击“确定”按钮。

（5）选中I3:J94数据区域，单击“开始”选项卡下“单元格”组中的“格式”下拉按钮，在下拉列表中选择“锁定单元格”；然后继续在“单元格”组中单击“格式”下拉按钮，在下拉列表中选择“保护工作表”，弹出“保护工作表”对话框，不设置密码，单击“确定”按钮。如图5-41所示。（注意：利用“设置单元格格式”的“保护”页面，应该检查数据区域中除了I3:J94以外的单元格是否被“锁定”，如果被锁定，则需要取消“锁定”。）

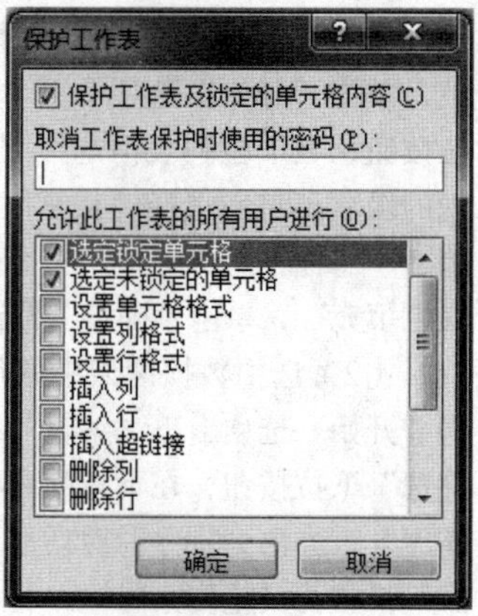

图 5-41　保护工作表

要求8，操作步骤：

（1）单击“文件”标签，在文件操作页面单击“打开”按钮，打开考生文件夹中“Excel素材2.xlsx”（注意：一定要按这个途径打开第二个工作簿，此时，在“视图”选项卡下单击“切换窗口”时，可以看到两个工作簿）；在工作表名“sheet1”中单击鼠标右键，在弹出的快捷菜单中选择“移动或复制工作表”命令，弹出“移动或复制工作表”对话框，在“工作簿”中选择“Excel.xlsx”；在“下列选定工作表之前”列表框中选择“（移至最后）”，勾选下方的“建立副本”复选框，单击“确定”按钮。如图5-42所示。

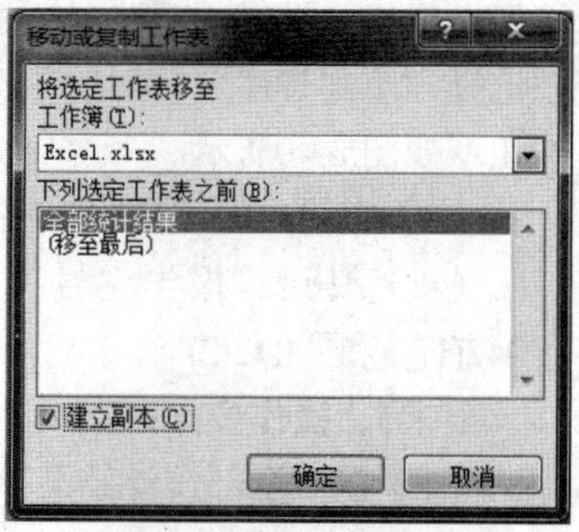

图 5-42　移动或复制工作表

（2）关闭“Excel素材2.xlsx”工作簿文档。在“Excel.xlsx”工作簿中，双击“sheet1”工作表名称，输入新的工作表名称“员工个人情况统计”；选中该工作表名称，单击鼠标右键，在弹出的快捷菜单中选择“工作表标签颜色”，将工作表标签颜色设置为“标准色-紫色”。

要求9，操作步骤：

（1）单击选中“员工个人情况统计”工作表的B3单元格，输入公式“=COUNTIF(表1[责任人],[@姓名])”，输入完成后单击Enter键确认，双击该单元格右下角的填充柄，系统会自动填充到B7单元格。

说明：COUNTIFS函数说明参见第2套题“电子表格”部分“要求2”的详解。

（2）选中C3单元格，输入公式“=COUNTIFS(表1[责任人],[@姓名],表1[报告修改次数],0)”，输入完成后单击Enter键确认，双击该单元格右下角的填充柄，系统会自动填充到C7单元格。

（3）选中D3单元格，输入公式“=COUNTIFS(表1[责任人],[@姓名],表1[报告修改次数],1)”，输入完成后单击Enter键确认，双击该单元格右下角的填充柄，系统会自动填充到D7单元格。

（4）选中E3单元格，输入公式“=COUNTIFS(表1[责任人],[@姓名],表1[报告修改次数],2)”，输入完成后单击Enter键确认，双击该单元格右下角的填充柄，系统会自动填充到E7单元格。

（5）选中F3单元格，输入公式“=COUNTIFS(表1[责任人],[@姓名],表1[报告修改次数],3)”，输入完成后单击Enter键确认，双击该单元格右下角的填充柄，系统会自动填充到F7单元格。

（6）选中G3单元格，输入公式“=COUNTIFS(表1[责任人],[@姓名],表1[报告修改次数],4)”，输入完成后单击Enter键确认，双击该单元格右下角的填充柄，系统会自动填充到G7单元格。

（7）选中H3单元格，输入公式“=SUMIF(表1[责任人],[@姓名],表1[报告奖金])”，输入完成后单击Enter键确认，双击该单元格右下角的填充柄，系统会自动填充到H7单元格。

说明：SUMIF是条件求和函数，其说明参见第3套题“电子表格”部分“要求6”的详解。

（8）选中B8单元格，输入公式“=SUM(B3:B7)”，完成后单击Enter键确认，拖拽该单元格右下角的填充柄向右填充到H8单元格。

要求10，操作步骤：

（1）在键盘上按住Ctrl键，同时选中“员工个人情况统计”工作表的C2:G2区域和C8:G8区域，单击“插入”选项卡下“图表”组中的“饼图”下拉按钮，在下拉列表中选择“三维饼图”。

（2）选中整个图表，单击在“图表工具”｜“设计”选项卡下“数据”组中的“选择数据”按钮，在弹出的“选择数据源”对话框中单击“切换行/列”按钮，然后单击“确定”按钮。

（3）选中插入的饼图，单击“图表工具”｜“布局”选项卡下“标签”组中的“数据标签”下拉按钮，在下拉列表中选择“其他数据标签选项”，弹出“设置数据标签格式”对话框，在对话框中取消勾选“值”，勾选“百分比”；单击左侧的“数字”选项卡，在右侧的“类别”中选择“百分比”，设置小数位数为“2”，单击“关闭”按钮。如图5-43所示。

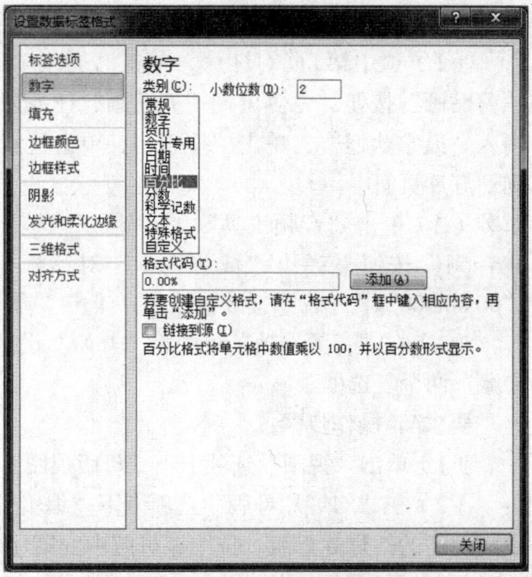

图 5-43　设置数字标签格式

（4）适当调整图表的大小及位置，使其位于数据源的下方。

最后，单击快速访问工具栏中的“保存”按钮保存制作好的工作簿，并关闭Excel系统。

四、演示文稿

解析

要求1，操作步骤：

（1）启动PowerPoint系统，单击快速访问工具栏中的“保存”按钮，将系统自动建立的新演示文稿以文件名“PPT.pptx”（.pptx为文件扩展名）保存到考生文件夹中。

（2）单击“开始”选项卡下“幻灯片”组中的“新建幻灯片”按钮，参考“PPT素材及设计要求.docx”文件，新建8张幻灯片。

（3）按照题目的要求（蓝色字不在幻灯片中出现，黑色字必须在幻灯片中出现，红色字在幻灯片的备注中出现），将素材文件中的内容逐一复制到幻灯片相对应的页面中，注意第3页中包含一张图片，需要同时复制过来。

要求2，操作步骤：

（1）单击“视图”选项卡下“母版视图”组中的“幻灯片母版”按钮，切换到幻灯片母版视图。

（2）选中左侧视图列表框中的第1张幻灯片母版（“Office主题”幻灯片母版），单击鼠标右键，在弹出的快捷菜单中选择“重命名母版”，弹出“重命名版式”对话框，在“版式名称”中输入“中国梦母版1”，单击“重命名”按钮。

（3）继续在该母版中单击鼠标右键，在弹出的快捷菜单中选择“设置背景格式”，如图5-44所示。弹出“设置背景格式”对话框，选择“填充”选项卡中的“图片或纹理填充”单选按钮，单击下方的“文件”按钮，弹出“插入图片”对话框，选中考生文件夹下的“母版背景图片1.jpg”文件，单击“插入”按钮，最后单击“关闭”按钮关闭对话框。

（4）单击“幻灯片母版”选项卡中的“关闭母版视图”按钮。

（5）在幻灯片窗格中选择第1张幻灯片，单击“开始”选项卡下“幻灯片”组中的“版式”下拉按钮，在下拉列表中选择“空白”版式。

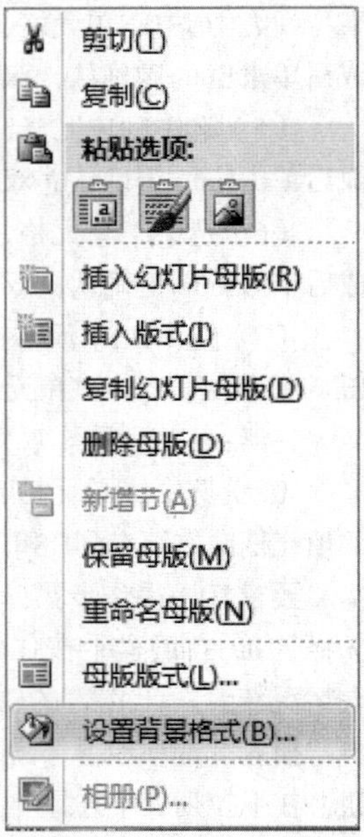

图5-44 幻灯片母版右键菜单

要求3，操作步骤：

（1）选中第1页幻灯片，单击“插入”选项卡下“图像”组中的“剪贴画”按钮，右侧出现“剪贴画”任务窗格，在“搜索文字”行中输入“鼓掌欢迎”，单击“搜索”，单击检索结果中的文件，将其添加到幻灯片页面中。

（2）单击“音频工具”|“播放”选项卡下“编辑”组中的“剪裁音频”按钮，弹出“裁剪音频”对话框，将“结束时间”调整为“00:00.500”，单击“播放”按钮，单击“确定”按钮。

（3）在“音频选项”组中将“开始”设置为“自动”，勾选“循环播放，直到停止”和“放映时隐藏”两个复选框。

要求4，操作步骤：

（1）单击“视图”选项卡下“母版视图”组中的“幻灯片母版”按钮，切换到幻灯片母版视图。

（2）在“幻灯片母版”选项卡下“编辑母版”组中单击“插入幻灯片母版”按钮，在左侧列表框中出现新的幻灯片母版，选中该母版中的第1张幻灯片，单击鼠标右键，在弹出的快捷菜单中选择“重命名母版”，弹出“重命名版式”对话框，在“版式名称”行中输入“中国梦母版2”，单击“重命名”按钮。

（3）继续在该母版中单击鼠标右键，在弹出的快捷菜单中选择“设置背景格式”按钮，弹出“设置背景格式”对话框，选择“填充”选项卡中的“图片或纹理填充”单选按钮，单击下方的“文件”按钮，弹出“插入图片”对话框，选中考生文件夹下的“母版背景图片2.jpg”文件，单击“插入”按钮，勾选对话框中的“将图片平铺为纹理”复选框，最后单击“关闭”按钮关闭对话框。如图5-45所示。

（4）单击“幻灯片母版”视图中的“关闭母版视图”按钮。

（5）在幻灯片窗格中，选中第2张幻灯片，单击鼠标右键，在弹出的右键菜单中选择“新增节”，则从第2张开始的幻灯片被归入“无标题节”并都被选中，单击“开始”选项卡下“幻灯片”组中的“版式”下拉按钮，在

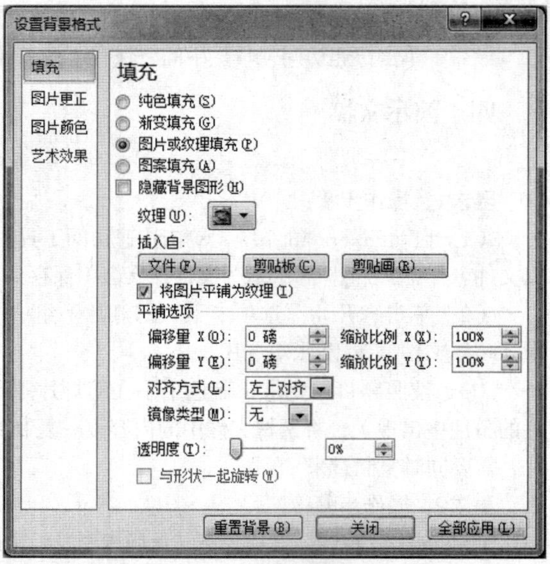

图5-45 设置幻灯片母版背景——图片

下拉列表中选择“中国梦母版2”中“标题与内容”版式。

要求5，操作步骤：

（1）在第2张幻灯片中选中标题文字“目录”，单击“开始”选项卡下“段落”组中的“文字方向”下拉按钮，在下拉列表中选择“竖排”，并调整到合适位置。

（2）将幻灯片3 ~ 幻灯片7的标题文字复制到第2张幻灯片的内容文本框中。选中该文本框，单击“开始”选项卡下“段落”组中的“转换为SmartArt”下拉按钮，在下拉列表中选择“其他SmartArt图形”，弹出“选择SmartArt图形”对话框，单击左侧的“列表”，在右侧的列表框中选择“垂直曲形列表”，单击“确定”按钮。如图5–46所示。

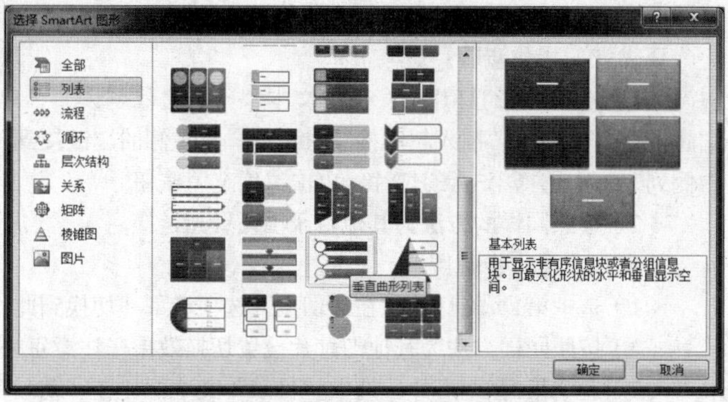

图 5–46　文本框转换为SmartArt图形

（3）选中该SmartArt图形对象，单击“SmartArt工具”｜“设计”选项卡，在“SmartArt样式”组中设置一种三维样式，单击“更改颜色”下拉按钮，在下拉列表中选择“彩色填充–强调文字颜色2”。

（4）适当调整图形对象的大小以及位置。

要求6，操作步骤：

（1）按题目要求调整第3 ~ 7张幻灯片中的文字和图片大小。

（2）在幻灯片3 ~ 幻灯片7中，选中所有双引号中的文字，利用系统弹出的跟随式迷你工具栏或者“开始”选项卡，修改字体颜色为“红色”，设置加粗。

要求7，操作步骤：

（1）选中第4页幻灯片中的内容文本，单击“开始”选项卡下“段落”组中的“项目符号”下拉按钮，在下拉列表中选择一种项目符号。

（2）选中第5页幻灯片中的内容文本，单击“开始”选项卡下“段落”组中的“项目符号”下拉按钮，在下拉列表中选择“无”。

（3）在第4、5页幻灯片备注框中粘贴从Word素材中复制过来的红色字。

要求8，操作步骤：

（1）选中第6张幻灯片，单击“插入”选项卡下“表格”组中的“表格”按钮，在下拉列表中选择“插入表格”，弹出“插入表格”对话框，将“列数”设置为“2”，“行数”设置为“3”，单击“确定”按钮。

（2）按照题目要求，将文本框中的内容复制到表格相应的单元格中。

（3）选中整个表格对象，在“表格工具”｜“设计”选项卡下“表格样式”组中选择一种样式，单击右侧“效果”下拉按钮，在下拉列表中选择“单元格凹凸效果”–“棱台”–“圆”。如图5–47所示。

最后将文本框删除，适当调整表格在页面中的大小以及位置，设置对齐方式。

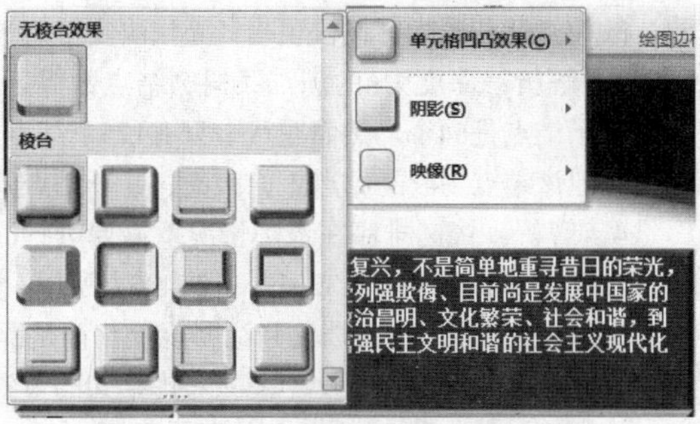

图 5–47　表格效果设置

要求9，操作步骤：

（1）选中第7页幻灯片，单击“插入”选项卡“插图”组中的“SmartArt”按钮，在弹出的“选择SmartArt图形”对话框左侧选择“流程”，然后在流程类的图形中选中“向上箭头”类型的SmartArt图形，单击“确定”按钮，则插入了一个“向上箭头”流程SmartArt图形，然后，由下向上将文本段落“第一部曲，……”“第二部曲，……”“第三部曲，……”分别复制到SmartArt的三个文本框中。

（2）适当调整SmartArt图形对象的样式及颜色。

要求10，操作步骤：

（1）在第2页幻灯片中，选中文本“一、时代解读”，单击鼠标右键，在弹出的快捷菜单中选择“超链接”，弹出“插入超链接”对话框，在左侧的“链接到”列表框中选择“本文档中的位置”，在右侧列表框中选择第3页幻灯片，单击“确定”按钮。

（2）按照同样的方法为其他目录项设置超链接。

要求11，操作步骤：

（1）选中第1页幻灯片，在“切换”选项卡下“切换到此幻灯片”组中选择一种切换方式。

（2）按照同样方法为其他幻灯片设置切换效果，注意每一页幻灯片的切换效果均不相同。

（3）选中第2张幻灯片，选中“目录”文本框，在“动画”选项卡下“动画”组中选择一种进入动画效果，继续选中SmartArt图形对象，选择一种动画效果。

（4）按照同样方法，为其余幻灯片中的对象设置动画效果，且出现的顺序应合理。

最后，单击快速访问工具栏中的“保存”按钮，并关闭PowerPoint系统。

二级MS Office高级应用题库试卷（5）参考答案及解析

一、选择题

答案表

1	2	3	4	5	6	7	8	9	10	11	12	13	14	15	16	17	18	19	20
A	A	C	A	C	A	B	C	B	C	A	B	D	D	D	B	B	A	C	D

解析

1．解析：数组是长度固定的线性表。矩阵是线性表，只不过是比较复杂的线性表。线性表中各元素的数据类型必须相同。在线性表中，不仅可以作插入与删除运算，还可以进行查找或对线性表进行排序等操作。所以，答案为A。

2．解析：在栈中，通常用指针top来指示栈顶的位置，用指针bottom指向栈底。栈顶指针top动态反映了栈中元素的变化情况。在循环队列中，队头指针和队尾指针的动态变化决定队列的长度。链式存储结构中，各数据结点的存储序号是不连续的，并且各结点在存储空间中的位置关系与逻辑关系也不一致，故头指针和尾指针或栈顶指针无法决定链表长度。所以，答案为A。

3．解析：深度为n的满二叉树，结点数等于2^n-1，叶子结点数目为2^{n-1}。n为7时，总结点数为127个，叶子结点是64个。然而题目中只有125个结点，说明少了两个结点，即第6层的最后一个结点无左右子树（但该结点为叶子结点），因此，叶子结点共62+1个。故答案为C。

4．解析：快速排序在最坏情况下需要进行n(n−1)/2次比较，但实际的排序效率要比冒泡排序高得多。本题中n=32，32×（32−1）÷2=496。所以，答案为A。

5．解析：标识符文档化和注释规律化都是源程序文档化的部分，而输入格式尽量简单也是良好的程序设计风格。程序设计中不能只考虑语句的节省，而要考虑整体的优化、程序的可靠性和可读性。所以，答案为C。

6. 解析：结构化程序设计方法的原则包括：自顶向下、逐步求精、模块化、限制使用goto语句。可继承性是面向对象方法的特点。所以，答案为A。

7. 解析：常见的过程设计工具有：图形工具［程序流程图（PFD）、N-S图、PAD图］、表格工具（判定表）、语言工具（PDL）。而数据流图是需求分析阶段的工具。所以，答案为B。

8. 解析：软件测试的实施过程主要有4个步骤：单元测试、集成测试、确认测试（验收测试）和系统测试。所以，答案为C。

9. 解析：层次模型的基本结构是树形结构，关系模型一般是二维表的形式，而网状模型是网状图的形式。所以，答案为B。

10. 解析：检索籍贯为“广东”是选择行，用σ操作；检索姓名、学号和选修的课程号是选择列（投影），用π操作。因此，表达式中必须同时既有σ也有π，且π的操纵要包含“姓名”“学号”“课程号”三列。另外，做上述σ操作和π操作的表应是S和SC进行自然连接的结果表，而不能仅对S表做上述操作，因为S表中没有“课程号”列。所以，答案为C。

11. 解析：手机、平板电脑等智能终端的运行内存属于随机存储器（Random Access Memory，RAM），而“内存”实质上是闪存形式的外部存储器，ROM是只读存储器（Read-Only Memory）。所以，答案为A。

12. 解析：每一个汉字具有固定的内码，无论输入码怎样，其内码是相同的，汉字的机内码采用变形国标码，每一个汉字具有固定的内码。所以，答案为B。

13. 解析：防病毒软件只能防止已经发现的病毒的侵入，对新病毒则可能无能为力。故答案为D。

14. 解析：集线器实际上是一个中继器，它的主要功能是对接收到的信号进行再生放大，以扩大网络的传输距离，选项A说法正确。它是一种物理层的设备，用来连接网络中的各个节点机，其基本功能是信息分发，它把一个端口接收到的信息向所有端口分发出去，选项B说法正确。一个局域网络中可以有多个集线器，选项D说法错误。以太网按其数据传输速度分为10M网卡、100M网卡和 10/100M自适应网卡。目前使用最多的是10/100M自适应网卡，10/100Mb自适应集线器可以连接10Mbps或100Mbps的网卡，选项C说法正确。即答案为D。

15. 解析：互联的计算机是分布在不同地理位置的多台独立的自治计算机（Autonomous Computer），它们之间可以没有明确的主从关系。所以，选项D的说法是错误的。

16. 解析：双击格式刷图标，格式刷可以使用多次，直至按ESC键退出格式刷功能。单击格式刷图标，格式刷可以使用一次。所以，答案为B。

17. 解析：题目中是要实现替换字符串，使用REPLACE函数。需要替换的是从第8位开始的4个字符。因此，答案为B。

18. 解析：要求出限定两个条件的平均分，可使用AVERAGEIFS函数，选项D中AVERAGEIF函数不能同时列出多个条件；选项B没有限定“实验中学”这个条件；选项C也可以求出要求的平均分，但是没有选项A优化。所以，答案为A。

19. 解析：幻灯片不是通用对象，因此没有放在“插入”选项卡中。新建幻灯片作为常用功能被设置在“开始”选项卡中。因此，答案为C。

20. 解析：在PPT中，要完成文本级别的降级；最快捷的方法就是使用Tab键。所以，答案为D。

二、字处理

解析

要求1，操作步骤：

在考生文件夹下，打开“Word素材.docx”文件，单击“文件”标签，在文档操作页面中单击“另存为”命令，将文件以文件名“Word.docx”（“.docx”为文件扩展名）保存到考生文件夹下。

要求2，操作步骤：

（1）单击“页面布局”选项卡下“页面设置”组中的“纸张大小”按钮，在下拉列表中选择“B5”。

（2）单击“页面布局”选项卡下“页面设置”组中的“纸张方向”按钮，在下拉列表中选择“横向”。

（3）单击“页面布局”选项卡下“页面设置”组右下角的对话框启动器按钮，弹出“页面设置”对话框，在“页边距”选项卡将上、下页边距设置为2.5厘米，左、右页边距设置为2.3厘米，切换到“版式”选项卡，设置页眉、页脚距边界皆为1.6厘米，然后，单击“确定”按钮关闭“页面设置”对话框。如图5-48所示。

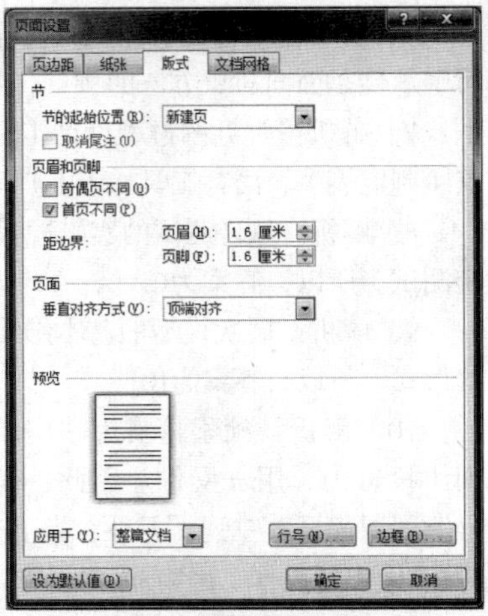

图5-48　页面设置——页边距

要求3，操作步骤：

（1）单击“插入”选项卡下“页”组中的“封面”按钮，在下拉列表中选择“字母表型”，将文档开头的标题文本“西方绘画对运动的描述和它的科学基础”剪切、粘贴到封面页标题占位符中；将下方的作者姓名“林凤生”剪切、粘贴到作者占位符中。

（2）选中标题文本框，在“开始”选项卡下“字体”组中适当调整文本的字体和字号，例如二号、华文中宋，按照同样的方法调整作者姓名，例如四号、华文中宋。

（3）选中副标题和日期占位符，按Delete键删除。

要求4，操作步骤：

单击“开始”选项卡下“编辑”组中的“替换”按钮，弹出“查找和替换”对话框，在“替换”选项卡下“查找内容”文本框中输入全角空格（启动中文输入法后，按Shift+空格键，切换到全角状态，再按空格键，输入完后再按Shift+空格键，切换回半角状态），然后单击“全部替换”按钮，在弹出的提示框中，单击“确定”按钮（共替换92个）。

要求5，操作步骤：

将光标置于文档的第2页开头，单击“插入”选项卡下“文本”组中的“文本框”按钮，在下拉列表中选择“飞越型提要栏”，然后将下方的红色文本内容移动到文本框中。

要求6，操作步骤：

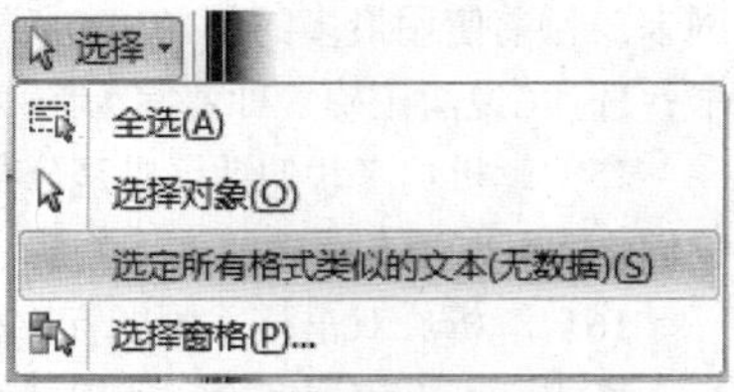

图5-49　选定特定格式的文本

（1）选中文档中的第一处蓝色文本段落，单击“开始”选项卡下“编辑”组中的“选择”按钮，在下拉列表中选择“选定所有格式类似的文本（无数据）”。如图5-49所示。

（2）单击“开始”选项卡下“样式”组中的“标题1”样式，此时所有选定的文本段落均应用了“标题1”样式。

（3）在“开始”选项卡下“样式”组中的“标题1”样式上单击鼠标右键，在右键菜单中选择“修改”，弹出“修改样式”对话框，设置字体名称为“方正姚体”，字号为“小三”，字形为“加粗”，字体颜色为“白色，背景1”。如图5-50所示。

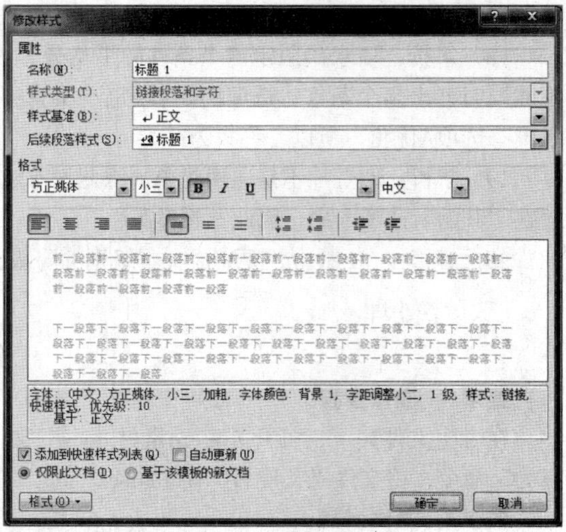

图5-50　修改样式格式

（4）单击对话框下方的“格式”按钮，在下拉列表中选择“段落”命令，弹出“段落”对话框，在“缩进和间距”选项卡下设置“对齐方式”为“左对齐”，设置段前段后间距为“0.5行”，切换到“换行和分页”选项卡，勾选“与下段同页”复选框，然后，单击“确定”按钮，关闭“段落”对话框。

（5）返回到“修改样式”对话框中，单击下方的“格式”按钮，在下拉列表中选择“边框”命令，弹出“边框和底纹”对话框，切换到“底纹”选项卡，在填充颜色选择面板中选择“紫色，强调文字颜色4，深色25%”，单击“确定”按钮。如图5–51所示。

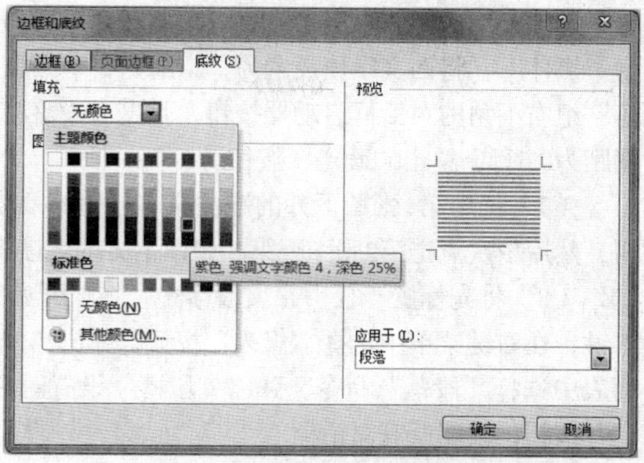

图 5–51　修改格式——填充底纹

此时，“修改样式”对话框及文档中的相应文本都会同步刷新并具有紫色底纹。

（6）选中文档中的第一处绿色文本段落，单击“开始”选项卡下“编辑”组中的“选择”按钮，在下拉列表中选择“选定所有格式类似的文本（无数据）”。

（7）单击“开始”选项卡下“样式”组中的“标题2”样式，此时所有选定的文本段落均应用了“标题2”样式。

（8）在“开始”选项卡下“样式”组中的“标题2”样式上单击鼠标右键，在右键菜单中选择“修改”，弹出“修改样式”对话框，设置字体名称为“方正姚体”，字号为“四号”，字体颜色为“紫色，强调文字颜色4，深色25%”。

（9）单击对话框下方的“格式”按钮，在下拉列表中选择“段落”命令，弹出“段落”对话框，在“缩进和间距”选项卡下设置“对齐方式”为“左对齐”，设置段前段后间距为“0.5行”，切换到“换行和分页”选项卡，勾选“与下段同页”复选框，然后，单击“确定”按钮，关闭“段落”对话框。

（10）返回到“修改样式”对话框中，单击下方的“格式”按钮，在下拉列表中选择“边框”命令，弹出“边框和底纹”对话框，切换到“边框”选项卡，将颜色设置为“紫色，强调文字颜色4，深色25%”，宽度设置为“0.5磅”，单击“预览”中的“下边框”；单击下方的“选项”按钮，弹出“边框和底纹选项”对话框，将“下”设置为“3磅”，单击“确定”按钮。

要求7，操作步骤：

（1）选中文档中的第1张图片对象，单击“开始”选项卡下“样式”组中的对话框启动器按钮，弹出“样式”对话框，单击下方的“新建样式”按钮，弹出“根据格式设置创建新样式”对话框，将名称“样式1”修改为“图片”。

（2）单击下方的“格式”按钮，在下拉列表中选择“段落”命令，弹出“段落”对话框，在“缩进和间距”选项卡中设置对齐方式为“居中”，切换到“换行和分页”选项卡，勾选“与下段同页”复选框，单击“确定”按钮。

（3）将图片1至图片10应用新建的“图片”样式。

（4）删除图片1下方的“图1”两个字，单击“引用”选项卡下“题注”组中的“插入题注”命令，弹出“题注”对话框，在“标签”列表框中选择“图”（如果没有“图”标签，则需要通过下方的“新建标签”按钮，新建“图”标签），然后单击“编号”按钮，弹出“题注编号”对话框，取消勾选“包含章节号”复选框，单击“确定”按钮。如图5–52所示。

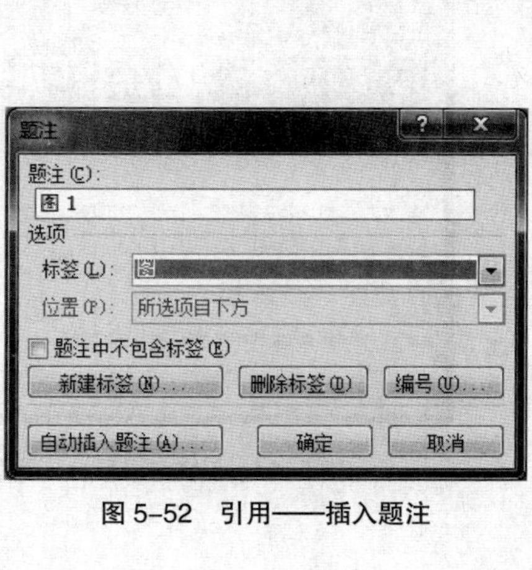

图 5–52　引用——插入题注

（5）按照同样的方法，设置第2～10张图片的题注。

（6）选中第1张图下方的题注文本段落，单击“开始”选项卡下“字体”组中的右下角的对话框启动器按钮，弹出“字体”设置对话框，将中文字体设置为“黑体”，将西文字体设置为“Arial”，字号设置为“小四号”，单击“确定”按钮；继续单击“段落”组右下角的对话框启动器按钮，弹出“段落”设置对话框，设置对齐方式为“居中”，段前、段后间距为0.5行，单击“确定”按钮。

（7）选中第1张图下方的题注文本段落，双击“开始”选项卡下“剪贴板”组中的“格式刷”按钮，然后依次点击第2张图至第10张图下方的题注文本所在段落。

（8）将光标置于任一正文段落中，在“开始”选项卡下“样式”组中的“正文”样式上单击鼠标右键，在右键菜单中选择“修改”按钮，弹出“修改样式”对话框，单击下方的“格式”按钮，在下拉列表中选择“段落”命令，弹出“段落”设置对话框，将段前、段后间距设置为“0.5行”，单击“确定”按钮，关闭所有对话框。

要求8，操作步骤：

（1）找到正文中使用黄色突出显示的文本“图1”，将该文本删除。单击“引用”选项卡下“题注”组中的“交叉引用”按钮，弹出“交叉引用”对话框，将引用类型设置为“图”，将引用内容设置为“只有标签和编号”，在“引用哪一个题注”列表框中选择“图1”，单击“插入”按钮，关闭对话框。如图5-53所示。

（2）按照同样的方法找到正文中使用黄色突出显示的其他文本（图2、图3等），依次删除后添加相对应的题注交叉引用。

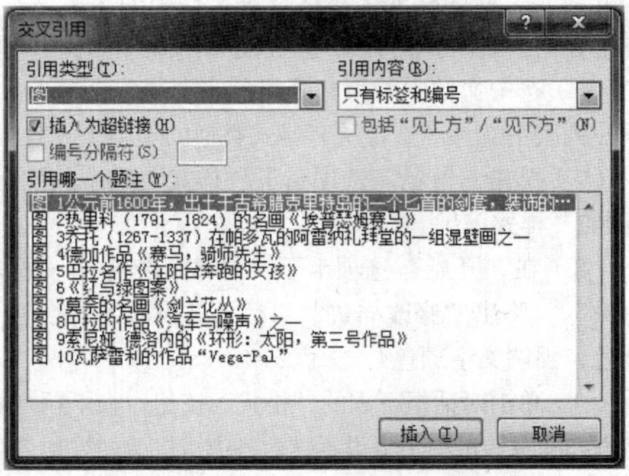

图 5-53 交叉引用

要求9，操作步骤：

（1）将光标置于“参考文献”下方，单击“引用”选项卡下“引文与书目”选项组下“管理源”按钮，弹出“源管理器”对话框，单击“浏览”按钮，弹出“打开源列表”对话框，浏览考生文件夹下的“参考文献.xml”文件，单击“确定”按钮；将左侧列表框中的所有对象选中，单击中间位置的“复制”按钮，将左侧的参考文献全部复制到右侧的“当前列表”列表框中，单击“关闭”按钮。如图5-54所示。

（2）在“引文与书目”组中将“样式”选择为“APA第五版”，单击下方的“书目”按钮，在下拉列表中选择“插入书目”。如图5-55所示。

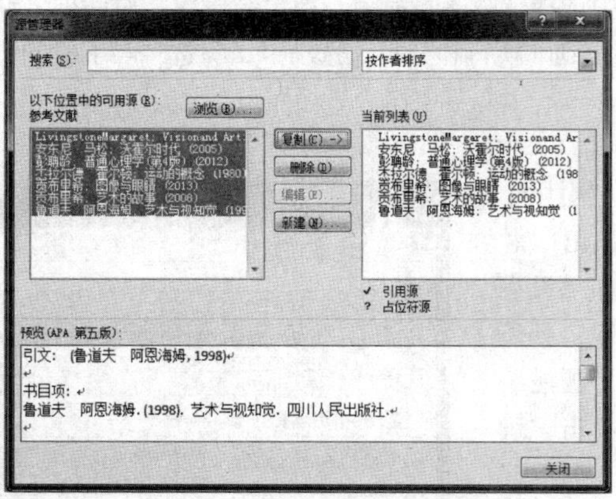

图 5-54 引文与书目——管理源

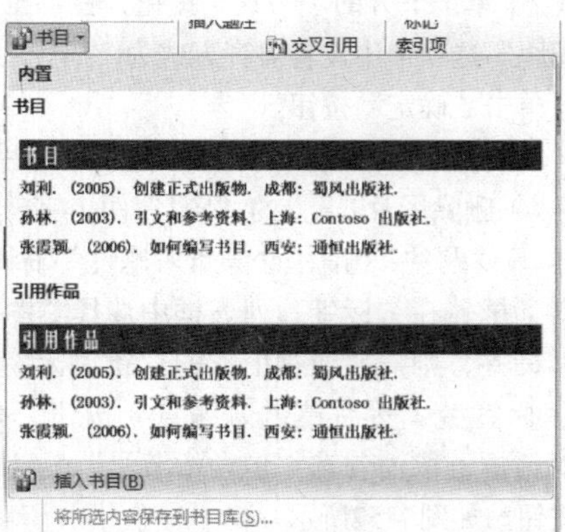

图 5-55 插入书目

要求10，操作步骤：

（1）将光标置于“人名索引”下方，单击“引用”选项卡下“索引”组中的“插入索引”按钮，弹出“索引”对话框，将“格式”设置为“流行”，“栏数”设置为“2”，“排序依据”设置为“拼音”。

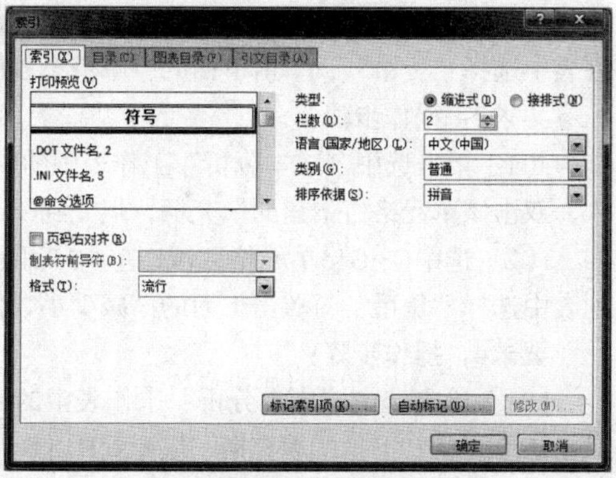

图 5-56　插入索引

（2）单击下方的“自动标记”按钮，弹出“打开索引自动标记文件”对话框，浏览考生文件夹，选中“人名.docx”文件，单击“打开”按钮，再单击“确定”按钮。

（3）再次单击“引用”选项卡下“索引”组中的“插入索引”按钮，弹出“索引”对话框，单击“确定”按钮。如图5-56所示。此时，正文中将显示出索引内容。

（4）将光标置于“参考文献”之前，按Ctrl+Enter组合键，则系统插入一个“分页符”；按照同样的方法，在“人名索引”之前插入“分页符”。

要求11，操作步骤：

（1）双击第2页的页脚位置，进入页眉页脚编辑视图。勾选“页眉页脚工具”|“设计”选项卡下“选项”组中的“首页不同”复选框，然后单击“页眉和页脚”组中的“页码”按钮，在下拉列表中选择“设置页码格式”命令，弹出“页码格式”对话框，将“编号格式”设置为“Ⅰ，Ⅱ，Ⅲ，…”类型，将“起始页码”设置为“Ⅰ”，单击“确定”按钮。

（2）继续将光标置于第2页的页脚位置，单击“页眉页脚”组中的“页码”按钮，在下拉列表中选择“页面底端-普通数字2”。

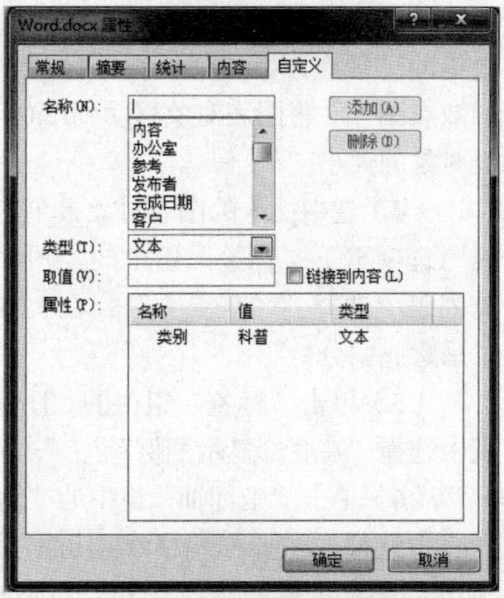

图 5-57　文档高级属性设置

（3）单击“页眉页脚工具”|“设计”选项卡下“关闭”组中的“关闭页眉和页脚”命令。

要求12，操作步骤：

单击“文件”标签，在文件操作页的“信息”操作页面中，单击右侧的“属性”下拉按钮，在下拉列表中选择“高级属性”，弹出“Word.docx属性”设置对话框，切换到“自定义”选项卡，在“名称”行中输入“类别”，在“类型”中选择“文本”，在“取值”行中输入“科普”，输入完成后，单击“添加”按钮，添加完成后单击“确定”按钮。如图5-57所示。

最后，单击“保存”按钮，并关闭Word文档。

三、电子表格

解析

要求1，操作步骤：

在考生文件夹下，打开“Excel素材.xlsx”文件，单击“文件”标签，在文件操作页面中单击“另存为”命令，弹出“另存为”对话框，将文件名称修改为“Excel.xlsx”，保存到考生文件夹中。

要求2，操作步骤：

（1）单击选中“成本分析”工作表中的F3单元格，输入公式“=$C$2/E3*$C$3”，按Enter键确认输入，双击该单元格右下角的填充柄，填充到F15单元格。

（2）选中F3:F15单元格区域，单击“开始”选项卡“数字”组中“数字格式”下拉按钮，在下拉列表中选择“货币”，单击下面的“减少小数位数”按钮，使数据只保留整数。

要求3，操作步骤：

（1）单击选中“成本分析”工作表中的G3单元格，输入公式“=$C$4*E3*0.5”，按Enter键确认输入，双击该单元格右下角的填充柄，填充到G15单元格。

（2）选中G3:G15单元格区域，单击“开始”选项卡“数字”组中“数字格式”下拉按钮，在下拉列表中选择“货币”，单击下面的“减少小数位数”按钮，使数据只保留整数。

要求4，操作步骤：

（1）单击选中“成本分析”工作表中的H3单元格，输入公式“=F3+G3”，按Enter键确认输入，双击该单元格右下角的填充柄，填充到H15单元格。

（2）选中H3:H15单元格区域，单击“开始”选项卡“数字”组中“数字格式”下拉按钮，在下拉列表中选择“货币”，单击下面的“减少小数位数”按钮，使数据只保留整数。

要求5，操作步骤：

（1）选中“成本分析”工作表的单元格区域E2:H15，单击“开始”选项卡下“样式”组中的“套用表格格式”按钮，在下拉列表中选择一种表格样式，弹出“套用表格式”对话框，采用默认设置，单击“确定”按钮。

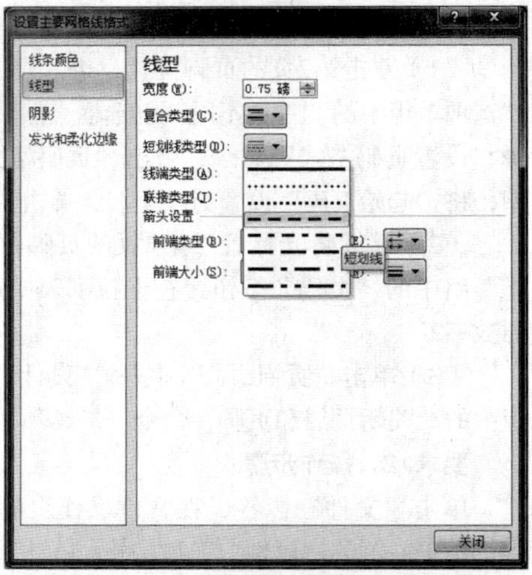

图 5-58　坐标轴网格线设置

（2）在“表工具”|“设计”选项卡下“属性”组中，将表名称修改为“成本分析”。

（3）参考考生文件夹下的“图表参考效果.png”，选中数据区域E2:H15，单击“插入”选项卡下“图表”组中的“散点图”按钮，在下拉列表中选择“带平滑线的散点图”。将图表对象移动到J2:Q18区域，适当调整图表对象的大小。

（4）选中插入的图表对象，单击“图表工具”|“布局”选项卡下“标签”组中的“图表标题”按钮，在下拉列表中选择“图表上方”，在文本框中输入图表标题“采购成本分析”。

（5）单击“标签”组中的“图例”按钮，在下拉列表中选择“在底部显示图例”。

（6）单击“坐标轴”组中的“网格线”按钮，在下拉列表中选择“主要横网格线-其他主要横网格线选项”，弹出“设置主要网格线格式”对话框，选择左侧的“线型”，单击右侧的“短划线类型”下拉按钮，选择“短划线”，单击“关闭”按钮。如图5-58所示。

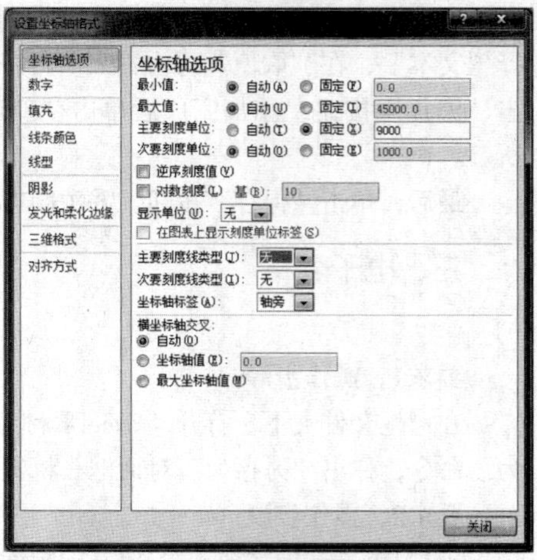

图 5-59　设置坐标轴格式

（7）在图表上单击纵坐标旁边的数值，选中左侧的垂直坐标轴，单击鼠标右键，在弹出的快捷菜单中选择“设置坐标轴格式”，弹出“设置坐标轴格式”对话框，在“坐标轴选项”中将“主要刻度单位”修改为“固定-9000”，将下方的“主要刻度线类型”设置为“无”，其他采用默认设置，单击“关闭”按钮。如图5-59所示。

（8）选中底部的水平坐标轴，单击鼠标右键，在弹出的快捷菜单中选择“设置坐标轴格式”，弹出“设置坐标轴格式”对话框，在“坐标轴选项”中将“最小值”修改为“固定-200”，将“最大值”修改为“固定-1400”，将“主要刻度单位”修改为“固定-300”，将下方的“主要刻度线类型”设置为“无”，其他采用默认设置，单击“关闭”按钮。

要求6，操作步骤：

（1）参考“换行样式.png”，选中“经济订货批量分析”工作表中的B2单元格，将光标置于“（单位：个）”之前，使用键盘上的Alt+Enter组合键（手动换行）进行换行；按照同样的方法对B3、B4、B5单元格进行换行操作。

（2）选中B2:B5数据区域，单击“开始”选项卡下“对齐方式”组中的“居中”按钮，选中B列，双击列标上B列和C列之间的间隔，B列即会自动调整列宽。

要求7，操作步骤：

选中C5单元格，输入公式“=SQRT(2*C2*C3/C4)”，单击“开始”选项卡“数字”组中“数字格式”下拉按钮，在下拉列表中选择“数字”，单击下面的“减少小数位数”按钮，使数据只保留整数。

要求8，操作步骤：

（1）在“经济订货批量分析”工作表中，单击选中B7单元格，输入公式“=SQRT(2*C2*C3/C4)”，将单元格格式设置为数值，保留0位小数。

（2）选中数据区域B7:M27，单击“数据”选项卡下“数据工具”组中的“模拟分析”按钮，在下拉列表中选择“模拟运算表”，弹出“模拟运算表”对话框，在“输入引用行的单元格”中输入“$C$2”，在“输入引用列的单元格”中输入“$C$4”，单击“确定”按钮。如图5-60所示。

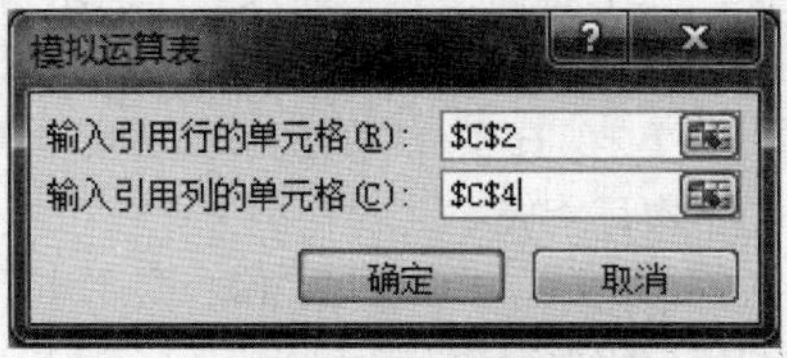

图 5-60　模拟运算表引用行列的确定

（3）选中C8:M27数据区域，单击“开始”选项卡“数字”组中“数字格式”下拉按钮，在下拉列表中选择“数字”，单击下面的“减少小数位数”按钮，使数据只保留整数。

要求9，操作步骤：

（1）选中“经济订货批量分析”工作表中的C8:M27数据区域，单击“开始”选项卡下“样式”组中的“条件格式”按钮，在下拉列表中选择“突出显示单元格规则”|“介于”命令，弹出“介于”对话框，在下方的单元格中输入“650”和“750”，如图5-61所示。

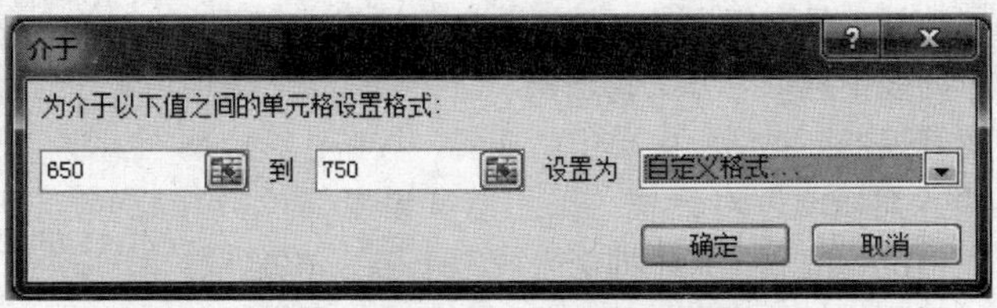

图 5-61　条件格式——突出显示单元格规则 / 介于

（2）单击“设置为”右侧的下拉箭头，在下拉列表中选择“自定义格式…”，弹出“设置单元格格式”对话框，切换到“字体”选项卡，将字体颜色选择为“白色，背景1”，再切换到“填充”选项卡，将背景色设置为“标准色-红色”，单击“确定”按钮，再在“介于”对话框中单击“确定”按钮。

要求10，操作步骤：

（1）在“经济订货批量分析”工作表中，单击“数据”选项卡下“数据工具”组中的“模拟分析”按钮，在下拉列表中选择“方案管理器”，弹出“方案管理器”对话框，单击“添加”按钮，弹出“添加方案”对话框，输入第一个方案名称“需求下降”，在“可变单元格”中输入“C2:C4”，单击“确定”按钮，弹出“方案变量值”设置对话框，如图5-62进行设置，单击“确定”按钮。

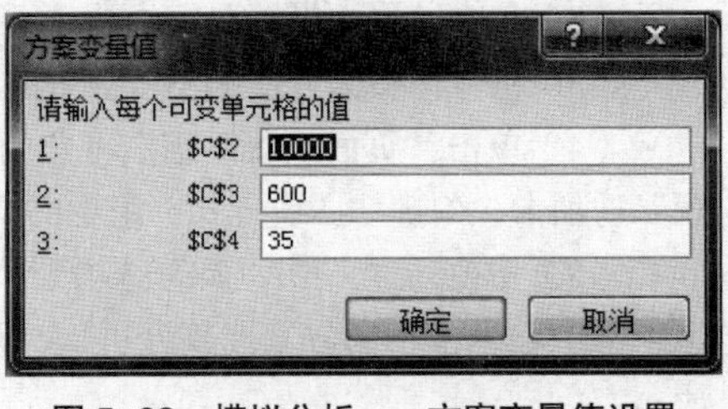

图 5-62　模拟分析——方案变量值设置

（2）按步骤（1）进行操作，单击“添加”按钮，弹出“添加方案”对话框，输入第二个方案名称“需求持平”，“可变单元格”采用默认的“C2:C4”，单击“确定”按钮，继续弹出“方案变量值”设置对话框，在“请输入每个可变单元格的值”下$C$2、$C$3和$C$4的值默认为15000、500和30，单击“确定”按钮。

（3）按步骤（1）进行操作，单击“添加”按钮，弹出“添加方案”对话框，输入第三个方案名称“需求上升”，“可变单元格”采用默认的“C2:C4”，单击“确定”按钮，继续弹出“方案变量值”设置对话框，在“请输入每个可变单元格的值”下$C$2、$C$3和$C$4分别输入20000、450和27，单击“确定”按钮。

（4）单击上图的“确定”按钮，返回到“方案管理器”对话框，选中“方案”列表框中的“需求持平”方案，单击“显示”按钮，最后单击“关闭”按钮，关闭对话框窗口。

要求11，操作步骤：

（1）在“经济订货批量分析”工作表中，选中C2单元格，单击“公式”选项卡下的“名称管理器”按钮，系统弹出“名称管理器”对话框，单击“新建”按钮，弹出“新建名称”对话框，在“名称”框中输入“年需求量”，按Enter键确认输入。如图5-63所示。

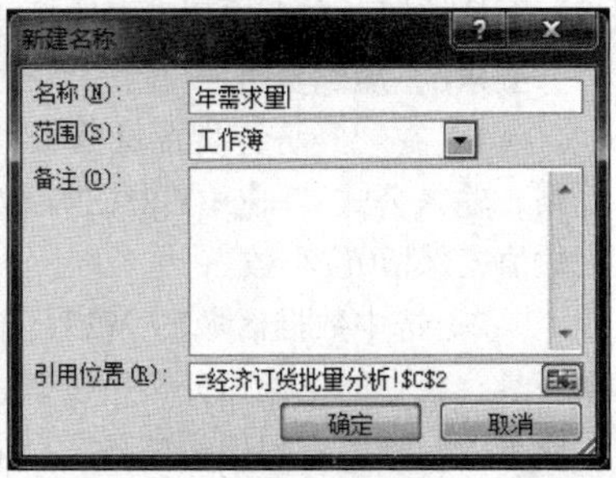

图 5-63　新建名称

（2）选中C3单元格，按照步骤（1）的方法将其命名为“单次订货成本”。

（3）选中C4单元格，按照步骤（1）的方法将其命名为“单位年储存成本”。

（4）选中C5单元格，按照步骤（1）的方法将其命名为“经济订货批量”。

要求12，操作步骤：

（1）在“经济订货批量分析”工作表中，选中C5单元格，单击“数据”选项卡下“数据工具”组中的“模拟分析”按钮，在下拉列表中选择“方案管理器”命令，弹出“方案管理器”对话框，单击“摘要”按钮，弹出“方案摘要”对话框，采用默认设置，单击“确定”按钮，系统即会生成一个名为“方案摘要”的新工作表，其中放置了模拟分析的结果。如图5-64所示。

方案摘要

	当前值:	需求下降	需求持平	需求上升
可变单元格:				
年需求量	15000	10000	15000	20000
单次订货成本	500	600	500	450
单位年存储成本	30	35	30	27
结果单元格:				
经济订货批量	707	586	707	816
$B$7	707	586	707	816

注释：“当前值”这一列表示的是在建立方案汇总时，可变单元格的值。
每组方案的可变单元格均以灰色底纹突出显示。

图 5-64　模拟分析结果

（2）将新生成的“方案摘要”工作表移动到“经济订货批量分析”工作表右侧。

要求13，操作步骤：

（1）在“方案摘要”工作表中，选中数据区域B2:G10，单击“页面布局”选项卡下“页面设置”组中的“打印区域”按钮，在下拉列表中选择“设置打印区域”。

（2）单击“页面设置”组中的“纸张方向”按钮，在下拉列表中选择“横向”。

（3）将“调整为合适大小”组中的“缩放比例”调整为“200%”。

（4）单击“页面设置”组右下角的对话框启动器按钮，弹出“页面设置”对话框，切换到“页边距”选项卡，勾选“居中方式”组中的“水平”和“垂直”复选框。

（5）切换到“页眉/页脚”选项卡，单击“自定义页眉”按钮，弹出“页眉”设置对话框，在中间文本框中输入“不同方案比较分析”。单击“确定”按钮，返回到“页眉/页脚”选项卡中。如图5-65所示。

（6）切换到“页边距”选项卡，在“页眉”文本框中输入“3”，单击“确定”按钮。

最后，单击快速访问工具栏中的“保存”按钮保存编辑好的电子表格，并关闭Excel系统。

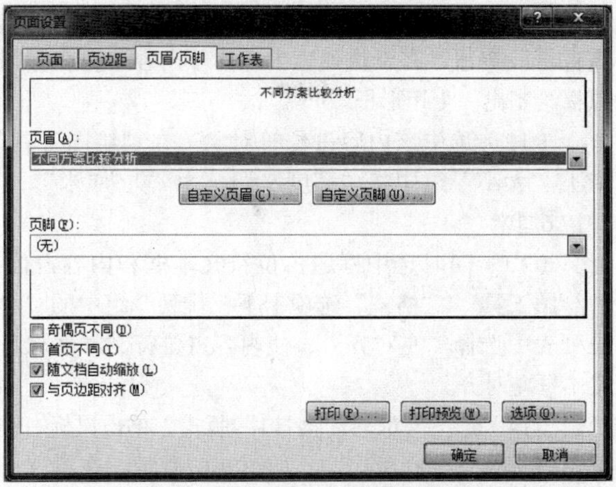

图 5-65　页面设置——页眉 / 页脚设置

四、演示文稿

解析

要求1，操作步骤：

在考生文件夹下，新建一个空白演示文稿，将其命名为“PPT.pptx”。

要求2，操作步骤：

（1）双击打开新建的“PPT.pptx”演示文稿，单击“设计”选项卡下“页面设置”组中的“页面设置”按钮，弹出“页面设置”对话框，将“幻灯片大小”设置为“全屏显示（16∶9）”，单击“确定”按钮。如图5-66所示。

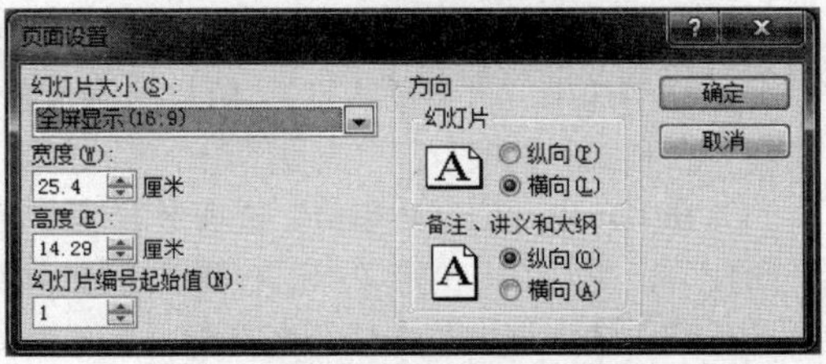

图 5-66　幻灯片页面设置

（2）单击“视图”选项卡下“母版视图”组中的“幻灯片母版”按钮，进入幻灯片母版视图设计界面。

（3）单击“幻灯片母版”选项卡下“编辑母版”组中的“重命名”按钮，弹出“重命名版式”对话框，将版式名称修改为“世界动物日”，单击“重命名”按钮。

（4）选中幻灯片母版中的标题文本框，单击“绘图工具”|“格式”选项卡下“艺术字样式”组中“快速样式”旁边的“其他”下拉按钮，在下拉艺术字样式列表框中选择“填充-白色，轮廓-强调文字颜色1”，单击右侧的“文本轮廓”按钮，在下拉列表中选择“主题颜色-蓝色，强调文字颜色1”，在“开始”选项卡下“字体”组中将“字体”设置为“微软雅黑”，并应用加粗效果。

（5）选中下方的各级母版文本，在“字体”组中将“字体”设置为“方正姚体”，文字颜色设置为“蓝色，强调文字颜色1”。

（6）在母版视图中选中“标题幻灯片”版式，单击鼠标右键，在弹出的快捷菜单中选择“设置背景格式”，弹出“设置背景格式”对话框，在“填充”选项中选择“图片或纹理填充”，单击“文件”按钮，弹出“插入图片”对话框，浏览考生文件夹，选中“图片1.jpg”文件，单击“插入”按钮。单击“关闭”按钮，关闭“设置背景格式”对话框。

（7）单击“幻灯片母版”选项卡下“编辑母版”组中的“插入版式”按钮，选中新插入的版式，单击鼠标右键，在弹出的快捷菜单中选择“重命名版式”，弹出“重命名版式”对话框，将“版式名称”修改为“世界动物日1”，单击“重命名”按钮。

（8）单击“插入”选项卡下“图像”组中的“图片”按钮，弹出“插入图片”对话框，选中考生文件夹中的“图片2. jpg”，单击“插入”按钮。

（9）选中新插入的图片文件，单击“图片工具”|“格式”选项卡下“排列”组中的“对齐”按钮，在下拉列表中选择“左对齐”。

（10）选中标题占位符，在“绘图工具”|“格式”选项卡下“大小”组中将“宽度”调整为“17.6厘米”，单击“排列”组中的“对齐”按钮，在下拉列表中选择“右对齐”。

（11）单击“幻灯片母版”选项卡下“母版版式”组中的“插入占位符”按钮，在下拉列表中选择“内容”，在标题占位符下方使用鼠标绘制出一个矩形框。

（12）选中该内容占位符对象，在“绘图工具”|“格式”选项卡下“大小”组中将“高度”调整为“9.5厘米”，“宽度”调整为“17.6厘米”。

（13）同时选中标题占位符文本框和内容占位符文本框，单击“绘图工具”|“格式”选项卡下“排列”组中的“对齐”按钮，在下拉列表中选择“左对齐”，使内容占位符文本框与上方的标题占位符文本框左对齐。

（14）选中“世界动物日1”版式，单击鼠标右键，在弹出的快捷菜单中选择“复制版式”，如图5-67所示。在下方复制出一个“1_世界动物日1版式”，单击该版式，在弹出的快捷菜单中选择“重命名版式”，弹出“重命名版式”对话框，将版式名称修改为“世界动物日2”，单击“重命名”按钮。

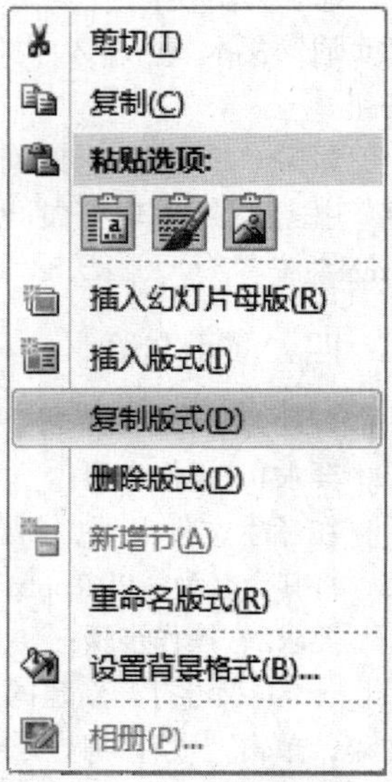

图5-67 幻灯片母版复制版式

（15）选中“世界动物日2”版式的内容占位符文本框，在“绘图工具”|“格式”选项卡下“大小”组中将“宽度”调整为“10厘米”。

（16）单击“幻灯片母版”选项卡下“母版版式”组中的“插入占位符”按钮，在下拉列表中选择“图片”，在内容占位符文本框右侧使用鼠标绘制出一个矩形框。

（17）选中该图片占位符文本框，在“绘图工具”|“格式”选项卡下“大小”组中将“高度”调整为“9.5厘米”，“宽度”调整为“7.2厘米”。

（18）同时选中左侧的内容占位符文本框和右侧的图片占位符文本框，单击“绘图工具”|“格式”选项卡下“排列”组中的“对齐”按钮，在下拉列表中选择“顶端对齐”，使内容占位符文本框与图片占位符文本框顶端对齐。

（19）同时选中上方的标题占位符文本框和下方的图片占位符文本框，单击“绘图工具”|“格式”选项卡下“排列”组中的“对齐”按钮，在下拉列表中选择“右对齐”，使图片占位符文本框与上方的标题占位符文本框右对齐。

（20）单击幻灯片母版选项卡下“关闭”组中的“关闭母版视图”按钮。

要求3，操作步骤：

（1）在PPT.pptx演示文稿中，删除已有的任何幻灯片，然后单击“开始”选项卡下“幻灯片”组中的“新建幻灯片”下拉按钮，在下拉列表中选择“幻灯片（从大纲）”，在系统弹出的对话框中选中考生文件夹下的“文字素材.docx”，单击“打开”按钮，系统即会将“文字素材.docx”中的文字导入演示文稿，并创建7张幻灯片。

（2）选中第1张幻灯片，单击“幻灯片”组中的“版式”按钮，在下拉列表中选择“标题幻灯片”。按照同样方法，将第2、第4～7张幻灯片的版式设置为“世界动物日1”，将第3张幻灯片版式设置为“世界动物日2”。

要求4，操作步骤：

（1）选中第2张幻灯片内容文本框，单击“开始”选项卡下“段落”组中的“转换为SmartArt”按钮，在下拉列表中选择“其他SmartArt图形”按钮，弹出“选择SmartArt图形”对话框，选择“列表/垂直曲形列表”，单击“确定”按钮。

（2）选中SmartArt对象，在“开始”选项卡下“字体”组中，将“字体”设置为“方正姚体”。

（3）选中SmartArt对象中的第一个形状（不是文本），单击鼠标右键，在弹出的快捷菜单中选择“超链接”，弹出“插入超链接”对话框，选择左侧的“本文档中的位置”，在右侧选中相应的链接幻灯片，单击“确定”按钮。如图5–68所示。

（4）按照上述方法，为其余4个形状（不是文本）添加相应的超链接。

要求5，操作步骤：

（1）选中第3张幻灯片，在幻灯片右侧的图片占位符中，单击中间的“插入来自文件的图片”按钮，弹出“插入图片”对话框，浏览考生文件夹，选择“图片3.jpg”文件，单击“插入”按钮。

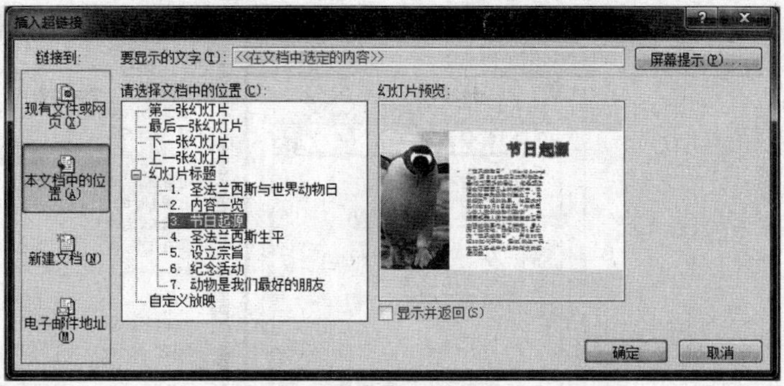

图 5–68　插入超链接

（2）选中左侧的内容本文框，单击“动画”选项卡下“动画”组中的“淡出”进入效果，单击右侧的“计时”组，将“开始”设置为“上一动画之后”。再选中右侧的图片对象，单击“动画”组中的“淡出”进入效果，单击右侧的“计时”组，将“开始”设置为“上一动画之后”，将“延迟”设置为“01.00”。

要求6，操作步骤：

（1）选中第4张幻灯片，单击“插入”选项卡下“表格”组中的“表格”按钮，在下拉列表中选择“插入表格”命令，弹出“插入表格”对话框，将“列数”设置为“2”，将“行数”设置为“8”，单击“确定”按钮。

（2）将文本框中的内容，剪切粘贴到表格单元格中，适当调整行高与列宽。然后，选中表格对象，单击“表格工具”|“设计”选项卡下“表格样式”组中的“其他”按钮，在下拉列表中选择一种表格样式。

（3）选中整个表格，在“开始”选项卡下“字体”组中，将字体设置为“方正姚体”，将字体颜色设置为“白色，背景1”。

（4）选中表格对象，单击鼠标右键，在弹出的快捷菜单中选择“设置形状格式”命令，弹出“设置形状格式”对话框，在“填充”选项中，选择“图片或纹理填充”，单击下方的“文件”按钮，弹出“插入图片”对话框，浏览考生文件夹，选中“表格背景.jpg”文件，单击“插入”按钮。

要求7，操作步骤：

（1）选中第7张幻灯片，单击内容占位符文本框中的“插入媒体剪辑”按钮，弹出“插入视频文件”对话框，浏览考生文件夹，选中“动物相册.wmv”文件，单击“插入”按钮。

（2）单击“视频工具”|“格式”选项卡下“调整”组中的“标牌框架”按钮，在下拉列表中选择“文件中的图像”。弹出“插入图片”对话框，浏览考生文件夹，选中“图片1. jpg”文件，单击“插入”按钮。

要求8，操作步骤：

（1）选中第1张幻灯片，单击“插入”选项卡下“媒体”组中的“音频”按钮，在下拉列表中选择“文件中的音频”，弹出“插入音频”对话框，浏览考生文件夹，选中“背景音乐.mid”文件，单击“插入”按钮。

（2）在“音频工具”|“播放”选项卡下“音频选项”组中，将“开始”设置为“跨幻灯片播放”，勾选“循环播放，直到停止”和“放映时隐藏”复选框。

（3）单击“动画”选项卡下“高级动画”组中的“动画窗格”，在右侧的“动画窗格”任务窗格中，选中“背景音乐.mid”，单击右侧的下拉按钮，在下拉列表中选择“效果选项”，弹出“播放音频”对话框，在“停止播放”组中，选中“在：”输入“6”，单击“确定”按钮。如图5–69所示。

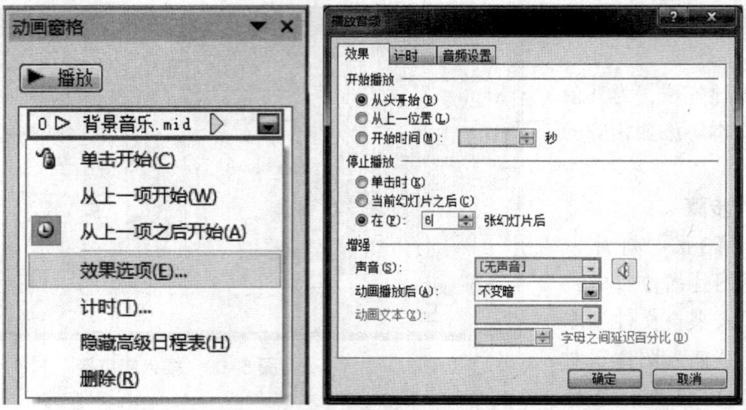

图 5-69　动画窗格设置媒体效果与音频播放设置

要求9，操作步骤：

（1）选中第1张幻灯片，选中“切换”选项卡下“切换到此幻灯片”组中的一种切换效果。

（2）勾选“计时”组中的“换片方式”中的“设置自动换片时间”，输入“00:10.00”。

（3）单击“计时”组左侧的“全部应用”按钮。

（4）选中第7张幻灯片，在“计时”组中，将“设置自动换片时间”设置为“00:50.00”。

要求10，操作步骤：

选中第1张幻灯片，单击“插入”选项卡下“文本”组中的“幻灯片编号”按钮，弹出“页眉和页脚”对话框，在对话框中勾选“幻灯片编号”和“标题幻灯片中不显示”两个复选框，单击“全部应用”按钮。

要求11，操作步骤：

（1）选中第1张幻灯片，单击“开始”选项卡下“编辑”组中的“替换”按钮，弹出“替换”对话框，在“查找内容”中输入“法兰西斯”，在“替换为”中输入“方济各”，单击“全部替换”按钮。

（2）单击“审阅”选项卡下“批注”组中的“新建批注”按钮，在“批注”文本框中输入文本“圣方济各又称圣法兰西斯”。

要求12，操作步骤：

（1）单击“视图”选项卡下“母版视图”组中的“幻灯片母版”按钮，进入“幻灯片母版视图”。

（2）选中除“标题幻灯片”“世界动物日1”和“世界动物日2”版式之外的所有幻灯片版式，单击“幻灯片母版”选项卡“编辑模板”组中的“删除”按钮，然后单击“关闭母版视图”按钮。

最后，单击快速访问工具栏中的“保存”按钮，并关闭PowerPoint系统。

二级MS Office高级应用题库试卷（6）参考答案及解析

一、选择题

答案表

1	2	3	4	5	6	7	8	9	10	11	12	13	14	15	16	17	18	19	20
B	D	D	C	B	C	B	A	A	B	D	A	C	C	D	A	D	C	B	A

解析

1. 解析：数据结构可以表示成B=（D，R），B表示数据结构，设D、R是B中的两个数据，则二元组（D，R）表示D是R的前件，R是D的后件（D在R之前，R在D之后）。线性结构的特点是开始结点和终端结点都是唯一的，除了开始结点和终端结点外，其余结点都有且仅有一个直接前件，有且仅有一个直接后件。A选项的结构可以写成5→1→7→9→3；B选项是1→5→7→9，元素3没有前件和后件；C选项是9→7→1→3→5；D选项是1→9→7→5→3。A、C、D三项都是线性结构，故本题选B。

2．解析：双向链表的每个结点都有两个指针，一个为左指针，用于指向其前件结点；一个为右指针，用于指向其后件结点，再加上头指针，具有两个以上的指针，但双向链表属于线性结构。非空线性结构中第一个结点没有前件，最后一个结点无后件，其余结点最多有一个前件，也最多有一个后件。向量也满足这个条件，属于线性结构。所以，答案为D。

3．解析：该题中的二叉树共有48个结点，其中度为1的为12个，则度为0的叶子结点和度为2的结点数为36个。另一方面，二叉树度为0的结点总比度为2的结点多一个，因此，我们没法配置出这样的二叉树。故答案为D。

4．解析：简单插入排序是指将无序序列中的各元素依次插入到已经有序的线性表中；冒泡排序每次只交换两个相邻的数据；快速排序是指选出一个结点，然后将大于该结点的数据移到后面，将小于该结点的数据移到前面，所以会产生一个新的逆序。所以，答案为C。

5．解析：随着程序的规模不断增加，程序的维护成本不断上升，所以，结构化程序设计强调的是程序的易读性，从而保证程序的可维护性。所以，答案为B。

6．解析：对象有以下一些基本特点：（1）标识唯一性。指对象是可区分的，并且由对象的内在本质来区分，而不是通过描述来区分。（2）分类性。指可以将具有相同属性和操作的对象抽象成类。（3）多态性。指同一个操作可以是不同对象的行为，不同对象执行同一类操作产生不同的结果。（4）封装性。指从外面看只能看到对象的外部特征，对象的内部对外是不可见的。（5）模块独立性好。所以，答案为C。

7．解析：软件工程的三要素是方法、工具、过程。因此，答案为B。

8．解析：宽度指整体控制跨度（横向最大模块数）的表示。本题中第1层有1个模块，第2层有n个模块（注意n≥5），第3层有3个模块，第4层有2个模块，故宽度为n。所以，答案为A。

9．解析：数据模型是数据特征的抽象，从抽象层次上描述了系统的静态特征、动态行为和约束条件，为数据库系统的信息表与操作提供了一个抽象的框架，即描述了数据结构、数据操作及数据约束。所以，答案为A。

10．解析：关系R和关系S经过差运算后得到的关系由属于关系R而且不属于关系S的元组构成，记为R–S。观察题干可知，关系T中的行属于关系R，但不属于关系S，故为差运算。所以，答案为B。

11．解析：该图片的像素为600×300=180000，而每个像素是24位数据，即3个字节，所以理论的图片大小为3×180000=540000（B），540000÷1024≈527.3（KB）。所以，答案为D。

12．解析：在计算机内部对汉字进行存储、处理和传输的汉字代码是汉字内码。汉字字形码用于输出显示和打印，而汉字输入码称为外码，是各种输入法进行的编码。汉字信息交换码即汉字信息处理系统之间或通信系统之间传输信息时，对每一个汉字所规定的统一编码，我国已指定汉字信息交换码的国家标准《信息交换用汉字编码字符集——基本集》，代号为GB 2312–80，又称为“国标码”。因此，答案为A。

13．解析：①③④都是防止计算机病毒传播或造成巨大破坏的措施，②所说的当计算机受到病毒侵害后立即重装系统的做法并不妥当，因为在没有彻底清除计算机病毒的情况下重装系统，一方面，可能在硬盘的其他分区还隐藏了病毒，另一方面，也会造成系统盘“C：”中的数据全部丢失。所以，计算机系统受到病毒侵害后正确的做法是：先尽量清除病毒，在安全模式下备份重要的文件，不得已时再重装系统。所以，答案为C。

14．解析：所谓互联，是指世界上众多的计算机网络的互联。例如，因特网是一个互联网，它是将提供不同服务的、使用不同技术的、具有不同功能的物理网络互联起来而形成的。所以，答案为C。

15. 解析：三维旋转属于放在文本框中的艺术字的特殊效果，因此，其文本样式不能自定义。所以，答案为D。

16. 解析：如果需要将图片或者其他符号作为项目符号，只需单击“开始”选项卡“项目符号”下拉按钮，选择“定义新项目符号”，然后单击“图片”按钮，选择图片即可。所以，答案为A。

17. 解析：如果要将外部数据导入Excel中，特别是在数据量大时，直接用导入功能更佳。操作方法为：在“数据”选项卡下的“获取外部数据”组选择“自网站”功能导入网站中的数据表格。所以，最优的操作方法为D。

18. 解析：选项A和B都可以完成选中，但是在内容比较多的情况下不便于操作；选项C是最方便快捷的可以完成选中的操作；选项D选中的是整个工作表。所以，答案为C。

19. 解析：自定义放映可以定义只放映选定的一些幻灯片，但是，需要每次放映时进行设置。所以，最佳的方法是隐藏不想让观众看见的幻灯片。故答案为B。

20. 解析：幻灯片动画可以以段落为层次设置，也可以以整个文本框为单位或者将多个文本框组合起来设置动画，但不能以逐个字为单位设置动画。所以，答案为A。

二、字处理

解析

要求1，操作步骤：

打开考生文件夹下的“Word素材.docx”文件。单击“文件”标签，在文件操作页单击“另存为”按钮，弹出“另存为”对话框，在该对话框中将“文件名”修改为“Word.docx”（“.docx”为文件扩展名），单击“保存”按钮将文件保存到考生文件夹中。

要求2，操作步骤：

（1）单击“页面布局”选项卡下“页面设置”功能组中的“纸张方向”按钮，在下拉列表中选择“横向”。

（2）继续单击“页面设置”功能组右下角的对话框启动器按钮，弹出“页面设置”对话框，将“上”“下”“左”“右”页边距均调整为“2.5厘米”，单击“确定”按钮。

（3）单击“页面布局”选项卡下“页面背景”功能组中的“页面边框”按钮，弹出“边框和底纹”对话框，单击选中左侧“设置”组中的“阴影”，单击“确定”按钮。

要求3，操作步骤：

（1）打开考生文件夹下的“参考效果.png”文件，参考标题设置效果。

（2）选中文档中的标题文本“员工绩效考核成绩报告2015年度”，在“开始”选项卡下“字体”功能组中选择字体为“微软雅黑”，单击“字体颜色”按钮，在下拉列表中选择“主题颜色-红色，强调文字颜色2”，单击“加粗”按钮。

（3）将光标置于文本“员工绩效考核”之后，单击“插入”选项卡下“符号”功能组中的“符号”按钮，在下拉列表中选择“其他符号”，弹出“符号”对话框，在右侧的“子集”中选择“制表符”，在下方的符号集中选中“竖线”，单击“插入”按钮，在文档中插入一个“竖线”符号，单击“关闭”按钮，关闭“符号”对话框。

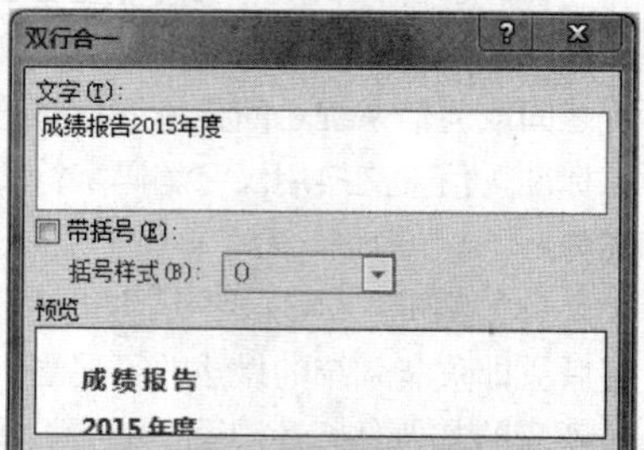

图5-70 设置双行合一

（4）选中竖线右侧的文本“成绩报告2015年度”，单击“开始”选项卡下“段落”功能组中的“中文版式”按钮，在下拉列表中选择“双行合一”，弹出“双行合一”对话框，直接单击“确定”按钮。如图5-70所示。

（5）参考“参考效果.png”文件，设置标题段落的字体为“小二”。

要求4，操作步骤：

（1）选中表格对象，单击“表格工具”|“布局”选项卡下“表”功能组中的“属性”按钮，弹出“表格属性”对话框，在“表格”选项卡下，将“度量单位”选择为“百分比”，在“指定宽度”中输入“100%”。切换到“可选文字”选项卡，在“标题”文本框中输入“员工绩效考核成绩单”，单击“确定”按钮，关闭对话框。如图5–71所示。

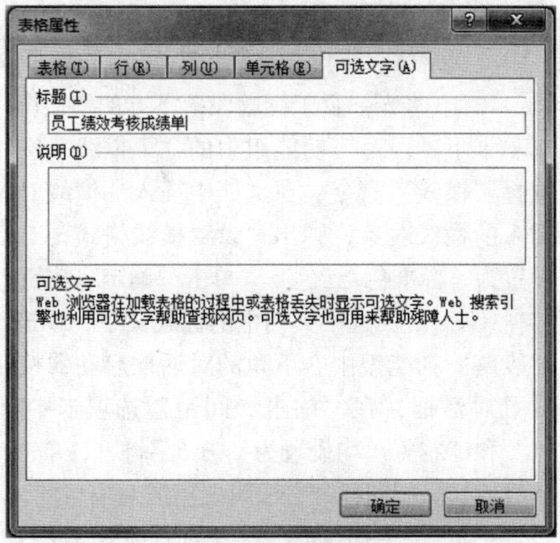

图 5–71　设置表格属性

（2）选中第3行全部单元格，单击“表格工具”|“布局”选项卡下“合并”功能组中的“合并单元格”按钮，将第3行单元格进行合并，然后单击“表格工具”|“设计”选项卡下“表格样式”功能组中的“边框”下拉按钮，在下拉列表中分别单击“左框线”和“右框线”，取消左右框线。按照同样的方法合并第7行单元格并取消左右框线。

（3）选中第4～6行、第3列（包含“综合成绩”的列）的所有单元格，单击“表格工具”|“布局”选项卡下“合并”功能组中的“合并单元格”按钮，将第4～6行、第3列的所有单元格进行合并，按照同样的方法将第4列的单元格进行合并。

（4）选中表格中的第一个单元格中的文本“员工姓名”，单击“开始”选项卡下“编辑”功能组中的“选择”按钮，选择“选定所有格式类似的文本”，选中表格中第1列和第3列包含文字的文本，单击“表格工具”|“设计”选项卡下“表格样式”功能组中的“底纹”按钮，在下拉列表中选择“蓝色，强调文字颜色1，淡色80%”。

（5）选定整个表格对象，单击“表格工具”|“布局”选项卡下“对齐方式”功能组中的“水平居中”按钮，将单元格中的内容水平居中对齐。

（6）参考“参考效果.png”文件，适当调整表格中文字的大小、段落格式。例如选中第3行，将“表格工具”|“布局”选项卡下“单元格大小”功能组中的“高度”属性调整为“0.6”；按照同样的方法将第7行的高度调整为“0.6”。

要求5，操作步骤：

（1）单击“插入”选项卡下“页眉和页脚”功能组中的“页脚”按钮，在下拉列表中选择“空白（三栏）”，在左侧的占位符中输入“MicroMacro”，在中间的占位符中输入“电话：010–123456789”，在右侧的占位符中单击“页眉和页脚工具”|“设计”选项卡下“插入”功能组中的“日期和时间”按钮，弹出“日期和时间”对话框，勾选下方的“自动更新”复选框，“语言”默认为“英语（美国）”，单击“确定”按钮。

（2）将光标移至页面页眉位置，单击“页眉和页脚工具”|“设计”选项卡下“插入”功能组中的“图片”按钮，弹出“插入图片”对话框，浏览并选中考生文件夹下的图片“logo.png”，单击“插入”按钮，然后切换到“开始”选项卡，单击“段落”组的“文本左对齐”按钮使页眉左对齐。

（3）选中插入的图片文件，调整图片大小，效果可参考文件“参考效果.png”。

（4）将光标放置于页眉位置，单击“开始”选项卡下“段落”功能组中的“边框和底纹”按钮，弹出“边框和底纹”对话框，在边框选项卡中选中左侧的“无”，在右下角的“应用于”列表框中选中“段落”，最后单击“确定”按钮关闭“边框和底纹”对话框。

（5）双击页眉页脚以外的区域，关闭页眉页脚编辑状态。

要求6，操作步骤：

（1）在表格右下角，双击文件对象图标，打开“员工绩效考核管理办法.docx”文档。

（2）选中文档中的标题段落文字“MicroMacro公司人力资源部文件”，单击“开始”选项卡下“字体”功能组中右下角的对话框启动器按钮，弹出“字体”设置对话框，在对话框中按照题目要求设置中英文字体、字形、字号和颜色（注意：不要加下划线），单击“确定”按钮。

（3）将光标置于标题段落下方的空段落中，单击“开始”选项卡下“段落”功能组中的“下框线”按钮，在下拉列表中选择“横线”命令，在文档中插入一横线对象，鼠标左键双击插入的横线对象，弹出“设置横线格式”对话框，将“颜色”设置为“标准色–红色”，单击“确定”按钮。如图5–72所示。

图 5–72　设置横线格式

（4）鼠标选中文档中的标题文字，单击“开始”选项卡下“段落”功能组中右下角的对话框启动器按钮，弹出“段落”设置对话框，在“缩进和间距”选项卡中将缩进组中的“左侧”和“右侧”均设置为“–1.5字符”，单击“确定”按钮，关闭对话框。按同样的方法设置横线对象。

（5）选中标题文字“员工绩效考核管理办法”，单击“开始”选项卡下“样式”功能组“快速样式”中的“标题”样式。

（6）选中文档中第一处蓝色文本“第一章总则”，单击“开始”选项卡下“编辑”功能组中的“选择”按钮，在下拉列表中选择“选定格式相似的文本”，选中文档中所有使用蓝色标记的文本段落，单击“样式”功能组“快速样式”中的“标题1”样式。

（7）继续选中所有应用“标题1”样式的段落，按Ctrl+H组合键，弹出“查找和替换”对话框，在“查找内容”中输入“第*章”，单击“更多”按钮，打开扩展选项，勾选下方“搜索选项”中的“使用通配符”复选框，单击“全部替换”按钮，单击“关闭”按钮关闭对话框。然后，用鼠标右键单击“样式”功能组中的“标题1”样式，在弹出的快捷菜单中选择“修改”，弹出“修改样式”对话框，单击下方的“格式”按钮，在列表中选择“编号”，弹出“编号和项目符号”对话框，在“编号”选项卡中，单击下方的“定义新编号格式”按钮，弹出“定义新编号格式”对话框，在“编号格式”文本框中的“1”之前输入“第”，“1”之后输入“章”，删除右侧的“.”号，单击“确定”按钮，最后关闭所有弹出的对话框，则所有应用“标题1”样式的段落，统一应用新的编号格式。如图5–73所示。

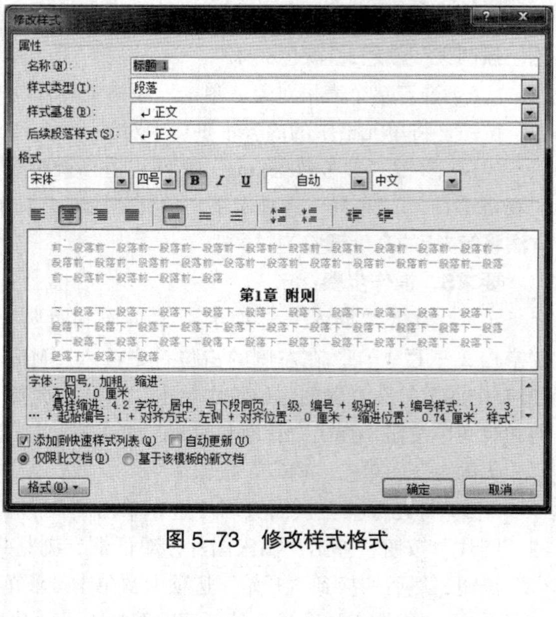

图 5–73　修改样式格式

（8）选中文档中第一处绿色文本“第一条目的”，单击“开始”选项卡下“编辑”功能组中的“选择”按钮，在下拉列表中选择“选定格式相似的文本”，选中文档中所有使用绿色标记的文本段落，单击“样式”功能组“快速样式”中的“标题2”样式。

（9）继续选中所有应用“标题2”样式的段落，按Ctrl+H组合键，弹出“查找和替换”对话框，在查找内容中输入“第*条”，勾选下方“搜索选项”中的“使用通配符”复选框，单击“全部替换”按钮，单击“关闭”按钮关闭对话框。然后，鼠标右键单击“样式”功能组中的“标题2”样式，在弹出的快捷菜单中选择“修改”，弹出“修改样式”对话框，将“字号”修改为“小四号”，单击下方的“格式”按钮，在列表中选择“编号”，弹出“编号和项目符号”对话框，在“编号”选项卡中，单击下方的“定义新编号格式”按钮，弹出“定义新编号格式”对话框，在“编号格式”文本框中的“1”之前输入“第”，删除“1”之后的“.”号，输入“条”，单击“确定”按钮，最后关闭所有弹出的对话框，则所有应用“标题2”样式的段落，统一应用新的编号格式。

（10）单击选中“第5条”，单击鼠标右键，在弹出的快捷菜单中选择“重新开始于1”，在本章中重新开始编号。按照同样的方法，将后面每一章中的编号重新编号。

（11）单击选中“第1章”，单击鼠标右键，在弹出的快捷菜单中选择“调整列表缩进”，弹出“调整列表缩进量”对话框，在“编号之后”列表框中选择“空格”，单击“确定”按钮，在弹出的对话框中，单击“是”。如图5–74所示。

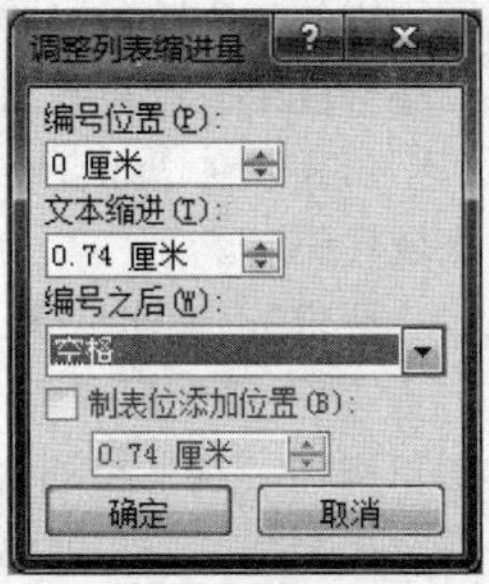

图 5–74 调整列表缩进

（12）单击选中“第1条”，单击鼠标右键，在弹出的快捷菜单中选择“调整列表缩进”，弹出“调整列表缩进量”对话框，在“编号之后”列表框中选择“空格”，单击“确定”按钮，在弹出的对话框中，单击“是”。

（13）选中第2章中被标记为红色的文本，单击“插入”选项卡下“表格”功能组中的“表格”按钮，在下拉列表中选择“文本转换成表格”命令，弹出“将文字转换成表格”对话框，采用默认设置，单击“确定”按钮，关闭对话框。

（14）选中表格最后一列2～4行的三个单元格，单击鼠标右键，在弹出的快捷菜单中选择“合并单元格”。

（15）选中第4章中被标记为红色的文本，单击“插入”选项卡下“表格”功能组中的“表格”按钮，在下拉列表中选择“文本转换成表格”命令，弹出“将文字转换成表格”对话框，采用默认设置，单击“确定”按钮，关闭对话框。

（16）分别选中两个表格中的文本，单击“开始”选项卡下“字体”功能组中的“字体颜色”按钮，在下拉列表中选择“主题颜色–黑色，文字1”。

（17）按Ctrl+H组合键，弹出“查找和替换”对话框，单击“更多”按钮，光标置于“查找内容”文本框中，单击下方的“特殊格式”，在列表中选择“段落标记”，操作两次，在“查找内容”文本框中插入两个段落标记符号，在“替换内容”中插入一个段落标记符号，单击“全部替换”按钮，最后关闭“查找和替换”对话框。

（18）单击快速访问工具栏中的“保存”按钮，单击“文件”选项卡下的“另存为”命令，将文档另存到考生文件夹下，并命名为“管理办法”。然后关闭该文档。

要求7，操作步骤：

（1）在“Word.docx”文档中，单击选中表格最后一个单元格中的Word图标。

（2）单击鼠标右键，在弹出的快捷菜单中将光标指向“文档对象”命令，在出现的级联菜单中选择“转换”，弹出“转换”对话框，单击右侧的“更改图标”按钮，弹出“更改图标”对话框，将下方的“题注”文本框中的题注修改为“指标说明”，最后单击“确定”按钮，关闭所有打开的对话框。如图5–75所示。

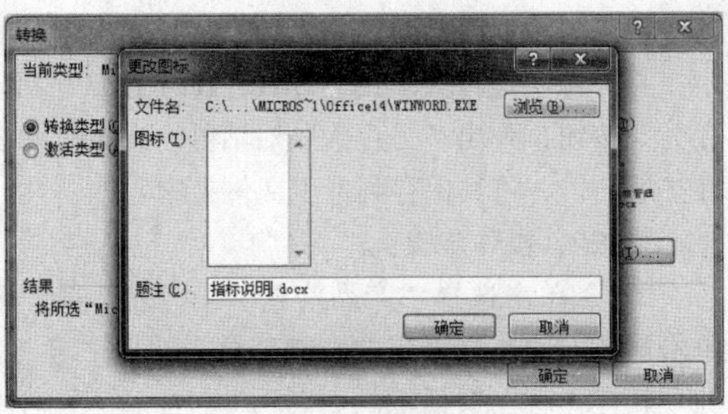

图 5–75 更改图标

要求8，操作步骤：

（1）在“Word.docx”文档中，单击“邮件”选项卡下“开始邮件合并”功能组中的“选择收件人”按钮，在下拉列表中选择“使用现有列表”，弹出“选取数据源”对话框，浏览并选中考生文件夹下的“员工考核成绩.xlsx”文件，单击“打开”按钮，弹出“选择表格”对话框，直接单击“确定”按钮。

（2）光标放置于“员工姓名”标题右侧的空白单元格中，单击“编写和插入域”功能组中的“插入合并域”按钮，在下拉列表中选择“员工姓名”，空白单元格出现“<<员工姓名>>”的域标记；按照同样的方法插入“员工编号”“员工性别”“出生日期”“业绩考核”“能力考核”“态度考核”和“综合成绩”合并域，鼠标单击选中“综合成绩”域，单击右键，在弹出的快捷菜单中选择“切换域代码”命令，在“综合成绩”右侧添加代码“\#0.0”；然后单击右键，在弹出的快捷菜单中继续单击“切换域代码”。

要求9，操作步骤：

（1）将光标置于“是否达标”标题右侧的空白单元格中，单击“编写和插入域”功能组中的“规则”按钮，在下拉列表中选择“如果…那么…否则…”，弹出“插入Word域：IF”对话框。

（2）在对话框中，将“域名”所对应的列表框选择为“综合成绩”；将“比较条件”选择为“大于等于”；在“比较对象”文本框中输入“70”，在下方的“则插入此文字”中输入“合格”，在“否则插入此文字”中输入“不合格”，最后单击“确定”按钮。如图5-76所示。

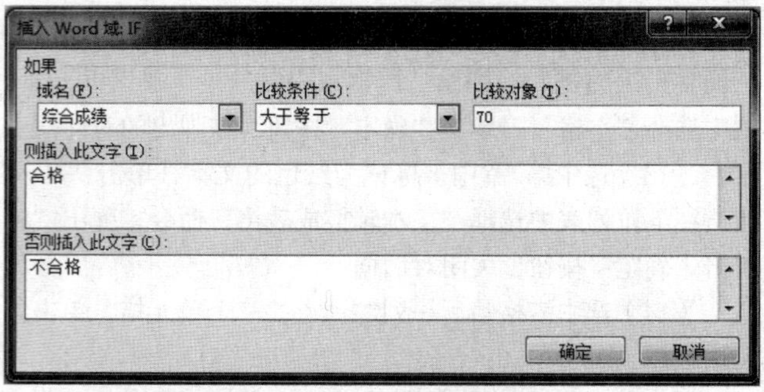

图 5-76 设置规则

要求10，操作步骤：

（1）单击“完成”功能组中的“完成并合并”按钮，在下拉列表中选择“编辑单个文档”，弹出“合并到新文档”对话框，默认合并记录“全部”，单击“确定”按钮。

（2）将新生成文档“信函1.docx”，单击快捷访问工具栏中的“保存”按钮，弹出“保存”对话框，将文件命名为“合并文档.docx”（“.docx”为文件扩展名）保存到考生文件夹下。然后，关闭这个窗口。

（3）保存并关闭“Word.docx”文档。

三、电子表格

解析

要求1，操作步骤：

打开考生文件夹下的“Excel_素材.xlsx”文件。然后，单击“文件”标签，在文件操作页单击“另存为”按钮，弹出“另存为”对话框，在该对话框中将“文件名”修改为“Excel.xlsx”（“.xlsx”为文件扩展名），将其保存到考生文件夹中。

要求2，操作步骤：

（1）单击选择“产品信息”工作表，选中单元格区域A1:D78，单击鼠标右键，在弹出的右键菜单中选择“定义名称”，在系统弹出的“新建名称”对话框的“名称”栏中输入“产品信息”，单击“确定”按钮。如图5-77所示。

（2）同样，单击选择“客户信息”工作表，为区域A1:G92建立“客户信息”名称。

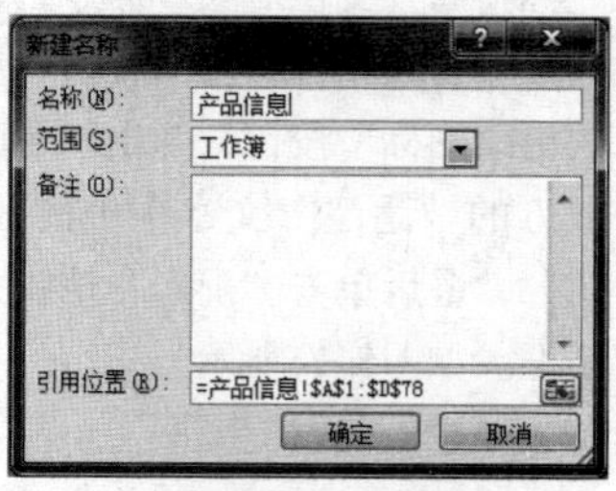

图 5-77 建立区域名称

要求3，操作步骤：

（1）单击选择“订单明细”工作表，选中C2单元格，输入公式“=VLOOKUP(B2,产品信息,2,0)”，按Enter键，然后双击单元格右下角的填充柄，填充到C907单元格。

说明：VLOOKUP为查找函数，具体说明参见第1套题“电子表格”部分“要求2”的详解。

（2）选中D2单元格，输入公式“=VLOOKUP(B2,产品信息,3,0)”，按Enter键，然后双击单元格右下角的填充柄，填充到D907单元格。

（3）选中E2单元格，输入公式“=VLOOKUP(B2,产品信息,4,0)”，按Enter键，然后双击单元格右下角的填充柄，填充到E907单元格。

（4）选中G2:G907单元格区域，单击鼠标右键，在弹出的快捷菜单中选择“设置单元格格式”，弹出“设置单元格格式”对话框，在“数字”选项卡中的“分类”列表框中选中“自定义”选项，在右侧的“类型”文本框中删除默认内容“G/通用格式”，然后输入“0%;;"-"”（半角百分号后连接两个半角分号，然后是半角双引号括住的连字符），最后单击“确定”按钮，关闭对话框。如图5-78所示。

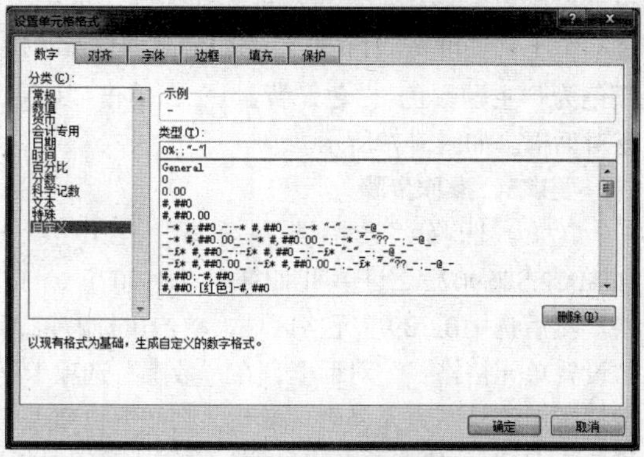

图 5-78　自定义单元格格式

（5）选中H2单元格，输入公式“=E2*F2*(1-G2)”，按Enter键，双击单元格右下角的填充柄，填充到H907单元格。

（6）同时选中E列和H列单元格区域，单击鼠标右键，在弹出的快捷菜单中选择“设置单元格格式”，弹出“设置单元格格式”对话框，在“数字”选项卡下的“分类”列表框中，单击选中“货币”类型，如果缺省货币符号不为人民币“￥”，则在下拉列表中选择为“￥中文（中国）”，将右侧的“小数位数”设置为“2”，单击“确定”按钮，关闭对话框。

要求4，操作步骤：

（1）单击选择“订单信息”工作表，选中H2单元格，输入公式“=TRIM(CLEAN(B2))”，按Enter键，双击单元格右下角的填充柄，填充到H342单元格。

说明：TRIM函数用于清除字符串（单元格内容）前后的空格，而CLEAN函数用于清除字符串中的非打印字符（例如回车换行符等）。

（2）选中H2:H342单元格区域，使用键盘上的Ctrl+C组合键复制所选区域数据，单击选中B2单元格，单击鼠标右键，在弹出的快捷菜单中选择“粘贴选项/值”（图标为“123”的选项），然后使用鼠标指向H列列标位置，单击选中H列，单击鼠标右键，在弹出的快捷菜单中选择“删除”命令。

（3）选中E2单元格，输入公式“=VLOOKUP(B2,客户信息,6,0)”，然后按Enter键，双击单元格右下角的填充柄，填充到E342单元格。

（4）选中F2单元格，输入公式“=VLOOKUP(B2,客户信息,5,0)”，然后按Enter键，双击单元格右下角的填充柄，填充到F342单元格。

（5）选中G2单元格，输入公式“=SUMIF(订单明细!$A$2:$A$907,A2,订单明细!$H$2:$H$907)”，按Enter键，双击单元格右下角的填充柄，填充到G342单元格。然后选中G2:G342单元格区域，单击鼠标右键，在弹出的快捷菜单中选择“设置单元格格式”，弹出“设置单元格格式”对话框，在“数字”选项卡下的“分类”列表框中，单击选中“货币”类型，如果缺省货币符号不为人民币“￥”，则在下拉列表中选择为“￥中文（中国）”，然后将右侧的“小数位数”设置为“2”，再单击“确定”按钮，关闭对话框。

说明：SUMIF是条件求和函数，具体说明参见第3套题“电子表格”部分“要求6”的详解。

（6）在“订单信息”工作表中选中“A2:G342”数据区域，单击“开始”选项卡下“样式”功能组中的“条件格式”按钮，在下拉列表中选择“新建规则”命令，弹出“新建格式规则”对话框，在“选择规则类型”列表框中选中“使用公式确定要设置格式的单元格”，在下方的“为符合此公式的值设置格式”文本框中输入公式“=$D2-$C2>10”。单击下方的“格式”按钮，弹出“设置单元格格式”对话框，切换到“填充”选项卡，设置背景颜色为“标准色-红色”，再切换到“字体”选项卡，设置字体颜色为“主题颜色-白色，背景1”，单击“确定”按钮，关闭所有对话框。如图5-79所示。

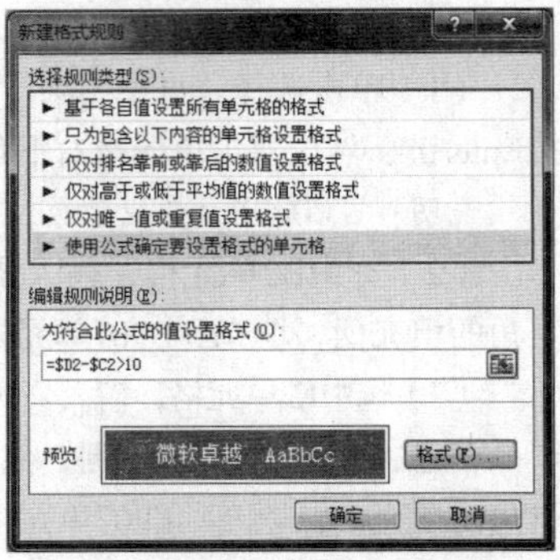

图5-79 条件格式——新建格式规则

要求5，操作步骤：

（1）选择“产品类别分析”工作表，选中B2单元格，输入公式“=SUMIF(订单明细!$D$2:$D$907,A2,订单明细!$H$2:$H$907)”，按Enter键，双击单元格右下角的填充柄，填充到B9单元格。然后选中B2:B9单元格区域，单击鼠标右键，在弹出的快捷菜单中选择“设置单元格格式”，弹出“设置单元格格式”对话框，在“数字”选项卡下的“分类”列表框中，单击选中“货币”类型，如果缺省货币符号不为人民币“￥”，则在下拉列表中选择为“￥中文（中国）”，将右侧的“小数位数”设置为“2”，然后单击“确定”按钮，关闭对话框。

（2）选中工作表数据区域“A1:B9”，单击“开始”选项卡下“编辑”功能组中的“排序和筛选”按钮，在下拉列表中选择“自定义排序”，弹出“排序”对话框，在对话框中将主要关键字选择为“销售额”，将“次序”设置为“降序”，最后单击“确定”按钮，关闭“排序”对话框。

（3）选中工作表数据区域“A1:B9”，单击“插入”选项卡下“图表”功能组中的“饼图”按钮，在下拉列表中选择“二维饼图-复合饼图”，在工作表中插入一个复合饼图对象。

（4）选中该饼图对象，单击“图表工具”|“布局”选项卡下“标签”功能组中的“图例”按钮，在下拉列表中选择“无”。选中图表对象上方的标题文本框（“销售额”），参考考生文件夹下的“图表参考效果.png”文件，将图表标题改为“各类产品所占比例”。

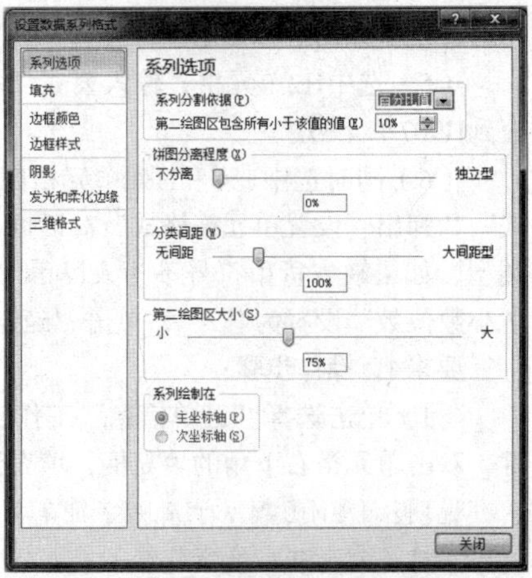

图5-80 设置数据系列格式

（5）选中图表对象，单击“图表工具”|“布局”选项卡下“当前所选内容”功能组中最上端的下拉按钮，在下拉列表框中选择“系列"销售额"”，然后单击下方的“设置所选内容格式”，弹出“设置数据系列格式”对话框，在右侧的“第二绘图区包含最后一个”对应的文本框中输入“4”，单击上方的“系列分割依据”下拉按钮，在下拉列表中选择“百分比值”，其他选项采用默认设置，单击“关闭”按钮。如图5-80所示。

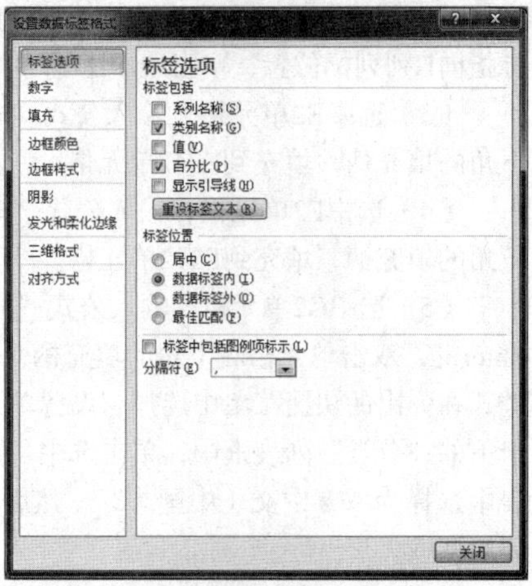

图5-81 设置数据标签格式

（6）选中图表对象，单击“图表工具”|“布局”选项卡下“标签”功能组中的“数据标签”按钮，在下拉列表中选择“其他数据标签选项”，弹出“设置数据标签格式”对话框，在右侧的“标签选项”下的“标签包括”中仅勾选

“类别名称”和“百分比”；在“标签位置”中选择“数据标签内”。最后单击“关闭”按钮，关闭对话框。如图5-81所示。

（7）适当调整图表对象的大小及位置，将其放置于工作表的D1:L17单元格区域中。

要求6，操作步骤：

（1）单击工作表“产品类别分析”右侧的“插入工作表”按钮，新建一个空白工作表Sheet1，双击工作表名“Sheet1”，修改工作表名为“地区和城市分析”。

（2）选中“订单信息”工作表中有数据的区域中任意单元格，单击“插入”选项卡下“表格”功能组中的“数据透视表”按钮，弹出“创建数据透视表”对话框，在“选择放置数据透视表的位置”选项组中选择“现有工作表”，在“位置”文本框中单击右侧的“压缩对话框”按钮，然后单击选中“地区和城市分析”工作表的“A1”单元格，单击“确定”按钮。如图5-82所示。

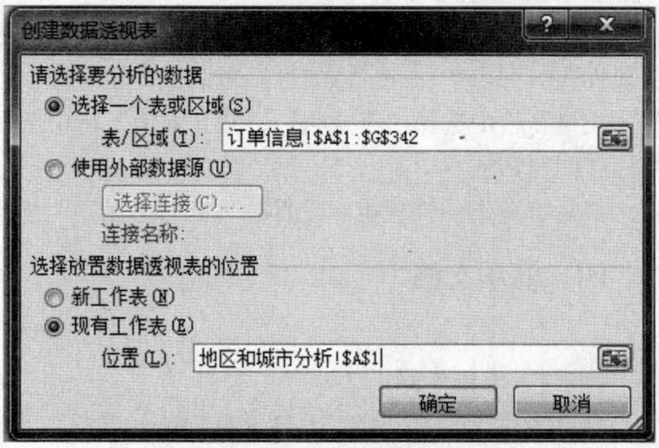

图 5-82 创建数据透视表

（3）在“地区和城市分析”工作表中，参考考生文件夹下的“透视表参考效果.png”文件，将右侧“数据透视表字段列表”窗格中的“发货地区”和“发货城市”两个字段分别拖动到下方的“行标签”区域中，将“订单金额”字段拖动到“数值”区域中。

（4）选中A1:B25数据区域，单击“数据透视表工具”|“选项”选项卡下的“数据透视表”功能组中的“选项”按钮，在下拉列表中选择“选项”命令，弹出“数据透视表选项”对话框，在“布局和格式”选项卡中，勾选“合并且居中排列带标签的单元格”，切换到“显示”选项卡，取消勾选“显示展开/折叠按钮”，单击“确定”按钮。如图5-83所示。

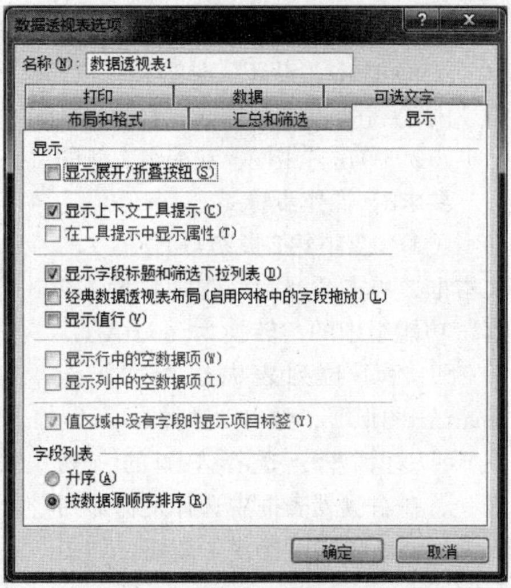

图 5-83 数据透视表选项

（5）单击“数据透视表工具”|“设计”选项卡下“布局”功能组中的“分类汇总”按钮，在下拉列表中选择“不显示分类汇总”命令，单击右侧的“报表布局”按钮，在下拉列表中选择“以表格形式显示”。

（6）双击C1单元格，在“自定义名称”框中输入文本“订单金额汇总”，单击“确定”按钮；选中C2:C19数据区域，单击鼠标右键，在弹出的快捷菜单中选择“设置单元格格式”命令，弹出“设置单元格格式”对话框，在“数字”选项卡下的“分类”列表框中，单击选中“货币”类型，如果缺省货币符号不为人民币“￥”，则在下拉列表中选择为“￥中文（中国）”，将右侧的“小数位数”设置为“2”，设置完成后单击“确定”按钮，关闭对话框。

要求7，操作步骤：

（1）选中“客户信息”工作表，在G2单元格中输入公式“=VLOOKUP(SUMIF(订单信息!$B$2:$B$342,A2,订单信息!$G$2:$G$342),客户等级!$A$2:$B$11,2,1)”，按Enter键，双击单元格右下角的填充柄，填充到G92单元格。

（2）选中A2:G92数据区域，单击“开始”选项卡下“样式”功能组中的“条件格式”按钮，在下拉列表中选择“新建规则”命令，弹出“新建格式规则”对话框，在“选择规则类型”列表框中选中“使用公式确定要设置格式的单元格”，在下方的“为符合此公式的值设置格式”文本框中输入公式“=--MID($G2,1,LEN($G2)-1)<6”。单击下方的“格式”按钮，弹出“设置单元格格式”对话框，切换到“填充”选项卡，设置背景颜色为“标准色-红色”，再切换到“字体”选项卡，设置字体颜色为“主题颜色-白色，背景1”，单击“确定”按钮，关闭所有对话框。

说明：MID为截取字符串函数，其用法参见第3套题“电子表格”部分“要求2”的详解。

要求8，操作步骤：

单击“文件”标签，打开Office后台视图，单击最右侧页面中的“属性”，在下拉列表中选择“高级属性”，弹出“Excel.xlsx属性”对话框，切换到“自定义”选项卡，在“名称”行中输入“机密”；在“类型”行中选择“是或否”；在“取值”行中选择“是”，最后单击“添加”按钮，单击“确定”按钮关闭对话框。

最后，单击“快速访问工具栏”中的“保存”按钮，并关闭Excel系统。

四、演示文稿

解析

要求1，操作步骤：

打开考生文件夹下的“PPT素材.pptx”文件。单击“文件”标签，在文件操作页单击“另存为”按钮，弹出“另存为”对话框，在该对话框中将“文件名”修改为“PPT.pptx”（“.pptx”为文件扩展名），将其保存到考生文件夹中。

要求2，操作步骤：

（1）单击“设计”选项卡下“主题”功能组中的“其他”下拉按钮，展开所有主题样式，单击选中“内置-茅草”主题样式。

（2）单击“主题”功能组右侧的“字体”按钮，在下拉列表中选择“基本”。

要求3，操作步骤：

（1）选中第2张幻灯片下方的文本框，单击“开始”选项卡下“段落”功能组中的“转换为SmartArt”按钮，在下拉列表中选择“其他SmartArt图形”，弹出“选择SmartArt图形”对话框，选择左侧的“列表”，在右侧列表框中选择“梯形列表”样式，单击“确定”按钮。如图5-84所示。

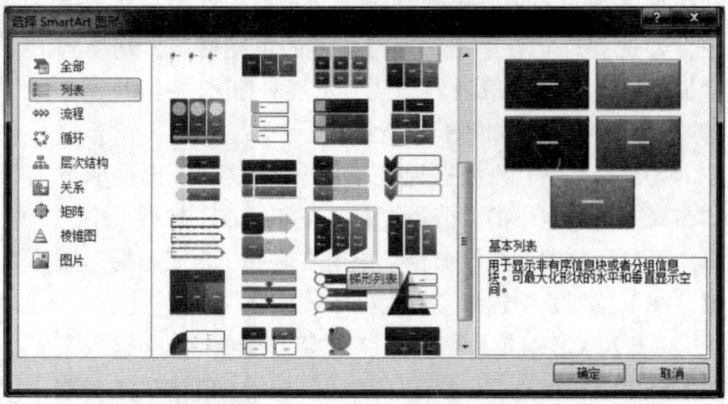

图 5-84　文本框转换为SmartArt图形——选择SmartArt图形

（2）单击选中第一个形状对象，单击鼠标右键，在弹出的快捷菜单中选择“超链接”，弹出“插入超链接”对话框，选择左侧的“本文档中的位置”，在右侧选中“3.关于诺贝尔奖”，单击“确定”按钮，关闭对话框。

（3）按照上述方法，为其他两个形状对象添加超链接，分别链接到第7张和第11张幻灯片。

要求4，操作步骤：

（1）单击选中第3张幻灯片，然后按住Ctrl键，再单击选中第7张和第11张幻灯片。

（2）单击“开始”选项卡下“幻灯片”功能组中的“版式”按钮，在下拉列表中选择“节标题”版式。

要求5，操作步骤：

（1）选中第5张幻灯片，单击“开始”选项卡下“幻灯片”功能组中的“版式”按钮，在下拉列表中选择“比较”版式。

（2）参考考生文件夹下的“幻灯片5.png”文件，在第5张幻灯片的左上方占位符文本框中输入文本“奖牌”，在右上方占位符文本框中输入文本“奖金”，将光标置于“奖牌”文本框中，单击“开始”选项卡下“段落”功能组中的“左对齐”按钮，设置文本左对齐；按照同样方法设置文本“奖金”为左对齐。

（3）单击左下方占位符中的“插入来自文件的图片”按钮，弹出“插入图片”对话框，浏览并选中考生文件夹下的“奖牌.jpg”文件，单击“插入”按钮。

（4）单击“图片工具”|“格式”选项卡下“调整”功能组中的“删除背景”按钮，在图片上会出现一个矩形形状，拖动矩形边框的四周边线，使其将整个圆形包围住，然后单击“背景消除”选项卡下“关闭”功能组中的“保留更改”按钮，最后选中该占位符对象，单击“图片工具”|“格式”选项卡下“图片样式”功能组中的“图片边框”按钮，在下拉列表中选择“主题颜色-黄色，强调文字颜色2”。

说明：题目要求“设置图片边框颜色与幻灯片边框颜色相同”，找到幻灯片边框颜色的方法为：单击“视图”选项卡下“母版视图”功能组中的“幻灯片母版”按钮，切换到幻灯片母版视图，然后单击第1张较大的幻灯片中的黄色矩形边框，并单击“绘图工具”|“格式”选项卡下“形状样式”功能组中的“形状轮廓”按钮，在下拉列表中查看边框的颜色为“黄色，强调文字颜色2”。

（5）在右侧的占位符中单击“插入图表”按钮，弹出“插入图表”对话框，如图5-85所示，选择左侧的“XY（散点图）”，在右侧的列表框中选择“带平滑线和数据标记的散点图”，单击“确定”按钮，会弹出一个Excel工作簿对象。

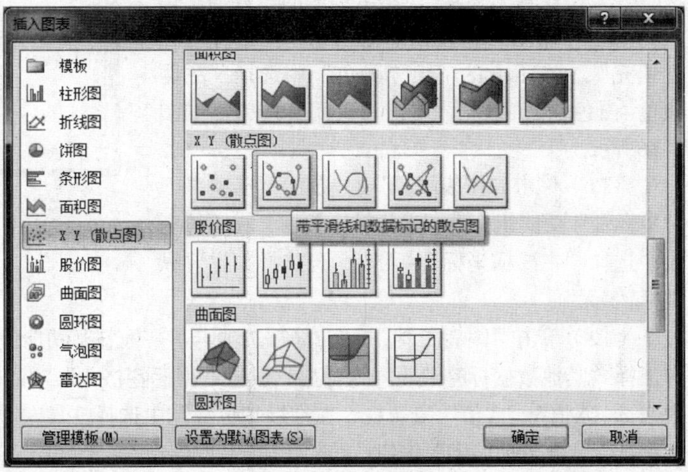

图 5-85　插入图表

向左拖动幻灯片下方的水平滚动条，在幻灯片可见区域外部存在一个包含数据的文本框，选中该数据并进行复制，再选中Excel工作簿中的A1单元格并右击，在弹出的快捷菜单中选择“粘贴选项-匹配目标格式”命令。

（6）选中工作表中的A2:A4单元格区域，单击鼠标右键，在弹出的快捷菜单中选择“设置单元格格式”命令，弹出“设置单元格格式”对话框，在“数字”选项卡下的“分类”列表框中，单击选中“自定义”类型，在右侧的“类型”文本框中输入“0000"年"”，单击“确定”按钮。

（7）选中工作表中的B2:B4单元格区域，单击鼠标右键，在弹出的快捷菜单中选择“设置单元格格式”命令，弹出“设置单元格格式”对话框，在“数字”选项卡下的“分类”列表框中，单击选中“自定义”类型，在右侧的“类型”文本框中输入“0"万瑞典克朗"”（注意：0后面的双引号为半角符号），单击“确定”按钮。

（8）关闭Excel工作簿。单击第5张幻灯片中的图表，单击“图表工具”|“布局”选项卡下“标签”功能组中的“图例”按钮，在下拉列表中选择“无”；单击“坐标轴”功能组中的“网格线”按

钮，在下拉列表中选择“主要横网格线-无”，再选择“主要纵网格线-无”。

在图表横坐标轴标签（年代值）上单击鼠标右键，在右键菜单中选择“设置坐标轴格式”，弹出“设置坐标轴格式”对话框，在右侧的“坐标轴选项”中，将“最小值”设置为“固定”，在右侧的文本框中输入“1901”；将“最大值”设置为“固定”，在右侧的文本框中输入“2000”；将下方的“主要刻度线类型”“次要刻度线类型”和“坐标轴标签”均设置为“无”，单击“关闭”按钮；在纵坐标标签（XX万瑞典克朗）上单击鼠标右键，在右键菜单中选择“设置坐标轴格式”，弹出“设置坐标轴格式”对话框，将下方的“主要刻度线类型”“次要刻度线类型”和“坐标轴标签”均设置为“无”，单击“关闭”按钮。

（9）单击“图表工具”|“布局”选项卡下“标签”功能组中的“图表标题”按钮，在下拉列表中选择“无”，取消图表标题。

（10）单击“图表工具”|“布局”选项卡下“当前所选内容”功能组中的“图表元素”下拉按钮，在下拉列表中选择“系列 "金额（万瑞典克朗）"”，单击下方的“设置所选内容格式”，弹出“设置数据系列格式”对话框，选中左侧的“数据标记选项”，在右侧的“数据标记类型”中选择“内置”，将下方的“类型”类型选择为“圆形”，大小设置为“7”；单击左侧的“数据标记填充”，在右侧的“数据标记填充”中选择“纯色填充”，在下方的“填充颜色”中选择“主题颜色-白色，文字1”，单击“关闭”按钮。如图5-86所示。

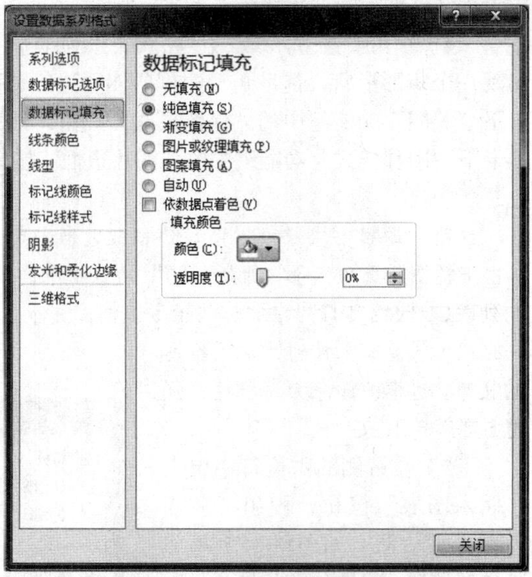

图 5-86　设置数据系列格式

（11）单击“图表工具”|“布局”选项卡下“坐标轴”功能组中的“坐标轴”按钮，在下拉列表中选择“主要横坐标轴-无”，再选择“主要纵坐标轴-无”。

（12）单击“图表工具”|“布局”选项卡下“标签”功能组中的“数据标签”按钮，在下拉列表中选择“其他数据标签选项”，弹出“设置数据标签格式”对话框，在“标签选项”的“标签包括”中勾选“X值”“Y值”复选框，在“标签位置”中选择“靠左”，在“分隔符”选项组中选择“（分行符）”，单击“关闭”按钮。

（13）保持3个数据标签被选中状态，在“开始”选项卡下“字体”功能组中将“字号”修改为“8”，单击“段落”功能组中右下角的对话框启动器按钮，弹出“段落”设置对话框，将“对齐方式”设置为“左对齐”，单击“确定”按钮。参考“幻灯片5.png”文件，适当调整3个数据标签的位置，使其与参考样例一致。

（14）单击图表选中整个图表，单击“图表工具”|“格式”选项卡下“形状样式”功能组中的“形状轮廓”按钮，在下拉列表中选择“主题颜色-黄色，强调文字颜色2”。

要求6，操作步骤：

（1）选中第6张幻灯片，参考考生文件夹下的“评选流程.png”图片文件，在键盘上按住Ctrl键，点选选中第6张幻灯片下方的内容文本框中的“接受各项诺贝尔奖推荐的候选人”“各项诺贝尔奖评委会对推荐的候选人进行筛选、审定，工作情况严加保密”“公布各项诺贝尔奖获得者名单”和“在斯德哥尔摩和奥斯陆分别举行诺贝尔奖颁发仪式，瑞典国王及王后出席并授奖”段落，单击“开始”选项卡下“段落”功能组中的“提高列表级别”按钮。

（2）选中该文本框对象，单击“开始”选项卡下“段落”功能组中的“转换为SmartArt”按钮，在下拉列表中选择“其他SmartArt图形”，弹出“选择SmartArt图形”对话框，选择左侧的“流程”，在右侧列表框中选择“交替流”样式，单击“确定”按钮。

（3）选中该SmartArt对象，单击“动画”选项卡下“动画”功能组中的“淡出”进入动画效果，单击右侧的“效果选项”按钮，在下拉列表中选择“逐个”。

要求7，操作步骤：

（1）选中第8～10张幻灯片，单击“开始”选项卡下“幻灯片”功能组中的“版式”按钮，在下拉列表中选择“两栏内容”版式。

（2）单击第8张幻灯片右侧占位符文本框中的“插入来自文件的图片”按钮，弹出“插入图片”对话框，浏览并选中考生文件夹下的“萨特.jpg”文件，单击“插入”按钮；按照同样的方法，在第9张幻灯片中插入图片“希格斯.jpg”，在第10张幻灯片中插入图片“伦琴.jpg”。

（3）选中第8张幻灯片中的图片对象，适当调整其大小与位置，单击“图片工具”|“格式”选项卡下“图片样式”功能组中的一种图片样式，按照同样的方法，适当调整第9张幻灯片中图片的大小及位置，设置不同的图片样式；调整第10张幻灯片中图片的大小及位置，设置不同的图片样式。

要求8，操作步骤：

（1）选中第12～14张幻灯片，单击“开始”选项卡下“幻灯片”功能组中的“版式”按钮，在下拉列表中选择“内容与标题”版式。

（2）选中第12张幻灯片，将右侧的文本“是1962年生理学……好像是螺旋的东西。”拖拉到左侧的文本占位符中，单击右侧占位符中的“插入来自文件的图片”按钮，弹出“插入图片”对话框，浏览并选中考生文件夹下的“早期风格.jpg”文件，单击“插入”按钮，选中插入的图片，适当调整其大小，单击“图片工具”|“格式”选项卡下“图片样式”功能组中的“矩形投影”样式。

（3）选中第13张幻灯片，将右侧的文本“近年来……而那颗仿佛有质量的粒子正坠进深空。”拖拉到左侧的文本占位符中，单击右侧占位符中的“插入来自文件的图片”按钮，弹出“插入图片”对话框，浏览并选中考生文件夹下的“现代风格.jpg”文件，单击“插入”按钮，选中插入的图片，适当调整其大小，也将其设为“矩形投影”样式。

（4）选中第14张幻灯片，将右侧的文本“文学奖的证书是……中间是纽约。”拖拉到左侧的文本占位符中，单击右侧占位符中的“插入来自文件的图片”按钮，弹出“插入图片”对话框，浏览并选中考生文件下的“文学奖证书.jpg”文件，单击“插入”按钮，选中插入的图片，适当其调整大小，同意将其设为“矩形投影”样式。

要求9，操作步骤：

（1）选中第15张幻灯片中“谢谢聆听”文本框，单击“绘图工具”|“格式”选项卡下“排列”功能组中的“对齐”按钮，在下拉列表中选择“上下居中”，按照同样的方法为右侧的文本框设置“上下居中”对齐方式。

（2）选中右侧的文本框对象，单击“动画”选项卡下“动画”功能组中的“淡出”进入动画效果，单击“动画”功能组右下角的对话框启动器按钮，弹出“淡出”对话框，在“效果”选项卡下将“动画文本”设置为“按 字/词”，在下方的“字/词之间延迟百分比”文本框中输入“20”，单击“确定”按钮，关闭对话框。如图5-87所示。

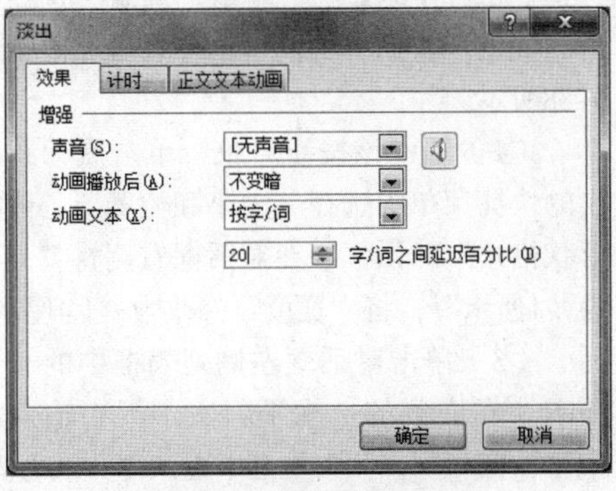

图 5-87　淡出动画效果设置

（3）继续单击选中右侧的文本框对象，单击“审阅”选项卡下“中文简繁转换”功能组中的“简转繁”按钮。

要求10，操作步骤：

（1）在左侧的“幻灯片”缩略图窗格中第1张幻灯片之前的位置单击鼠标右键，在弹出的快捷菜单中选择“新增节”命令，出现“无标题节”，选中“无标题节”，单击鼠标右键，在弹出的快捷菜单中选择“重命名节”命令，在“重命名节”对话框的“节名称”中将节名改为“开始”，按Enter键关闭对话框。

（2）在左侧的“幻灯片”缩略图窗格中第3张幻灯片之前的位置单击鼠标右键，在弹出的快捷菜单中选择“新增节”命令，出现“无标题节”，选中“无标题节”，单击鼠标右键，在弹出的快捷菜单中选择“重命名节”命令，在“重命名节”对话框的“节名称”中将节名改为“第1部分”，按Enter键关闭对话框。

（3）在左侧的“幻灯片”缩略图窗格中第7张幻灯片之前的位置单击鼠标右键，在弹出的快捷菜单中选择“新增节”命令，出现“无标题节”，选中“无标题节”，单击鼠标右键，在弹出的快捷菜单中选择“重命名节”命令，在“重命名节”对话框的“节名称”中将节名改为“第2部分”，按Enter键关闭对话框。

（4）在左侧的“幻灯片”缩略图窗格中第11张幻灯片之前的位置单击鼠标右键，在弹出的快捷菜单中选择“新增节”命令，出现“无标题节”，选中“无标题节”，单击鼠标右键，在弹出的快捷菜单中选择“重命名节”命令，在“重命名节”对话框的“节名称”中将节名改为“第3部分”，按Enter键关闭对话框。

（5）在左侧的“幻灯片”缩略图窗格中第15张幻灯片之前的位置单击鼠标右键，在弹出的快捷菜单中选择“新增节”命令，出现“无标题节”，选中“无标题节”，单击鼠标右键，在弹出的快捷菜单中选择“重命名节”命令，在“重命名节”对话框的“节名称”中将节名改为“结束”，按Enter键关闭对话框。

（6）选中节名称“开始”，单击“切换”选项卡下“切换到此幻灯片”功能组中的“淡出”切换效果；按照同样的方法为其他节添加不同的切换效果（每个节切换效果应不同）。

要求11，操作步骤：

（1）选中第6张幻灯片，单击“插入”选项卡下“插图”功能组中的“形状”按钮，在下拉列表中选择“动作按钮：后退或前一项”，在幻灯片中拖动鼠标绘制一矩形按钮，此时会弹出“动作设置”对话框，在“单击鼠标”选项卡下的“超链接到”下拉列表框中选择“幻灯片…”，弹出“超链接到幻灯片”对话框，在“幻灯片标题”列表框中选择“2.内容提要”，单击“确定”按钮，最后单击“确定”按钮，关闭“动作设置”对话框。如图5-88所示。

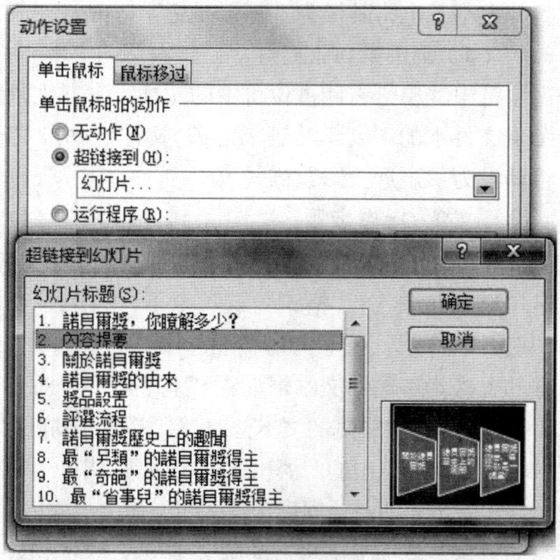

图5-88 动作按钮——动作设置

（2）选中该按钮对象，单击鼠标右键，在弹出的快捷菜单中选择“大小和位置”，弹出“设置形状格式”对话框，在对话框右侧将“高度”修改为“1厘米”，将“宽度”修改为“1.4厘米”。

（3）单击对话框左侧列表框中的“位置”选项卡，在右侧的“水平”文本框中输入“23.3厘米”，在“垂直”文本框中输入“17.33厘米”，单击“关闭”按钮。

（4）单击选中该按钮对象，单击鼠标右键，在弹出的快捷菜单中选择“复制”命令。

（5）选中第10张幻灯片，按Ctrl+V组合键粘贴动作按钮到本幻灯片。

（6）选中第14张幻灯片，按Ctrl+V组合键粘贴动作按钮到本幻灯片。

要求12，操作步骤：

（1）单击“插入”选项卡下“文本”功能组中的“幻灯片编号”按钮，弹出“页眉和页脚”对话框，在“幻灯片”选项卡中勾选“幻灯片编号”和“标题幻灯片中不显示”复选框，单击“全部应用”按钮。

（2）单击“视图”选项卡下“母版视图”功能组中的“幻灯片母版”按钮，打开幻灯片母版视图，选中第1张“茅草幻灯片母版”，选中下方的“页码占位符”文本框（含文字内容“<#>”），单击“绘图工具”|“格式”选项卡下“排列”功能组中的“对齐”按钮，在下拉列表中选择“左右居中”按钮，然后将光标置于该文本框中，单击“开始”选项卡下“段落”功能组中的“居中”按钮。最后，单击“幻灯片母版”选项卡下“关闭”功能组中的“关闭母版视图”按钮。

最后，单击快速访问工具栏中的“保存”按钮保存演示文稿，并关闭PowerPoint系统。

二级MS Office高级应用题库试卷（7）参考答案及解析

一、选择题

答案表

1	2	3	4	5	6	7	8	9	10	11	12	13	14	15	16	17	18	19	20
A	C	D	D	B	C	A	D	D	B	C	B	B	A	A	C	D	C	A	B

解析

1．解析：栈的顺序存储空间为S(1:m)，初始状态为top=m+1，所以这个栈是m在栈底，1是栈顶。经过一系列入栈与退栈操作后top=m，则栈中有一个元素，若现在又退出一个元素，那么栈顶指针下移一位，回到m+1的位置。所以，答案为A。

2．解析：由于二叉树中度为0的结点（叶子结点）总比度为2的结点多一个，则度为0的结点数为30+1=31个，故总的结点数=31+28+30=89个。所以，答案为C。

3．解析：后序根靠后，中序两边分。该二叉树的后序遍历序列与中序遍历序列均为ABCD，则根结点为D；根结点D只有左子树，右子树为空。即ABC是根结点D的左子树集合。这样问题就转化为后序遍历序列与中序遍历序列均为ABC的子树，同理可得左子树集合的根结点为C，且根结点只有左子树。依次类推，该二叉树除叶子结点外，每个结点只有左子树而无右子树，结构如右图。

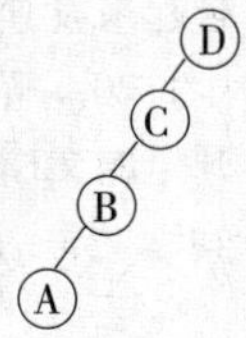

按层次输出（同一层从左到右）的序列为DCBA。所以，答案为D。

4．解析：对于长度为n的有序线性表，在最坏情况下，二分查找只需要比较$\log_2 n$次。本题中n=180，最多需要的比较次数为$\log_2 180 \approx 7.49$，即需要比较8次。所以，答案为D。

5．解析：对象的状态封装在各个对象内，因此状态的变化只能由对象的操作来改变。所以，答案为B。

6．解析：在面向对象的程序设计中，对象是面向对象的软件的基本模块，它是由数据及可以对这些数据施加的操作所组成的统一体，而且对象是以数据为中心的，操作围绕对其数据所需做的处理来设置，没有无关的操作。从模块的独立性考虑，对象内部各种元素彼此结合得很紧密，内聚性强。由于完成对象功能所需要的元素（数据和方法）基本上都被封装在对象内部，它与外界的联系自然就比较少，所以，对象之间的耦合通常比较松。因此，选项A与B错误，选项C正确。

7．解析：宽度指整体控制跨度（横向最大模块数）的表示。本题中第1层有1个模块，第2层有n个模块（注意n≥5），第3层有3个模块，第4层有2个模块，故宽度为n。所以，答案为A。

8. 解析：黑盒测试也称功能测试，方法包括等价类划分法、边界值分析法、错误推测法。所以，答案为D。

9. 解析：数据库管理阶段具有高度的物理独立性和一定的逻辑独立性，是数据管理三级阶段中对立性最高的阶段。所以，答案为D。

10. 解析：数据库管理系统提供以下的数据语言：（1）数据定义语言（DDL）负责数据的模式定义与数据的物理存取构建；（2）数据操纵语言（DML）负责数据的操纵，如查询与增、删、改等；（3）数据控制语言（DCL）负责数据完整性、安全性的定义与检查以及并发控制、故障恢复等。所以，答案为B。

11. 解析：二进制转十进制采用按位加权法，有$1\times2^6+1\times2^3+1\times2^0=73$。因此，答案为C。

12. 解析：用126除以2得余数为转换的第1位，然后再用商除以2所得余数为转换的第2位，依此类推。因题目需要8位的二进制数，所以，答案为B。

13. 解析：计算机病毒主要有5大特征：破坏性、潜伏性、传染性、隐蔽性和可激发性。感染过计算机病毒的计算机如果管理不善还可能再次感染计算机病毒，对计算机病毒并不具有免疫性。所以，答案为B。

14. 解析：在IPv4中，一个完整的IP地址由4字节，即32位二进制数组成。为了方便人们的理解和使用，它采用了点分十进制标记法，即IP地址被写成十进制数的形式，中间使用符号“.”隔开不同的字节；IP地址每一部分最大只能是255。故答案为A。

15. 解析：插入分节符的方法是在“页面布局”选项卡下的“分隔符”功能中选择“分节符”，其快捷键为Alt+P，然后选择N、O、E或者D。所以，答案为A。

16. 解析：选项A、B、C都可以达到将修订的文档合并为一份的目的，其中选项C是利用Word自带的合并修订功能，而选项D则不能将两个修订的文档进行合并。所以，答案为C。

17. 解析：Excel字符串连接符为“&”；选项A和B都会返回“#VALUE!”，表示公式中使用了错误的数据类型，而按选项C输入后系统会直接报错。因此，答案为D。

18. 解析：如果单元格格式没有设置自动换行，而输入的文本超过了列宽，且单元格右边的单元格内有数据，则超长的文字被截去，但完整的数据还在单元格中。故答案为C。

19. 解析：幻灯片动画可以以段落为层次设置，也可以以整个文本框为单位，或者将多个文本框组合起来设置动画，但是不能以逐个字为单位设置动画。所以，答案为A。

20. 解析：要使演示文稿以固定视图打开，可以在后台视图中，通过“选项/高级/显示/用此视图打开全部文档”将全部文档打开后的视图设置为“幻灯片浏览”，单击“确定”按钮。所以，答案为B。

二、字处理

解析

要求1，操作步骤：

（1）打开考生文件夹下的“准考证素材及示例.docx”文件，单击“文件”标签，在文件操作页中单击“另存为”按钮，在“另存为”对话框中，将“文件名”改为“准考证.docx”（“.docx为文件扩展名”），将其保存到考生文件夹中。

（2）选中文档第1页的所有文本，单击“插入”选项卡下“表格”组中的“表格”按钮，在下拉列表中选择“文本转换为表格”，在弹出的对话框中将“文字分隔位置”选项选为“制表符”，“列数”和“行数”会自动被分别更改为“2”和“15”，单击“确定”按钮。如图5-89所示。

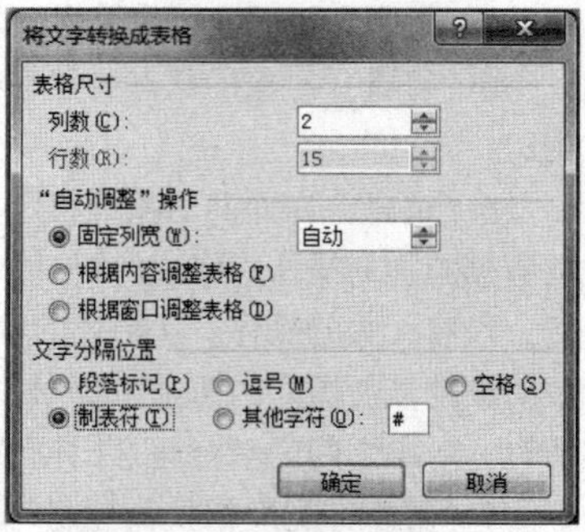

图5-89 文本转换成表格

（3）在表格第2列上方单击，选中表格第2列，拖拉表格右边

框缩窄其宽度，然后单击“表格工具”|“布局”选项卡下“行和列”组中的“在右侧插入列”按钮，在表格右侧插入一个新列。

（4）选中整个表格，单击“表格工具”|“布局”选项卡下“对齐方式”组中的“水平居中”（文字在单元格内的水平和垂直方向都居中）按钮，并单击“单元格大小”的“自动调整”按钮，在下拉列表中选择“根据窗口自动调整表格”。

（5）保持整个表格对象为被选中状态，单击“表格工具”|“设计”选项卡下“表格样式”组中的“底纹”按钮，在下拉的颜色中选择“水绿色，强调文字颜色5，淡色80%”。

（6）参考“准考证素材及示例.docx”文件中的“准考证示例图”，选中表格中的第一行单元格，单击“表格工具”|“布局”选项卡下“合并”组中的“合并单元格”按钮，获得合并的表格标题行。

（7）参考“准考证素材及示例.docx”文件中的“准考证示例图”，按照步骤（6）同样的方法对其余单元格进行相应的合并操作；并适当调整第1列、第2列列宽；整合“考试时间”“考生须知”所占单元格，删除多余的行。

提示：操作时可以单击“视图”选项卡下“窗口”组中的“新建窗口”按钮，新建一个编辑窗口，在新窗口中翻到第2页，以方便对照示例图片。

（8）参考“准考证素材及示例.docx”文件中的“准考证示例图”，选中需要调整高度的行，通过“表格工具”|“布局”选项卡下“单元格大小”组中的“高度”微调框调整行高到合适大小（1.2厘米）。

（9）将光标置于第1行文字“准考证”之前，按Enter键，将“准考证”三个字拆行。选中第1行，单击“开始”选项卡下“字体”组中右下角的对话框启动器按钮，弹出“字体”对话框，在“字体”选项卡中设置字体为“黑体”“加粗”，字号为“小二”；切换到“高级”选项卡，在“字符间距”组中将“间距”设置为“加宽”，适当调整磅值（1.8磅），单击“确定”按钮。

（10）选中其他所有行，在“开始”选项卡下“字体”组中，将字体选为“微软雅黑”，字号选为“五号”。

（11）选中表格最后一行“考生须知”，单击“表格工具”|“布局”选项卡下“对齐方式”组中的“文字方向”按钮，将文字方向设置为“纵向”，并在“开始”选项卡下的“字体”组中将字号设为“三号”。然后单击“段落”组中的“分散对齐”按钮，在弹出的“调整宽度”对话框中将新文字宽度设为“5字符”，单击“确定”按钮。如图5-90所示。

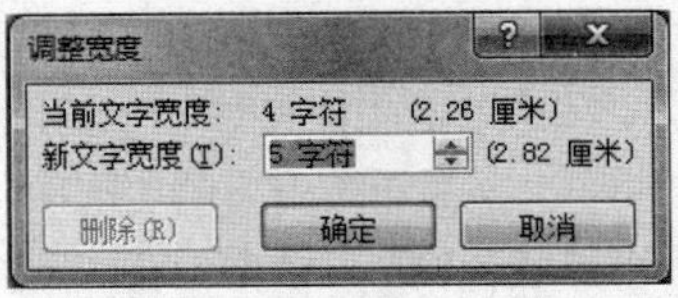

图 5-90　调整文字宽度

（12）选中“考生须知”右侧的文本内容，单击“开始”选项卡下“段落”组中的“编号”按钮，在下拉列表中选择“编号库”中相应的编号格式，删去多余的手工编号，并在“开始”选项卡下“段落”组中点击“左对齐”按钮。

要求2，操作步骤：

（1）单击“邮件”选项卡下“开始邮件合并”组中的“选择收件人”按钮，在下拉列表中选择“使用现有列表”，弹出“选取数据源”对话框，在考生文件夹下选择“考生名单.xlsx”文件，单击“打开”按钮，弹出“选择表格”对话框，单击“确定”按钮。

将表格中红色“填写准考证号”文本框删除，单击“邮件”选项卡下“编写和插入域”组下的“插入合并域”按钮，在下拉列表中选择“准考证号”域。如图5-91所示。

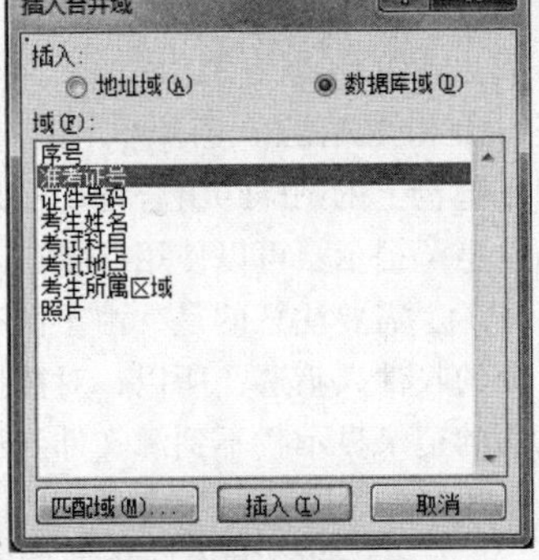

图 5-91　插入合并域

按照同样的方法插入其余域。快捷的做法是：逐个将“准考证号码”至“考试地点”5个域一次插入，然后关闭对话框，在文档中将这些域分别拖拉到适当位置。

（2）选中标题行中红色的“填写考试级别”文本框并将其删除，单击“邮件”选项卡下“编写和插入域”组下的“规则”按钮，在下拉列表中选择“如果…那么…否则…”，弹出“插入Word域：IF”对话框，单击“确定”按钮。如图5-92所示。然后，适当调整第1行文本的格式（字体大小一致，居中对齐）。

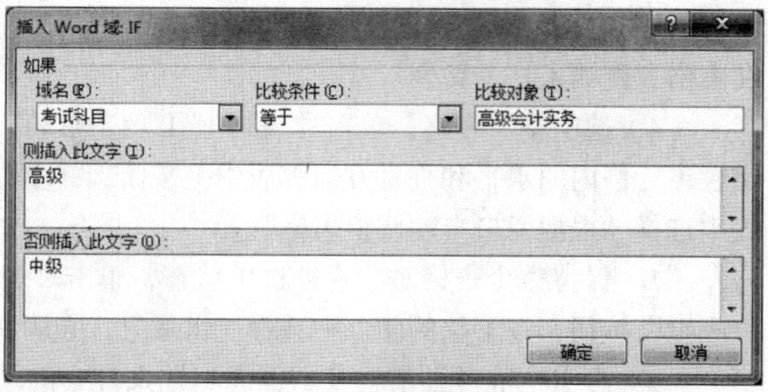

图 5-92　插入规则域

（3）选中考试时间行中“中级”对应的科目“财务管理”，单击“开始”选项卡下“段落”组中的“中文版式”按钮，在下拉列表框中选择“调整宽度”命令，弹出“调整宽度”对话框，将“新文字宽度”设置为“6字符”，单击“确定”按钮；按照同样的方法，设置“经济法”和“中级会计实务”为“6字符”宽度。

（4）参考“准考证素材及示例.docx”文件中的“准考证示例图”，在“开始”选项卡下“字体”组中将表格的文本字体设置为“微软雅黑”，颜色为“黑色”，并适当调整字号，最后在“表格工具/布局”选项卡下的“对齐方式”组中设置单元格中的文本对齐方式为“水平居中”。

（5）在表格“贴照片处”，单击“插入”选项卡下“文本”组中的“文档部件”按钮，在下拉列表中选择“域”，弹出“域”对话框，在“类别”选择框中选择“链接和引用”，在“域名”列表框中选择“IncludePicture”，单击下方的“域代码”按钮，在窗体右侧出现“域代码”文本框，在文本框中的IncludePicture后输入“"C:\\考生文件夹"”（双引号为半角符号），然后单击下方的“选项”按钮，弹出“域选项”对话框，在“开关”列表框中选择“\d”，单击右侧的“添加到域”按钮，然后单击“确定”按钮，关闭“域选项”对话框，最后单击“确定”按钮，关闭“域”对话框。如图5-93所示。

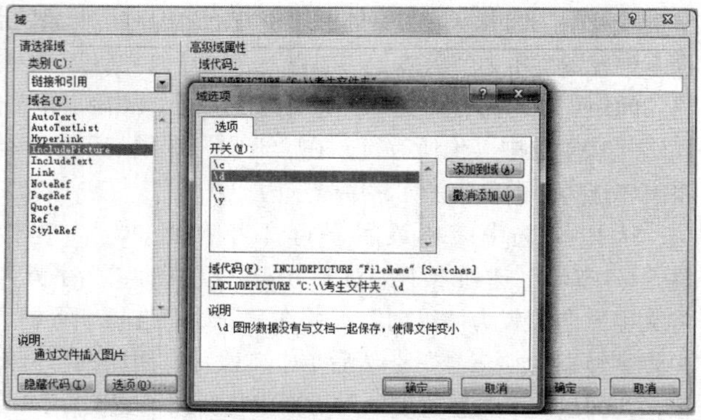

图 5-93　插入域

使用键盘上的Alt+F9组合键切换显示“域代码”，在相片处将光标置于“"C:\\考生文件夹”之后（第二个双引号之前），输入“\\”，然后单击“邮件”选项卡下“编写和插入域”组中的“插入合并域”按钮，在下拉列表中选择“照片”，单击“插入”按钮，并关闭对话框，由此合并后的“域代码”为：INCLUDEPICTURE "C:\\考生文件夹\\{MERGEFIELD "照片"}" \d}，然后，使用键盘上的Alt+F9组合键切换显示图片信息（提示：可以使用F9键进行刷新操作）。需要注意的是，由于没有进行下面的收件人筛选，所以，对数据表中前面的记录显示找不到源文件。最后，将图片域拖拉调整到合适大小。

图 5-94　收件人列表筛选

（6）删除表格后的示例图片，单击“邮件”选项卡下“开始邮件合并”

组中的“编辑收件人列表”，弹出“邮件合并收件人”对话框，单击下方的“筛选”按钮，弹出“筛选和排序”对话框，按照题目要求进行设置，然后单击“确定”按钮。如图5-94所示。

单击“邮件”选项卡下“完成”组中的“完成并合并”按钮，在下拉列表中选择“编辑单个文档”命令，弹出“合并到新文档”对话框，采用默认设置，单击“确定”按钮。

对新生成的文档，按Ctrl+A组合键全选，然后按F9键刷新域，最后单击快速访问工具栏中的“保存”按钮，弹出“另存为”对话框，将文件名修改为“个人准考证”保存到考生文件夹下，再保存原文档。

要求3，操作步骤：

（1）在考生文件夹下打开“Word素材.docx”文件，单击“文件”标签，在文件操作页中单击“另存为”按钮，将文件名修改为“Word.docx”保存到考生文件夹中。

单击“开始”选项卡下“编辑”组中的“替换”按钮，弹出“查找和替换”对话框，在“替换”选项卡下，将光标置于“查找内容”文本框中，单击下方的“更多”按钮，在“替换”组中单击“特殊格式”按钮，在弹出的列表中选择“手动换行符”，继续将光标置于“替换为”文本框中，单击“特殊格式”按钮，在弹出的列表中选择“段落标记”。设置完成后，单击“全部替换”按钮。

（2）将光标置于段落“京财会〔2016〕123号”之后，按Enter键，产生一个新的段落。单击“开始”选项卡下“段落”组中的“下框线”按钮，在下拉列表中选择“横线”命令，即可在光标处插入一横线对象。双击该横线对象，弹出“设置横线格式”对话框，按照题目要求进行设置。如图5-95所示。

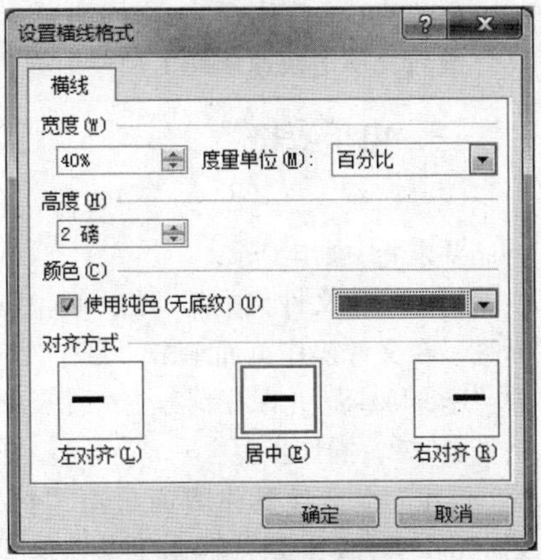

图 5-95　设置横线格式

（3）单击“开始”选项卡下“样式”组右下角的对话框启动器按钮，弹出“样式”浮动窗，单击最后一行的“管理样式”按钮，弹出“管理样式”对话框。单击最下方的“导入/导出”按钮，弹出“管理器”对话框。

在右列表框的“样式的有效范围”下单击“关闭文件”按钮，继续单击“打开文件”按钮，选择并打开考生文件夹下的“样式模板.docx”文件，然后在键盘上按住Ctrl键，在右侧列表框中点击选择需要复制的样式（标题、标题1、标题2、标题3、正文、项目符号、编号），单击中间的“复制”按钮，在弹出的对话框中单击“全是”按钮，即可添加并覆盖“Word.docx”中的同名样式，最后关闭“管理器”对话框。

（4）将光标置于蓝色文本之后，单击“插入”选项卡下“插图”组中的“SmartArt”按钮，弹出“选择SmartArt图形”对话框，单击左侧的“流程”选项，在右侧列表框中选择“分段流程”，单击“确定”按钮。

单击“SmartArt工具”|“设计”选项卡下“创建图形”组中的“文本窗格”按钮，通过右侧的“升级”“降级”命令调整图形的样式。参考下方的“流程图示例”图片，将上方的蓝色文本复制到“SmartArt”图形相应的文本框中（注意：如果不能输入文字，可以右键单击该区域，选择“编辑文字”命令）。

然后，选中SmartArt对象，单击“SmartArt工具”|“设计”选项卡下的“SmartArt样式”组中的“其他”按钮，在下拉列表框中选择“三维-优雅”，单击左侧的“更改颜色”按钮，在下拉列表框中选择“彩色-强调文字颜色”。

按住Ctrl键，选中图形中所有文字，设置字体为“微软雅黑”，适当调整字号，设置完成后将下方的“流程图示例”图片删除。

（5）单击“页面布局”选项卡下“主题”组中的“颜色”按钮，在下拉列表中选择“新建主题颜色”，弹出“新建主题颜色”对话框，单击“超链接”右侧的按钮，在颜色选择面板中选择标准色的“紫色”，单击下方的“已访问的超链接”右侧的按钮，在颜色选择面板中选择标准色的“红色”，完成后单击“保存”按钮。

在文档的最后一页，选中“附件1”标题，单击“插入”选项卡下“链接”组中的“超链接”按钮，弹出“插入超链接”对话框，选择考生文件夹下对应的文档，单击“确定”按钮；按照同样的方法，设置“附件2”的超链接。

（6）将光标置于文档结束位置“准考证打印”段落之后，单击“插入”选项卡下“文本”组中的“对象”按钮，在下拉列表中选择“对象”，弹出“对象”对话框，切换到“由文件创建”选项卡，单击“浏览”按钮，找到考生文件夹下的“个人准考证.docx”文件，单击“插入”按钮；勾选“对象”对话框中的“链接到文件”和“显示为图标”两个复选框，然后单击“确定”按钮，适当调整插入图标的大小，使其不产生新的一页。

最后，单击快速访问工具栏中的“保存”按钮，并关闭Word系统。

三、电子表格

解析

要求1，操作步骤：

打开考生文件夹中的“Excel素材.xlsx”文件，单击“文件”标签，在文件操作页面单击“另存为”命令，将工作簿名称修改为“Excel.xlsx”并保存到考生文件夹中。

要求2，操作步骤：

（1）在文件操作页面单击“打开”按钮，打开考生文件夹下的“行政区划代码对照表.xlsx”工作簿，选中工作表名“Sheet1”单击鼠标右键，在弹出的快捷菜单中选择“移动或复制”，弹出“移动或复制工作表”对话框，在“工作簿”对应的下拉列表中选择“Excel.xlsx”，在“下列选定工作表之前”，选择“名单”，并勾选下方的“建立副本”复选框，单击“确定”按钮。如图5-96所示。

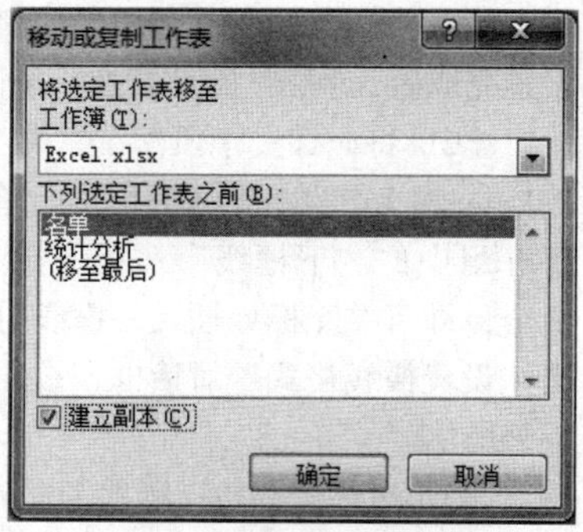

图 5-96　移动或复制工作表

（2）关闭打开的“行政区划代码对照表.xlsx”文档，在Excel工作簿中双击新插入的“Sheet1”工作表名，将其名称修改为“行政区划代码”。

（3）单击鼠标右键，在弹出的快捷菜单中选择“工作表标签颜色”，在级联菜单中选择“标准色-紫色”。

（4）单击“页面布局”选项卡下“页面设置”组中的“背景”按钮，弹出“工作表背景”对话框，浏览考生文件夹下的“map.jpg”文件，单击“插入”按钮。取消勾选“页面布局”选项卡下“工作表选项”组中的“网格线-查看”复选框。

要求3，操作步骤：

（1）在工作表“名单”中，选中A4单元格，输入“'00001”，双击该单元格右下角的填充柄，完成数据的填充。

（2）选中D4:D1777区域，按Ctrl+H组合键，弹出“查找和替换”对话框，在“替换”选项卡中的“替换为”文本框中输入“男”，单击“全部替换”按钮，完成替换。

（3）选中E列，单击鼠标右键，在弹出的快捷菜单中选择“插入”命令，在“性别”和“部门代码”之间插入一个空列，选中E3单元格，输入标题“地区”。

（4）在E4单元格中输入公式“=LOOKUP(MID(B4,5,2),LEFT(行政区划代码!B$4:B$38,2),MID(行政区划代码!B$4:B$38,4,LEN(行政区划代码!B$4:B$38)-3))”，使用填充柄填充到E1777单元格。

说明：LOOKUP是从单行或单列区域查找一个返回值的函数。为了使LOOKUP函数能够正常运行，必须按升序排列查询的数据。

（5）在F4单元格中输入公式“=LEFT(B4,3)”，使用填充柄填充到F1777单元格。

（6）在L4单元格中输入公式“=IF(MID(B4,4,1)="1",J4*0.5+K4*0.5,J4*0.6+K4*0.4)”，使用填充柄填充到L1777单元格。

说明：LEFT函数的功能是从一个文本字符串的第一个字符开始，截取指定数目的字符，支持双字节（即每个汉字、日文假名或朝鲜字按1字符算）。用法：LEFT(text, [num_chars])，参数text为待截取的字符串，[num_chars]为截取数。

IF为条件计算函数，用法参见第2套题“电子表格”部分“要求2”的详解。

要求4，操作步骤：

（1）单击“开始”选项卡下“样式”组中的“单元格样式”按钮，在下拉列表中使用鼠标指向“标题1”样式，单击鼠标右键，在弹出的快捷菜单中选择“修改”命令，弹出“样式”对话框，单击“格式”按钮，弹出“设置单元格格式”对话框，切换到“字体”选项卡，设置字体为“微软雅黑”，字形为“常规”，字号为“14磅”；切换到“对齐”选项卡，设置“水平对齐”为“跨列居中”，设置完成后，单击“确定”按钮；再单击“样式”对话框的“确定”按钮。

选中A1:L1单元格区域，单击“开始”选项卡下“样式”组中的“单元格样式”按钮，在下拉列表中单击“标题1”样式。

选中A1单元格，单击“审阅”选项卡下“批注”组中的“显示/隐藏批注”按钮，将批注隐藏。

（2）首先将J列数据转换为数字格式。先选中J4:J1777数据区域，鼠标指向J4单元格左上角的绿色三角标志，单击下拉按钮，选中“转换为数字”选项。

同时选中J、K、L三列数据区域，单击鼠标右键，在弹出的快捷菜单中选择“设置单元格格式”，弹出“设置单元格格式”对话框，在“数字”选项卡下选中“自定义”选项，在右侧的“类型”列表框中选择“0.00”，在文本框中将其修改为“0.000"分"”，单击“确定”按钮。

（3）选中B4:B1777单元格区域，单击“数据”选项卡下“数据工具”组中的“数据有效性”按钮，在下拉列表中选择“数据有效性”命令，弹出“数据有效性”对话框，在“设置”选项卡的“有效性条件”中，将“允许”选为“文本长度”，“数据”选为“等于”，长度为12。如图5–97所示。

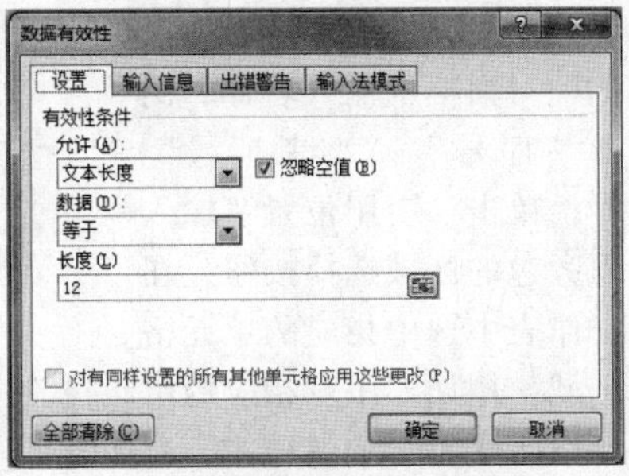

图 5–97　数据有效性设置

切换到“出错警告”选项卡，在“标题”栏输入“错误！”，在提示栏输入“超出范围请重新输入！”，然后单击“确定”按钮。

单击“开始”选项卡下“样式”组中的“条件格式”按钮，在下拉列表中选择“新建规则”命令，弹出“新建格式规则”对话框，在“选择规则类型”列表框中选择“使用公式确定要设置格式的单元格”，在下方的文本框中输入“=(LEN(B4)<>12)”，单击下方的“格式”按钮，弹出“设置单元格格式”对话框，切换到“字体”选项卡，将“颜色”设置为标准色的红色，设置完成后，单击“确定”按钮，返回到“新建格式规则”对话框，单击“确定”按钮。继续单击“样式”组中的“条件格式”按钮，在下拉列表中选择“管理规则”命令，弹出“条件格式规则管理器”对话框，在“应用于”文本框中设置数据区域“=$B$4:$B$1777”，单击“确定”按钮。如图5–98所示。

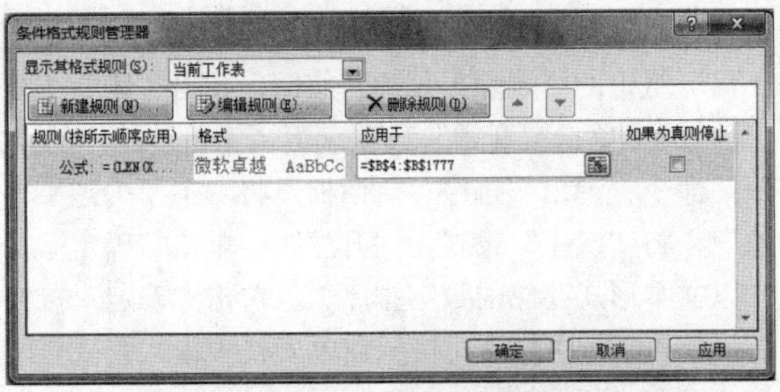

图 5–98　条件格式规则管理器设置数据区域

选中K4:K1777单元格区域，单击“数据”选项卡下“数据工具”组中的“数据有效性”按钮，在下拉列表中选择“数据有效性”命令，弹出“数据有效性”对话框，在“设置”选项卡下将“有效性条件”的“允许”选为“小数”，“数据”选为“介于”，“最小值”和“最大值”中输入“0”和“100”；切换到“出错警告”选项卡，在“标题”栏输入“错误！”，在提示栏输入“超出范围请重新输入！”，完成后单击“确定”按钮。

保持选中K4:K1777单元格区域，单击“开始”选项卡下“样式”组中的“条件格式”按钮，在下拉列表中选择“新建规则”命令，弹出“新建格式规则”对话框，在“选择规则类型”列表框中选择“只为包含以下内容的单元格设置格式”，下面的“单元格值”选择“未介于”，后面两个数值填写“0”和“100”，然后单击“格式”按钮，将字体设置为标准红色，单击“新建格式规则”对话框“确定”按钮。

（4）选中工作表数据区域的任意一个单元格，单击“开始”选项卡下“样式”组中的“套用表格格式”按钮，在下拉列表中选择一种表格样式，系统会自动找出数据来源为“=$A$3:$L$1777”，单击“确定”按钮，则区域被转换成了Excel表；然后单击“表格工具”|“设计”选项卡下“工具”组中的“转换为区域”按钮。

（5）选中数据区域所有行，单击“开始”选项卡下“单元格”组中的“格式”按钮，在下拉列表中选择“行高”命令，适当加大行高值，继续选中数据区域的所有列，单击“开始”选项卡下“单元格”组中的“格式”按钮，在下拉列表中选择“自动调整列宽”命令。

（6）使用鼠标指向第4行行标处，单击选中该行，单击“视图”选项卡下“窗口”组中的“冻结窗格”按钮，在下拉列表中选择“冻结拆分窗格”命令。

（7）单击“公式”选项卡“定义的名称”组中的“名称管理器”按钮，弹出“名称管理器”对话框，单击“新建”按钮，系统关闭“名称管理器”对话框，弹出“新建名称”对话框，在“新建名称”对话框中输入名称，例如“序号”“准考证号”等，单击“引用位置”输入框旁边的区域选择按钮，在工作表中选中相应的单元格区域，例如，序号相应的单元格区域为“A4:A1777”，单击“确定”后回到“名称管理器”对话框，再次单击“新建”按钮，如图5-99所示。按同样的操作方式，对其他列进行命名。

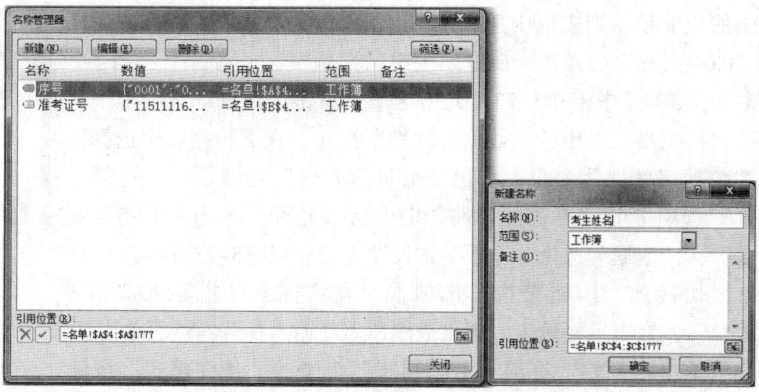

图5-99 名称管理器——新建名称

要求5，操作步骤：

（1）在“名单”工作表中，复制数据区域“F4:G1777”，在“统计分析”工作表中，选中B5单元格，单击鼠标右键，在弹出的快捷菜单中选择“选择性粘贴-值”，然后单击“数据”选项卡下“数据工具”组中的“删除重复项”按钮，弹出“删除重复项”对话框，单击“确定”按钮。

（2）单击“开始”选项卡下“编辑”组中的“排序和筛选”按钮，在下拉列表中选择“自定义排序”命令，弹出“排序”对话框，将“主要关键字”设置为“部门代码”，将“排序依据”设置为“数值”，将“次序”设置为“升序”；单击“确定”按钮，弹出“排序提醒”对话框，选择“分别将数字和以文本形式存储的数字排序”，单击“确定”按钮。

（3）选中D5单元格，在单元格中输入公式“=COUNTIFS(部门代码,B5,性别,"女")”，双击填充柄填充到D24单元格。

（4）选中E5单元格，在单元格中输入公式“=COUNTIFS(部门代码,B5,性别,"男")”，双击填充柄填充到E24单元格。

（5）选中F5单元格，在单元格中输入公式“=D5+E5”，双击填充柄填充到F24单元格。

（6）选中G5单元格，在单元格中输入公式“=D5/F5”，双击填充柄填充到G24单元格。

（7）选中H5单元格，在单元格中输入公式“=MIN(IF(名单!F$4:F$1777=统计分析!B5,名单!J$4:J$1777))”，输入完成后按Ctrl+Shift+Enter组合键确认，双击填充柄填充到H24单元格。

提示：这一应用是在某一区域中抽选出满足某一条件的数组，然后找到最小值，因此，编辑完公式后，必须同时按下Ctrl+Shift+Enter组合键，才会被Excel识别为“数组公式”（公式两端自动出现一对大括号），才能获得查询结果。

（8）在“统计分析”工作表中，单击“开始”选项卡下“样式”组中的“条件格式”按钮，在下拉列表中选择“新建规则”，弹出“新建格式规则”对话框，在“选择规则类型”列表框中，选择“只为包含以下内容的单元格设置格式”，在下方下拉列表框中选择“空值”，单击“确定”按钮。

（9）再次单击“条件格式”按钮，在下拉列表中选择“管理规则”按钮，弹出“条件格式规则管理器”对话框，单击“新建规则”，弹出“新建格式规则”对话框，在“选择规则类型”列表框中，选择“使用公式确定要设置格式的单元格”，在下方的文本框中输入公式“=MOD(ROW(),2)=0”，单击下方的“格式”按钮，弹出“设置单元格格式”对话框，切换到“填充”选项卡，选择一种浅色填充颜色，再切换到“边框”选项卡，设置“上边框”和“下边框”，单击“确定”按钮，返回“条件格式规则管理器”对话框。在“应用于”文本框中设置数据区域“=$B$3:$H$26”，单击“确定”按钮。如图5-100所示。

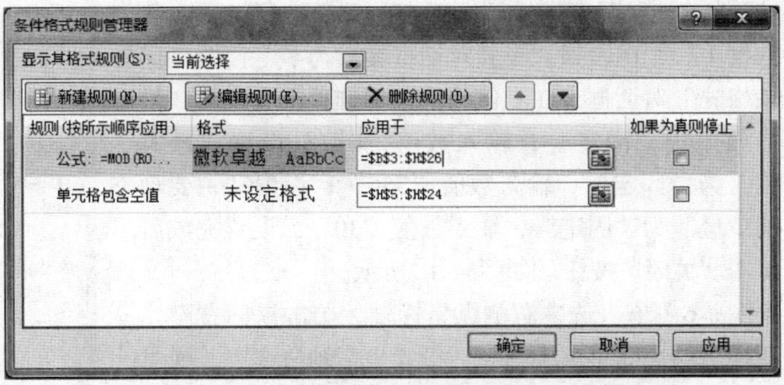

图 5-100　条件格式规则管理器设置数据区域

说明：MOD函数的功能是求出两数相除的余数，用法：MOD(number, divisor)，其中number为被除数，divisor为除数。

（10）选中“G5:G24”数据区域，单击“开始”选项卡“数字”组的“数字格式”下拉按钮，在列表框中选择“百分比”，单击下面的“增加小数位数”将小数位数调整为3位。按同样的操作方式将“H5:H24”数据区域设置为“数值”，小数位数为2位。

要求6，操作步骤：

（1）在“统计分析”工作表中选中“报考部门”“女性人数”“男性人数”和“其中：女性所占比例”四列数据，单击“插入”选项卡下“图表”组中的“柱形图”按钮，在下拉列表中选择“二维柱形图-堆积柱形图”，则在工作表中插入一个“堆积柱形图”图表。

（2）选中插入的图表，单击“图表工具”|“布局”选项卡下“标签”组中的“图表标题”，在下拉列表中选择“图表上方”，则在图表上方出现一个包含“图表标题”四个字的标题文本框，选中该文本框，在上方的“编辑栏”中输入公式“=统计分析!$B$1”，按Enter键确认。

（3）选中图表，单击“图表工具”|“设计”选项卡下“图表样式”组中的“其他”按钮，在下拉列表中选择“样式26”，切换到“图表工具”|“格式”选项卡，在“当前所选内容”组中，单击上方的组合框，在下拉列表中选择“系列：其中女性所占比例”。然后切换到“图表工具”|“设计”选项卡，在“类型”组中，单击“更改图表类型”按钮，弹出“更改图表类型”对话框，选择“折线图-带数据标记的折线图”，单击“确定”按钮。

（4）单击选中图表中的“其中：女性所占比例”，单击鼠标右键，在弹出的快捷菜单中选择“设置数据系列格式”，弹出“设置数据系列格式”对话框，在“系列选项”中选择“次坐标轴”；单击左侧的“数据标记选项”，将右侧的“数据标记类型”设置为“内置”，“类型”选择为圆点，将“大小”设置为“5”；单击左侧的“数据标记填充”，将右侧的“数据标记填充”选择为“纯色填充”，将“填充颜色”设置为“标准色-紫色”；单击左侧的“线条颜色”，将右侧的“线条颜色”设置为“实线”，将“颜色”设置为“标准色-绿色”；单击左侧的“线型”，将右侧的“宽度”设置为“2磅”，不必关闭这一对话框。如图5-101所示。

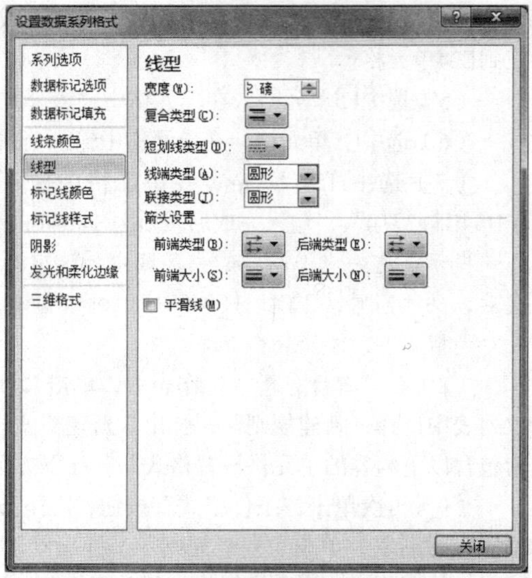

图 5-101 设置图表的数据系列格式

单击“图表工具”|“布局”选项卡下“标签”组中的“图例”按钮，在下拉列表中选择“在顶部显示图例”。

（5）在图表中，单击选中左侧纵坐标轴（人数数据），则图表格式设置对话框转换为了“设置坐标轴格式”对话框，在右侧的坐标轴选项中，设置“最小值”为“固定”，输入数值“0”；设置“最大值”为“固定”，输入数值“350”；设置“主要刻度单位”为“固定”，输入数值“30”，设置完成后单击“关闭”按钮。如图5-102所示。

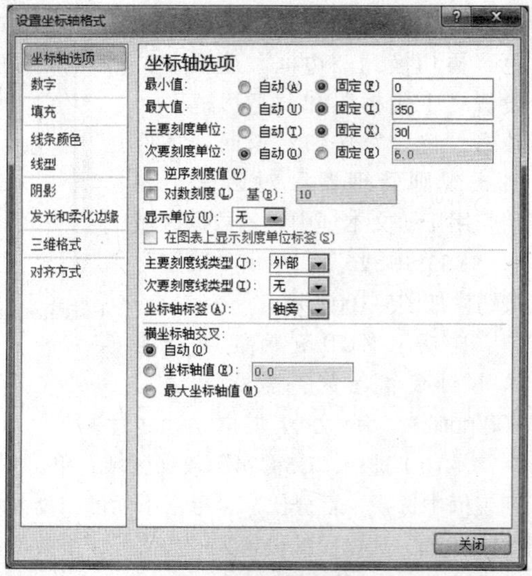

图 5-102 设置图表的坐标轴格式

（6）单击选中右侧纵坐标轴，单击鼠标右键，在弹出的快捷菜单中选择“设置坐标轴格式”，弹出“设置坐标轴格式”对话框，在右侧的坐标轴选项中，设置“最小值”为“固定”，输入数值“0”；设置“最大值”为“固定”，输入数值“0.6”；设置“主要刻度单位”为“固定”，输入数值“0.1”，设置完成后单击“关闭”按钮。

（7）选中图表对象，单击“图表工具”|“设计”选项卡下“位置”组中的“移动图表”按钮，弹出“移动图表”对话框，选择“新工作表”，并在其后的文本框中输入工作表的名称“分析图表”，单击“确定”按钮。

最后，单击“快速访问”工具栏中的“保存”按钮保存工作簿，并关闭Excel系统。

四、演示文稿

解析

要求1，操作步骤：

（1）在考生文件夹下新建一个空白演示文稿，将文件名修改为“PPT.pptx”。

（2）双击打开空白演示文稿，单击“开始”选项卡下“幻灯片”组中的“新建幻灯片”下拉按钮，在弹出的下拉列表中选择“幻灯片（从大纲）”，弹出“插入大纲”对话框，找到考生文件夹中“PPT素材”文件，单击“插入”按钮。

（3）参考“PPT素材.docx”文件调整，删除空白幻灯片，将第2张黑色文本移到对应PPT的备注里，最终保持包含13张幻灯片。

要求2，操作步骤：

（1）单击“视图”选项卡下“母版视图”组中的“幻灯片母版”按钮，进入幻灯片母版视图。

（2）选中第1张幻灯片母版，单击“幻灯片母版”选项卡下“编辑母版”组中的“重命名”按钮，弹出“重命名版式”对话框，输入母版名称“环境保护”，单击“重命名”按钮。

（3）在“环境保护”母版视图中，仅保留“标题幻灯片”“标题和内容”“节标题”“空白”“标题和竖排文字”和“标题和文本”6个默认版式，其他版式均选中，按Delete键删除。

（4）单击“幻灯片母版”选项卡下“编辑母版”组中的“插入版式”按钮，在新插入的版式中，单击鼠标右键，在弹出的快捷菜单中选择“重命名版式”，弹出“重命名版式”对话框，输入版式名称“标题和SmartArt图形”，单击“重命名”按钮。继续单击“母版版式”组中的“插入占位符”按钮，在下拉列表中选择“SmartArt”，使用鼠标在版式下方的空白区域绘制一个矩形区域。

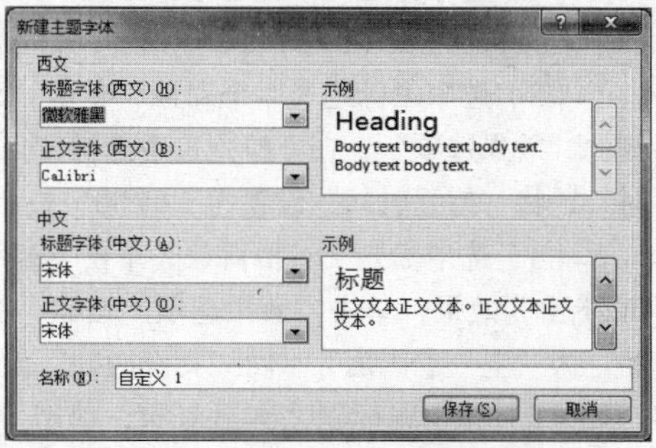

图 5–103　新建主题字体

（5）选中“环境保护”幻灯片母版，单击“幻灯片母版”选项卡下“编辑主题”组中的“字体”按钮，在下拉列表中选择“新建主题字体”，弹出“新建主题字体”对话框，设置中文字体为“微软雅黑”，西文字体为“Calibri”，单击“保存”按钮。如图5–103所示。

（6）在“环境保护”幻灯片母版中，选中文本框占位符中的一级文本样式，在“开始”选项卡下的“字体”组中将字体颜色设置为“标准色-蓝色”，继续单击“段落”组中的“项目符号”按钮，在下拉列表中选择“项目符号和编号”命令，弹出“项目符号和编号”对话框，单击“图片”按钮，弹出“图片项目符号”对话框，单击下方的“导入”按钮，弹出“将剪辑添加到管理器”对话框，浏览考生文件夹，选中“Bullet.png”图片，单击“添加”按钮。最后在“图片项目符号”对话框中选中新增的“Bullet.png”图片对象，单击“确定”按钮。

（7）选中“标题幻灯片”版式，单击“幻灯片母版”选项卡下“背景”组中的“背景样式”按钮，在下拉列表中选择“设置背景格式”对话框，在“填充”选项下，选择“图片或纹理填充”，单击下方的“文件”按钮，弹出“插入图片”对话框，浏览考生文件夹，选中“Background.jpg”图片，单击“插入”按钮，将对话框下方的“透明度”调整为“65%”，单击“关闭”按钮。如图5–104所示。

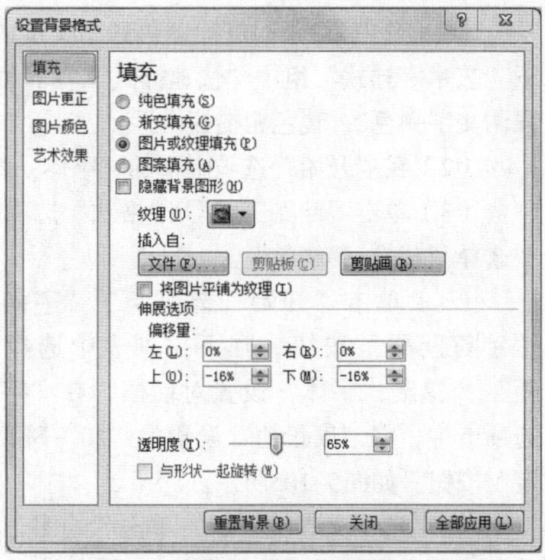

图 5–104　设置母版幻灯片背景格式

（8）选中除标题幻灯片版式以外的所有版式，单击“幻灯片母版”选项卡下“背景”组中的“背景样式”按钮，在下拉列表中选择“设置背景格式”对话框，在“填充”选项下，选择“渐变填充”，将“预设颜色”设置为“雨后初晴”，单击“关闭”按钮。

（9）选中“环境保护”幻灯片母版，单击“插入”选项卡下“图像”组中的“图片”按钮，弹出“插入图片”对话框，选中“Pic.jpg”文件，单击“插入”按钮。

（10）选中插入的图片，单击“图片工具”|“格式”选项卡下“调整”组中的“颜色”按钮，在

下拉列表中选择“设置透明色”，用鼠标单击图片白色背景，图片白色背景即转为透明。

（11）选中插入的图片，单击鼠标右键，在弹出的快捷菜单中选择“置于底层”，单击“图片工具”|“格式”选项卡下“排列”组中的“对齐”按钮，在下拉列表中选择“右对齐”和“底端对齐”。

（12）在“幻灯片母版”选项卡单击“关闭母版视图”按钮，然后，在幻灯片视图中，单击“设计”选项卡下“主题”组中的“其他”下拉按钮，在下拉列表中选择“环境保护”主题。

要求3，操作步骤：

（1）选中第1张幻灯片，单击“开始”选项卡下“幻灯片”组中的“版式”按钮，在下拉列表中选择“标题幻灯片”。

（2）选中标题文本框对象，单击“动画”选项卡下“动画”组中的“飞入”进入效果，单击右侧的“效果选项”，在下拉列表中选择“自左上部”，设置“计时”组中的“持续时间”为“05.00”。

（3）选中副标题文本框对象，单击“动画”选项卡下“动画”组中的“飞入”进入效果，单击右侧的“效果选项”，在下拉列表中选择“自右下部”，设置“计时”组中的“开始”为“与上一动画同时”，将“持续时间”设置为“05.00”。

（4）选中标题文本框对象，单击“高级动画”组中的“添加动画”按钮，在下拉列表中选择“退出/飞出”效果，单击“效果选项”按钮，在下拉列表中选择“到右下部”，设置“计时”组中的“开始”为“上一动画后”，将“持续时间”设置为“03.00”，将“延迟”设置为“04.00”。

（5）选中副标题文本框对象，单击“高级动画”组中的“添加动画”按钮，在下拉列表中选择“退出/飞出”效果，单击“效果选项”按钮，在下拉列表中选择“到左上部”，设置“计时”组中的“开始”为“与上一动画同时”，将“持续时间”设置为“03.00”，将“延迟”设置为“04.00”。

（6）选中第1张幻灯片，将光标停留在幻灯片下方的备注框中，将素材文件中的黑色文本复制到备注文本框中；单击“视图”选项卡“演示文稿视图”组中的“备注页”按钮，切换到备注视图，单击“插入”选项卡下“图像”组中的“图片”按钮，弹出“插入图片”对话框，浏览考生文件夹，选中“Remark.png”文件，单击“插入”按钮，适当调整图片的大小与位置，使其位于备注文本框内，单击“演示文稿视图”组中的“普通视图”，切换回“普通视图”。

要求4，操作步骤：

（1）选中第3张幻灯片，再选中文本内容“创业成就梦想”，单击“绘图工具”|“格式”选项卡下“艺术字样式”组中“快速样式”右下角的“其他”下拉按钮，在下拉列表框中选择“填充-红色，强调文字颜色2，暖色粗糙棱台”。

（2）在“开始”选项卡下的“字体”组中，将字号设置为“60磅”。

（3）单击“绘图工具”|“格式”选项卡下“艺术字样式”组中的“文本效果”按钮，在下拉列表中选择“转换-朝鲜鼓”。

（4）单击“开始”选项卡下“字体”组中的“字符间距”按钮，在下拉列表中选择“其他间距”，弹出“字体”设置对话框，在“字符间距”选项卡中，将“度量值”设置为“20”磅，单击“确定”按钮。如图5-105所示。

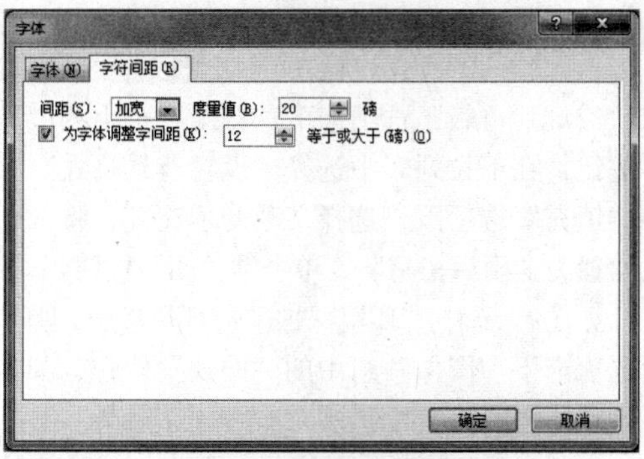

图 5-105 字符间距设置

（5）选中文本框对象，单击“绘图工具”|“格式”选项卡下“排列”组中的“对齐”按钮，在下拉列表中选择“上下居中”和“左右居中”。

要求5，操作步骤：

（1）选中第5张幻灯片，单击“开始”选项卡下“幻灯片”组中的“版式”按钮，在下拉列表中选择

“节标题”。

（2）将第6、7、8三张幻灯片的标题复制到第5张幻灯片的内容文本框中，然后选中标题文本“（一）初创企业组参赛资格”，单击鼠标右键，在弹出的快捷菜单中选择“超链接”，弹出“插入超链接”对话框，选择左侧的“本文档中的位置”，在右侧选中相对应的幻灯片，单击“确定”按钮。如图5-106所示。

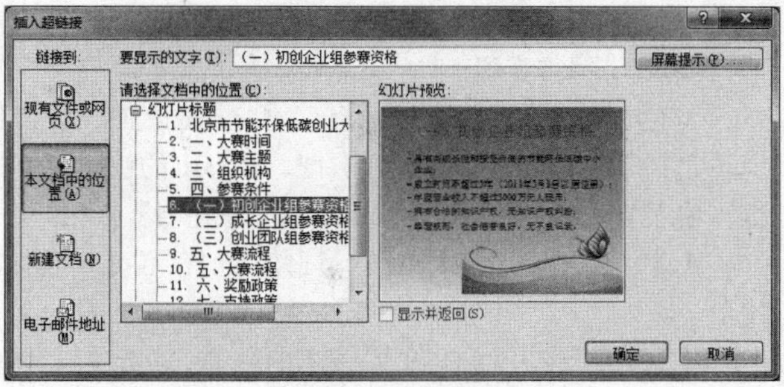

图 5-106　超链接设置

（3）按照同样的方法，为其余两张幻灯片设置超链接。

要求6，操作步骤：

（1）单击“幻灯片/大纲”窗格中的“大纲”标签，切换到“大纲”浏览窗格，选中第10张幻灯片的标题文本“五、大赛流程”，使用键盘上的Backspace键将其删除，如有空行同样删除，两张幻灯片即合二为一了；再按一次Delete键，删除多余的空行。

（2）切换到“幻灯片”浏览窗格，选中第9张幻灯片，单击“开始”选项卡下“幻灯片”组中的“版式”按钮，在下拉列表中选择“标题和SmartArt图形”版式。

（3）选中内容文本框，单击“开始”选项卡下“段落”组中的“转换为SmartArt”按钮，在下拉列表中选择“其他SmartArt图形”，弹出“选择SmartArt图形”对话框，选中左侧的“列表”，在右侧选中“垂直块列表”，单击“确定”按钮。如图5-107所示。

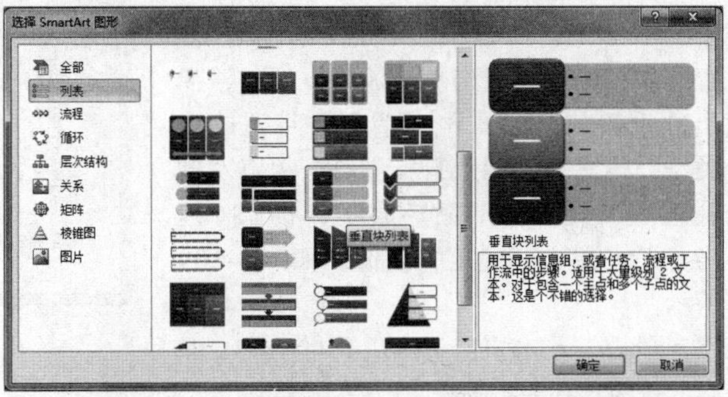

图 5-107　文本转换为SmartArt图形——选择图形

（4）选中SmartArt对象，选择“SmartArt工具/设计”选项卡下“SmartArt样式”组中的一种样式，单击左侧的“更改颜色”，在下拉列表中选择一种颜色。

（5）选中SmartArt对象，单击“动画”选项卡下“动画”组中的任意一种动画效果。

要求7，操作步骤：

（1）选中第10张幻灯片，单击“开始”选项卡下“幻灯片”组中的“版式”按钮，在下拉列表中选择“标题和竖排文字”。

（2）选中内容文本框中的文本内容，单击“开始”选项卡下“段落”组中的“对齐文本”按钮，在下拉列表中选择“左对齐”命令。

（3）选中最后一张幻灯片，单击“开始”选项卡下“幻灯片”组中的“版式”按钮，在下拉列表中选择“空白”。选中包含联系人的文本框，单击“绘图工具”|“格式”选项卡下“排列”组中的“对齐”按钮，在下拉列表中选择“左右居中”。

（4）单击“动画”选项卡下“动画”组中的“弹跳”动画效果，单击“动画”组中右下角的对话框启动器按钮，弹出“弹跳”对话框，在“效果”选项卡中设置“动画文本”为“按字/词”；切换到“正文文本动画”选项卡，将

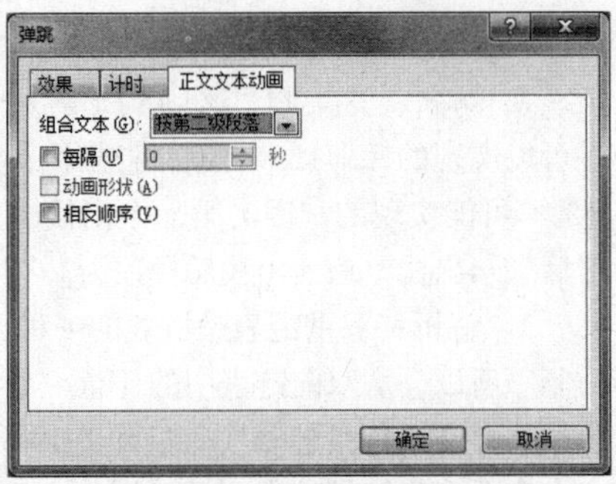

图 5-108　弹跳动画效果设置

“组合文本”设置为“按第二级段落”，单击“确定”按钮。如图5-108所示。

要求8，操作步骤：

（1）鼠标定位在第5张幻灯片之前的位置，单击鼠标右键，在弹出的快捷菜单中选择“新增节”，在节标题处，单击鼠标右键，在弹出的快捷菜单中选择“重命名节”，弹出“重命名节”对话框，输入节标题“参赛条件”，单击“重命名”按钮。

（2）鼠标定位在第9张幻灯片之前的位置，单击鼠标右键，在弹出的快捷菜单中选择“新增节”。

（3）单击选中节标题“参赛条件”，单击“设计”选项卡下“主题”组中的“暗香扑面”主题样式。

（4）单击选中“参赛条件”节标题，单击“切换”选项卡下“切换到此幻灯片”组中的一种切换效果，勾选右侧“计时”组中的“设置自动换片时间”，将自动换片时间设置为“00:05.00”，单击“全部应用”按钮。

（5）按照同样方法，为剩下两个节的内容设置自动换片时间，并设置不同的切换方式。

要求9，操作步骤：

单击“幻灯片放映”选项卡下“设置”组中的“设置幻灯片放映”按钮，弹出“设置放映方式”对话框，将“放映类型”设置为“观众自行浏览”，将“放映选项”设置为“循环放映，按ESC键终止”，单击“确定”按钮。如图5-109所示。

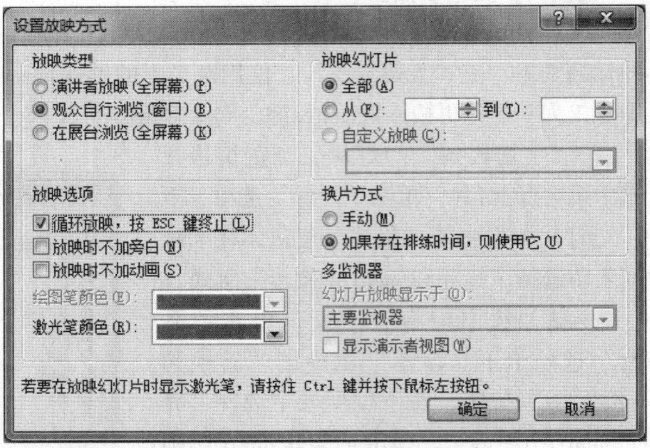

图 5-109 设置放映方式

最后，单击快速访问工具栏中的“保存”按钮，并关闭所有文档。

二级MS Office高级应用题库试卷（8）参考答案及解析

一、选择题

答案表

1	2	3	4	5	6	7	8	9	10	11	12	13	14	15	16	17	18	19	20
B	C	C	A	D	A	C	A	A	D	D	C	D	B	C	B	B	A	D	B

解析

1. 解析：这类题目必须从元素入栈与出栈次序进行排查。栈是先进后出的线性表。因此，选项A是可以实现的，即123入栈后将3出栈，然后4入栈再出栈，2出栈，5入栈然后出栈，最后1出栈。而选项B是不可能实现的，因为第一个出栈的为2，这一定是1、2入栈然后2出栈，紧接着只能是3、4、5入栈然后5、4出栈，5、4出栈后栈顶为3，不可能让1出栈。所以，答案为B。

2. 解析：双重链表是链表的一种，它的每个数据结点中都有两个指针，分别指向直接后继和直接前驱。所以，从双向链表中的任意一个结点开始，都可以很方便地访问它的前驱结点和后继结点。而栈中虽然存在栈顶指针和栈底指针，但每个栈元素只有一个指针域，所以A选项不正确。双向链表中的结点也有两个指针域，但它并不属于二叉链表，故B选项也不正确。结点中具有多个指针域的链表就称为多重链表，则C选项正确。循环链表是在单链表中，将终端结点的指针域NULL改为指向表头结点或开始结点的线性结构，是属于存储结构的概念。循环队列属于逻辑结构的概念，既可以采用顺序存储，也可以采用链式存储，所以循环队列与循环链表并没有必然关联。故D选项不正确。因此，答案为C。

3．解析：由于二叉树的第i层至多有2^{i-1}个结点；深度为k的二叉树至多有2^k-1个结点（根结点的深度为1）。因此，第9层的结点数是2^{9-1}=256，前9层的结点就有2^9–1=511个。所以，答案为C。

4．解析：前序根靠前，中序两边分。二叉树的前序序列为ABDEGHCFIJ，由于前序遍历首先访问根结点，可以确定该二叉树的根结点是A。再由中序序列为DBGEHACIFJ，可以得到结点D、B、G、E、H位于根结点的左子树上，结点C、I、F、J位于根结点的右子树上。由于中序遍历和后序遍历都是先遍历左子树，故本题后序遍历首先访问D结点；再由后序遍历是最后访问根结点，故本题后序遍历最后访问的结点是根结点A。采用排除法可知，后序序列为DGHEBIJFCA。因此，答案为A。

5．解析：S为字符串类，那么其实例应该是某种字符串。显然，文本框、单元格和“确定”按钮都不是字符串。所以，答案为D。

6．解析：现实世界中的很多事件都具有相似的性质，把几个有相似的属性的操作的对象归为类，也就是说类是具有共同属性、共同方法的对象的集合，是对对象的抽象，它描述了该对象类型的所有对象的性质，而一个对象则是其对应类的一个具体实例。所以，答案为A。

7．解析：耦合度是模块间互相连接的紧密程度的度量，而内聚度是指一个模块内部各个元素间彼此结合的紧密程度，所以A与D错误。模块独立性是指每个模块只完成系统要求的独立的子功能，并且与其他模块的联系最少且接口简单。一般较优秀的软件设计，应尽量做到高内聚、低耦合，即减弱模块之间的耦合度和提高模块内的内聚度，有利于提高模块的独立性，所以B错误。故答案为C。

8．解析：软件设计阶段产生的文档有概要设计说明书、详细设计说明书和测试计划初稿；数据流程图、数据字典和需求规格说明书是需求分析阶段产生的；软件确认测试计划属于软件测试阶段的文档。所以，答案为A。

9．解析：若实体集A中的每一个实体只与实体集B中的一个实体相联系，反之亦然，则这种关系为一对一关系；如果实体集A中的每一个实体，在实体集B中都有多个实体与之对应，且实体B中的每一个实体在实体集A中只有一个实体与之对应，则称这种关系式多对一联系。所以，答案为A。

10．解析：借书记录是确立和关系借书卡的关系，所以必须是关系书的键号和关系借书卡的键号的并。因此，答案为D。

11．解析：此题可先将122转换成二进制数，而后根据二进制数与八进制数及十六进制数的对应关系得出运算结果。所以，答案为D。

12．解析：自动驾驶技术是一门集信号采集、图像与视频处理、人工智能、自动控制等多学科的综合技术，但其核心是人工智能与自动控制。所以，答案为C。

13．解析：防火墙的作用是防止外部的网络攻击，所以一般设置在Internet与Intranet之间。因此，答案为D。

14．解析：C2C（Customer to Customer的简称），指消费者与消费者之间的电子商务。比如一个消费者有一台电脑，通过网络进行交易，把它出售给另外一个消费者，此种交易类型就称为C2C电子商务。所以，答案为B。

15．解析：页眉中的分隔线实际上是页眉段落的边框线条，所以必须通过段落边框选项进行更改。因此，答案为C。

16．解析：在Word中创建表格可以对数据进行运算，在Word创建的表格单元中可以插入图形文件，也可以对Word表格的行列宽度进行调整，单元格中的数据并非只能由键盘输入，还可以通过粘贴等方法实现输入。所以，答案为B。

17．解析：Excel图表与数据源是紧密关联的，当修改了图表单元格的数据，图表就会自动刷新，而且图表的值是不可单独修改的。故答案为B。

18．解析：计算年龄应该使用当前年份减去出生年份，出生年份应该是从身份证号字段的第7位开始的长度为4的字符串。因此，答案为A。

19．解析：要求动画效果为一次性展现，只需要将SmartArt动画效果设置为“整批发送”。所以，答案为D。

20．解析：PowerPoint可以对选中的一组幻灯片设置主题。因此，如果希望对不同的产品通过不同的主题进行展示，可以对不同产品的幻灯片应用不同的主题。所以，答案为B。

二、字处理

解析

要求1，操作步骤：

打开考生文件夹下的“Word素材.docx”文件，单击“文件”标签，在文件操作页中单击“另存为”按钮，在“另存为”对话框中将“文件名”改为“Word.docx”（“.docx”为文件扩展名），将其保存到考生文件夹中。

要求2，操作步骤：

（1）单击“开始”选项卡下“样式”组右下角的对话框启动器按钮，弹出“样式”浮动窗，单击窗格底部的“管理样式”按钮，弹出“管理样式”对话框，在列表框的底部左侧单击“导入/导出”按钮。如图5-110所示。

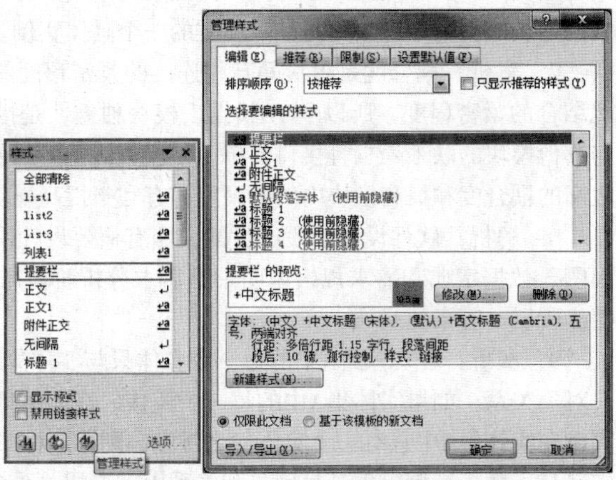

图 5-110　“样式”浮动窗和“管理样式”对话框

弹出“管理器”对话框，先单击右侧的“关闭文件”按钮，关闭打开的模板文件“Normal.dotm”，当按钮转换为“打开文件”时，再单击“打开文件”按钮，弹出“打开”对话框，选择考生文件夹下的“附件4 新旧政策对比.docx”文件（注意：此处需要将“文件类型”选择为“Word文档”），单击“打开”按钮。在“管理器”对话框右侧的列表框中按住Ctrl键选中“标题1”“标题2”“标题3”“附件正文”，单击中间的“复制”按钮，弹出的对话框中询问是否要改写现有样式，单击“全是”按钮。完成后单击“关闭”按钮。如图5-111所示。

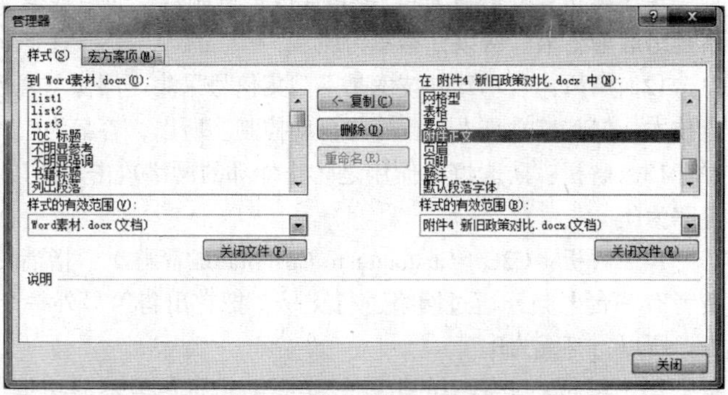

图 5-111　导入指定样式

（2）将光标置于“Word.docx”文档的结尾处，单击“插入”选项卡下“文本”组中的“对象”下拉按钮，在下拉列表中选择“文件中的文字”命令，弹出“插入文件”对话框，找到考生文件夹下的文档“附件4 新旧政策对比.docx”，单击“插入”按钮，此时，文档中即插入了后者的所有文字。

要求3，操作步骤：

（1）在键盘上按Ctrl+H组合键，弹出“查找和替换”对话框，将光标置于“查找内容”中，单击下方的“更多”按钮，在展开的区域中单击“特殊格式”按钮，在下拉列表中选择两次“段落标记”，然后将光标置于“替换为”中，单击“特殊格式”按钮，在下拉列表中选择“段落标记”，最后单击“全部替换”，在弹出的对话框中单击“确定”按钮。

说明：由于有些空行是连续的，所以，可以再执行两次替换以去除多余空行。

（2）保持“查找和替换”对话框，将光标置于“查找内容”中，输入全角空格（中文全角状态下按空格键），“替换为”中不输入内容，单击“全部替换”按钮，系统完成154处替换，单击“确定”按钮，再单击“查找和替换”对话框的“关闭”按钮。

（3）按住Ctrl键，同时选中文档中所有“第一章”“第二章”“第三章”……段落，单击“开始”选项卡下“样式”组“快速样式”中的“标题2”。

（4）将光标停留到任意正文段落，单击“开始”选项卡下“样式”组“快速样式”右侧的“其他”下拉按钮，打开所有快速样式，在样式“正文1”上单击鼠标右键，在右键菜单中选择“修改”，弹出“修改样式”对话框。如图5-112所示。

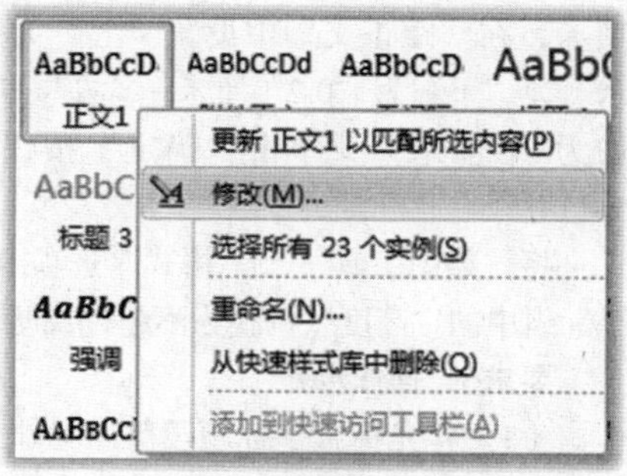

图 5–112　启动“修改样式”

单击对话框底部的“格式”按钮，在下拉列表中选择“编号”命令，弹出“编号和项目符号”对话框，单击“定义新编号格式”按钮，弹出“定义新编号格式”对话框，在“编号样式”中选择“一, 二, 三（简）…”，在“编号格式”中设置格式为“第一条”样式，单击“确定”按钮，返回到“编号和项目符号”对话框，单击“确定”按钮关闭“编号和项目符号”对话框，返回到“修改样式”对话框。在调整过程中可以看到文档相关段落（第一条等）会同步发生改变。单击“格式”按钮，在下拉列表中选择“字体”，弹出“字体”对话框，将“字号”设置为“五号”，单击“确定”按钮；再次单击“格式”按钮，在下拉列表中选择“段落”，弹出“段落”对话框，将“特殊格式”设置为“首行缩进”，在“磅值”栏输入“2字符”，单击“确定”按钮，关闭对话框；最后单击“确定”按钮，关闭“修改样式”对话框。

（5）再用替换的方法删除原先的纯文本编号：在键盘上按Ctrl+H组合键，弹出“查找和替换”对话框，在“查找内容”中输入“第*条”，勾选“使用通配符”复选框，单击“格式”按钮，在下拉列表中选择“样式”命令，在弹出的“查找样式”对话框中选择“正文1”，单击“确定”按钮返回“查找和替换”对话框，单击“全部替换”按钮，在弹出的提示对话框中单击“确定”按钮，最后单击“关闭”按钮。如图5-113所示。

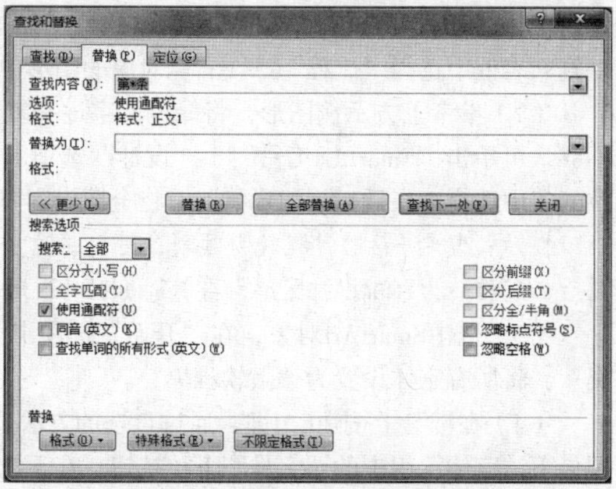

图 5–113　查找和替换——在特定样式中进行替换

要求4，操作步骤：

（1）将光标置于文档的开始处，单击“插入”选项卡下“文本”组中的“文本框”下拉按钮，在下拉列表中选择“内置-瓷砖型提要栏”。

（2）参考考生文件夹下的“示例1.jpg”文件，将“插入目录”标记之前的文本剪切、粘贴到文本框中。对文本框中的第1行文本设置“居中”，然后分段，第2行文件号文字设置“居中”，将最后两段落款内容设置为“右对齐”，将光标置于正文“根据《中华人民共和国企业所得税法》……”段落中，单击“开始”选项卡下“段落”组右下角的对话框启动器按钮，弹出“段落”设置对话框，将“特殊格式”设置为“首行缩进”，将“磅值”设置为“2字符”，将“行距”设置为“2倍行距”，单击“确定”按钮。

（3）单击“绘图工具”|“格式”选项卡下“大小”组右下角的对话框启动器按钮，弹出“布局”对话框，选择“文字环绕”选项卡，在“距正文”中设置“上”为“0.5厘米”，“下”为“0.2”厘米，“左”和“右”均为“1厘米”，单击“确定”按钮。如图5-114所示。

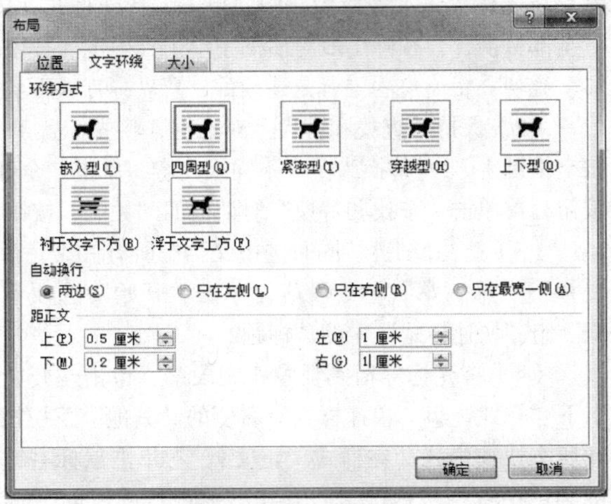

图 5-114 布局设置

将“绘图工具”|“格式”选项卡下“大小”组中的“高度”调整为不超过12厘米。

要求5，操作步骤：

（1）将光标置于标题段落“附件3：高新技术企业证书样式”的最后，按Enter键产生一个新的段落。单击“插入”选项卡下“插图”组中的“图片”按钮，弹出“插入图片”对话框，选择考生文件夹下的图片“附件3 证书.jpg”，单击“插入”按钮。

（2）选中插入的图片文件，在“图片工具”|“格式”选项卡下的“图片样式”组中，选择一种图片样式；在“调整”组中单击“艺术效果”下拉按钮，在下拉列表中选择“纹理化”艺术效果；单击“颜色”下拉按钮，在下拉列表中将“饱和度”调至300%，“色温”调至8800K。

要求6，操作步骤：

（1）将光标置于“附件2：高新技术企业申请基本流程”图片之后，按Enter键产生一个新的段落。单击“插入”选项卡下“插图”组中的“SmartArt”按钮，弹出“选择SmartArt图形”对话框，在左侧列表框中选择“流程”，在右侧对应的图形中找到“分段流程”，单击“确定”按钮。

（2）参考上方示例图形，将绿色文字逐一复制、粘贴到图形的相应文本框中，默认的文本框数量不够，可单击“SmartArt工具”|“设计”选项卡下“创建图形”组中的“添加形状”下拉按钮，在下拉列表中选择“在后面添加形状”，将全部内容添加到文本框中。

提示：复制-粘贴过程较为烦琐，可以将这些文字复制到PowerPoint的一个文本框中，调整文本级别后，直接转为SmartArt图形，再将SmartArt图形整体复制回文档中。

（3）选中SmartArt对象，在“开始”选项卡下“字体”组中的“字体”下拉列表中选择“微软雅黑”，将所有字体设置为“微软雅黑”。

（4）在键盘上按住Ctrl键，通过点选的方法选中SmartArt中的全部第二级文本框，单击“开始”选项卡下“字体”组中的“字号”下拉按钮，在下拉列表中选择6.5磅。

（5）选中SmartArt对象，在“SmartArt工具”|“设计”选项卡下“SmartArt样式”组中，单击“其他”下拉按钮，选择“三维-优雅”样式，然后单击“更改颜色”下拉按钮，选择一种颜色。最后参考图例，适当调整整个对象的高度和宽度。

（6）选中参考图例，使用Delete键将其删除，并删除“附件2”下的绿色正文文字。

要求7，操作步骤：

（1）将光标放置于标题段落“附件1：国家重点支持的高新技术领域”的后方，按Enter键产生一个新的空段落。

（2）单击“插入”选项卡下“文本”组中的“对象”下拉按钮，在下拉列表中选择“对象”，弹出“对象”对话框，切换到“由文件创建”选项卡，单击“文件名”文本框右侧的“浏览”按钮，打开“浏览”对话框，浏览考生文件夹中的“附件1 高新技术领域.docx”文档，单击“插入”按钮，在“对象”对话框中勾选“显示为图标”复选框，单击下方的“更改图标”按钮，在“题注”文本框中输入图标名称“国家重点支持的高新技术领域”，单击“确定”按钮返回到“对象”对话框。最后，单击“确定”按钮，关闭对话框。

要求8，操作步骤：

（1）选中标题段落“附件4：高新技术企业认定管理办法新旧政策对比”下的以连续符号“###”分隔的蓝色文本。

（2）按Ctrl+H组合键，弹出“查找和替换”对话框，在“查找内容”文本框中输入“###”，“替换为”文本框中输入“#”，单击“格式”按钮，在下拉列表中选择“样式”，在弹出的“查找样式”对话框中选择“无”，从而取消“要求3”选择的在“正文1”中查找的选项，然后单击“全部替换”按钮，在弹出的提示框中显示完成了36处替换，询问是否继续搜索，单击“否”按钮，关闭对话框。

（3）在蓝色文本被选中的状态下，单击“插入”选项卡下“表格”组中的“表格”下拉按钮，在下拉列表中选择“文本转换成表格”，弹出“将文字转换成表格”对话框，在“文字分隔位置”中选择“其他字符”，输入字符“#”，单击“确定”按钮。如图5-115所示。

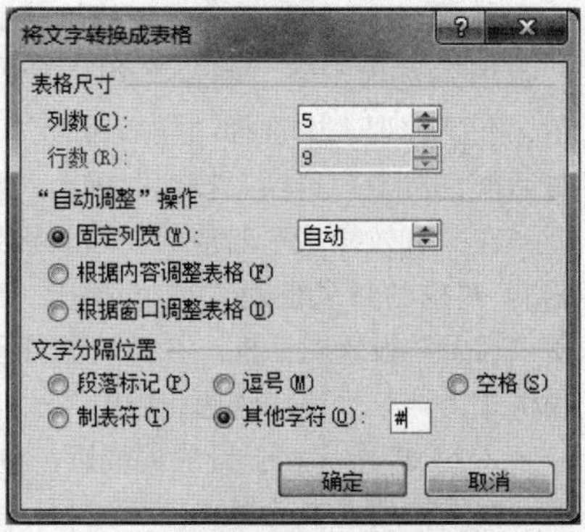

图 5-115　将文字转换成表格

（4）将光标置于表格标题“新旧政策的认定条件对比表”之前，单击“页面布局”选项卡下“页面设置”组中的“分隔符”下拉按钮，在下拉列表中选择“分节符-下一页”；按照同样的方法，将光标置于表格结尾处下一段的开头，插入分节符。

（5）分节完成之后，将光标置于表格的标题处，单击“页面布局”选项卡下“页面设置”组中的“纸张方向”下拉按钮，在下拉列表中选择“横向”。

（6）光标定位到表格的任意单元格中，单击“表格工具”|“布局”选项卡下“单元格大小”组中的“自动调整”下拉按钮，在下拉列表中选择“根据窗口自动调整表格”。

（7）选中表格对象，在“表格工具”|“设计”选项卡下的“表格样式”组中选择一种表格样式。

（8）选中表格，在“开始”选项卡下的“字体”组中，将字号设置为“小五”；单击“表格工具”|“布局”选项卡下“单元格大小”组右下角的对话框启动器按钮，弹出“表格属性”对话框，切换到“单元格”选项卡，在“垂直对齐方式”中选择“居中”，单击“确定”按钮。

（9）单击“开始”选项卡“段落”组右下角的对话框启动器按钮，弹出“段落”对话框，单击左下角的“制表位”按钮，打开“制表位”对话框，将“默认制表位”设置为“0”，单击“确定”按钮；再选中第1行，将字体加粗，段落居中。

（10）选中表格中“序号”列的所有空白单元格，段落居中，然后单击“开始”选项卡下“段落”组中的“编号”下拉按钮，在下拉列表中选择“定义新编号格式”，弹出“定义新编号格式”对话框，将编号设置为“1、2、3……”形式（注意：编号不含顿号或其他符号），然后单击“确定”按钮。

（11）参考“示例2.jpg”文件，适当调整前三列的列宽，使整个表格显示在一页上。

要求9，操作步骤：

（1）单击“视图”选项卡下“文档视图”组中的“大纲视图”按钮，将文档切换到“大纲视图”界面。

（2）在“大纲视图”中，单击“大纲工具”组中的“显示级别”，在下拉选项中选择“1级”，此时仅显示出所有“1级”标题。

（3）选中所有附件内容（不包括“高新技术企业认定管理办法”段），单击“开始”选项卡下

"段落"组中的"排序"按钮，弹出"排序文字"对话框，在"主要关键字"中选择"段落数"，将"类型"设置为"拼音"，选择"升序"次序，设置完成后，单击"确定"按钮。如图5-116所示。

图 5-116 排序文字

（4）切换到"大纲"选项卡，关闭大纲视图。

要求10，操作步骤：

（1）选中文档开始的"插入目录"标记，单击"引用"选项卡下"目录"组中的"目录"下拉按钮，在下拉列表中选择"插入目录"，弹出"目录"对话框，单击"选项"按钮，弹出"目录选项"对话框，在"有效样式"对应的"目录级别"中删除"标题3"对应的目录级别"3"，单击"确定"按钮，关闭"目录"设置对话框。在插入的目录内容之前，输入标题"目录"，参考"示例1.jpg"文件，设置标题格式为"三号字、蓝色、居中"。

（2）将光标置于目录页最后，单击"页面布局"选项卡下"页面设置"组中的"分隔符"下拉按钮，在下拉列表中选择"分节符-下一页"。

（3）单击"插入"选项卡下"页眉和页脚"组中的"页码"下拉按钮，在下拉列表中选择"页面底端"-"普通数字3"，单击"设计"选项卡下"页眉和页脚"组中的"页码"下拉按钮，在下拉列表中选择"设置页码格式"，弹出"页码格式"对话框，将"起始页码"设置为"1"，单击"确定"按钮，并单击取消选中"页眉和页脚工具"|"设计"选项卡下"导航"组中的"链接到前一条页眉"按钮。

（4）光标定位到"目录"页的页脚位置，勾选"页眉和页脚工具"|"设计"选项卡下"选项"组中的"首页不同"复选框，设置完成后，单击"关闭页眉和页脚"按钮。

（5）最后将光标置于"目录"项中，单击"引用"选项卡下"目录"组中的"更新目录"按钮，弹出"更新目录"对话框，选择"更新整个目录"，单击"确定"按钮。

然后，单击快速访问工具栏中的"保存"按钮，关闭文档。

三、电子表格

解析

要求1，操作步骤：

打开考生文件夹下的"Excel素材.xlsx"文件，单击"文件"标签，在文件操作页面单击"另存为"按钮，在弹出的"另存为"对话框中将文件命名为"Excel.xlsx"，然后保存到考生文件夹下。

要求2，操作步骤：

（1）在"成绩单"工作表的表名处单击鼠标右键，在弹出的快捷菜单中选择"工作表标签颜色"，在出现的级联菜单中选择"标准色-红色"。

（2）单击"开始"选项卡下"样式"组中的"套用表格格式"下拉按钮，在下拉列表中选择"表样式浅色16"，弹出"套用表格式"对话框，默认"表数据来源：=$B$2:$M$336"，且勾选了"表包含标题"选项，单击"确定"按钮。

（3）在"表格工具"|"设计"选项卡下的"表格样式选项"组中，取消勾选"镶边行"复选框；在"工具"组中，单击"转换为区域"按钮，弹出"是否将表转换为普通区域？"对话框，单击"是"按钮。

要求3，操作步骤：

（1）在"成绩单"工作表的N3单元格中输入公式"=LEFT(C3,LENB(C3)-LEN(C3))"，按Enter键确

认输入，单击单元格右下角的填充柄向下填充到N336单元格。

说明：LEFT函数的功能是从一个文本字符串的第一个字符开始，截取指定数目的字符，用法参见第7套题“电子表格”部分“要求3”的详解。

LENB函数的功能是计算字符串中的字节数，而LEN函数的功能是计算字符串中的字符数。

（2）选中N3:N336单元格区域，单击鼠标右键，在弹出的快捷菜单中选择“复制”命令；鼠标右击C3单元格，在弹出的快捷菜单中选择“粘贴选项-值”（有“123”标志的按钮）。

（3）最后删除N3: N336单元格区域中的数据。

要求4，操作步骤：

（1）选中“成绩单”工作表中的B3:B336单元格区域，单击“开始”选项卡“数字”组的“数字格式”下拉按钮，将数据类型设置为“文本”。

（2）在B3单元格中输入“001”，双击该单元格右下角的填充柄向下填充到B336单元格。

（3）选中工作表中的G3:K336单元格区域，按Ctrl+H组合键，弹出“查找和替换”对话框，在“替换为”文本框中输入“0”，单击“全部替换”按钮，完成替换后单击“关闭”按钮。

要求5，操作步骤：

选中“成绩单”工作表的L3单元格，在单元格中输入公式“=AVERAGE(G3:K3)”，双击该单元格右下角的填充柄向下填充到L336单元格。

说明：AVERAGE为求均值函数，可以对多个数或区域求均值。

要求6，操作步骤：

选中“成绩单”工作表的M3单元格，在单元格中输入公式“=IF(OR(G3<60,H3<60,I3<60,J3<60,K3<60),"不合格",IF(L3>=85,"优",IF(L3>=75,"良","及格")))”，双击该单元格右下角的填充柄向下填充到M336单元格。

说明：IF是根据对指定条件的逻辑判断的真假结果，返回相对应的内容的函数，用法参见第2套题“电子表格”部分“要求2”的详解。

要求7，操作步骤：

（1）选中“成绩单”工作表的B2:M336单元格区域，单击“开始”选项卡下“单元格”组中的“格式”下拉按钮，在下拉列表中选择“自动调整列宽”命令。

（2）单击“开始”选项卡“对齐方式”组中的“垂直居中”和“居中”按钮。

要求8，操作步骤：

（1）保持“成绩单”工作表的B2:M336单元格区域的被选中状态，单击“开始”选项卡下“编辑”组中的“排序和筛选”下拉按钮，在下拉列表中单击“自定义排序”按钮，弹出“排序”对话框，将“主要关键字”设置为“部门”，单击右侧“次序”下拉箭头，在下拉列表中选择“自定义序列”，弹出“自定义序列”对话框，在中间的“输入序列”列表框中输入新的数据序列“"研发部""物流部""采购部""行政部""生产部""市场部"”（注意：对话框里的引号均为半角双引号），单击右侧的“添加”按钮。如图5-117所示。

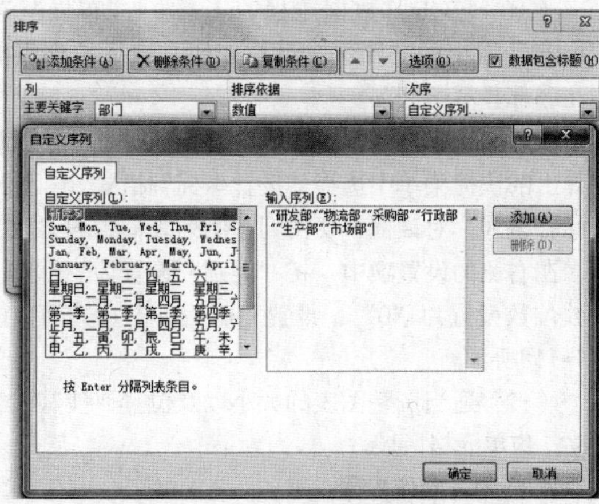

图 5-117　进行自定义排序

（2）输入完序列后，单击“确定”按钮，关闭“自定义序列”对话框。

（3）在“排序”对话框中，单击“添加条

件”按钮，在“次要关键字”中选择“平均成绩”，在对应的“次序”中设置“降序”。

（4）单击“确定”按钮，关闭“排序”对话框。

要求9，操作步骤：

（1）在“分数段统计”工作表表名中单击鼠标右键，在弹出的快捷菜单中选择“工作表标签颜色”，在级联菜单中选择“标准色-蓝色”。

（2）选中“分数段统计”工作表的B2单元格，单击“插入”选项卡下“表格”组中的“数据透视表”下拉按钮，在下拉列表中选择“数据透视表”，弹出“创建数据透视表”对话框，在“表/区域”文本框中输入“成绩单!$B$2:$M$336”。

（3）单击“确定”按钮，在工作表右侧出现“数据透视表字段列表”任务窗口，将“平均成绩”字段拖动到“行标签”；拖动两次“员工编号”字段到“数值”区域；选择当前工作表的B3单元格，单击“数据透视表工具”|“选项”选项卡下“分组”组中的“将所选内容分组”按钮，弹出“组合”对话框，将“起始于”设置为“60”，“终止于”设置为“100”，“步长”设置为“10”，然后单击“确定”按钮，即获得了从60到100按每10分一段进行分组的人数统计。

（4）双击C2单元格，弹出“值字段设置”对话框，在“自定义名称”文本框中输入字段名称“人数”，单击“确定”按钮。

（5）双击D2单元格，弹出“值字段设置”对话框，在“自定义名称”文本框中输入字段名称“所占比例”，单击“确定”按钮；选中D2单元格，单击鼠标右键，在弹出的快捷菜单中选择“值显示方式-总计的百分比”。

（6）选中D3:D8单元格区域，单击鼠标右键，在弹出的快捷菜单中选择“设置单元格格式”，弹出“设置单元格格式”对话框，在“数字”选项卡中将单元格格式设置为“百分比”，并保留1位小数，单击“确定”按钮。

（7）选中B2:D7单元格区域，单击“数据透视表工具”|“选项”选项卡下“工具”组中的“数据透视图”按钮，在弹出的“插入图表”对话框中选择“柱形图-簇状柱形图”，单击“确定”按钮。

（8）选中插入的柱形图中的“所占比例”系列，单击“数据透视图工具”|“设计”选项卡下“类型”组中的“更改图表类型”按钮，弹出“更改图表类型”对话框，选择“折线图-带数据标记的折线图”，单击“确定”按钮。

（9）选中图表中的“所占比例”系列，单击鼠标右键，在弹出的快捷菜单中选择“设置数据系列格式”，弹出“设置数据系列格式”对话框，在“系列选项”中选择“次坐标轴”，单击“关闭”按钮。

（10）单击“数据透视表工具”|“布局”选项卡下“标签”组中的“图例”下拉按钮，在下拉列表框中选择“在底部显示图例”。

（11）选中次坐标轴（百分比数值），单击鼠标右键，在弹出的快捷菜单中选择“设置坐标轴格式”，弹出“设置坐标轴格式”对话框，切换到左侧列表框中的“数字”选项卡，在右侧的设置项中，将“类别”设置为“百分比”，将小数位数设置为“0”，设置完成后单击“关闭”按钮。如图5-118所示。

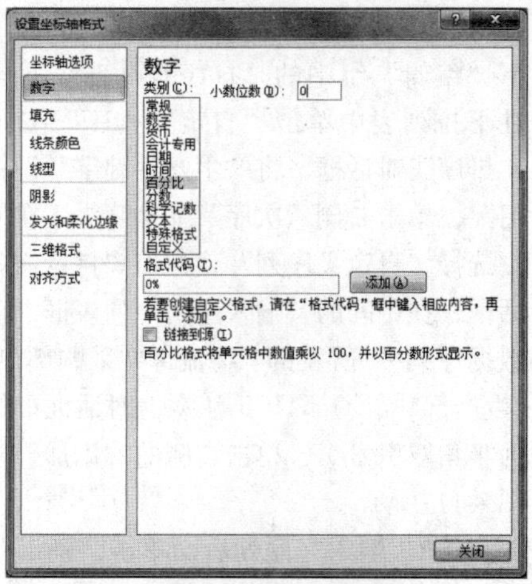

图5-118　设置坐标轴格式

（12）适当调整图表的大小以及位置，使其位于工作表的E2:L17单元格区域。

要求10，操作步骤：

（1）选中“成绩单”工作表的E3:E336单元格区域，按住Ctrl键再选中L3:L336，单击“插入”选项卡下“图表”组中的“散点图”下拉按钮，在下拉列表中选择“散点图-仅带数据标记的散点图”，在工作表中插入一个图表对象。

（2）选中该图表对象，单击“图表工具”|“布局”选项卡下“标签”组中的“图例”下拉按钮，在下拉列表中选择“无”。

（3）单击“布局”选项卡下“标签”组中的“坐标轴标题”下拉按钮，在下拉列表中选择“主要横坐标轴标题-坐标轴下方标题”，在图表下方出现横坐标标题设置文本框，输入横坐标标题“年龄”；单击“标签”组中的“坐标轴标题”下拉按钮，在下拉列表中选择“主要纵坐标轴标题-竖排标题”，在图表左侧出现竖排纵坐标标题设置文本框，输入纵坐标标题“平均成绩”。

（4）在“图表工具”|“布局”选项卡左上角下拉列表中，选中数据系列“系列3”，单击下方的“设置所选内容格式”命令，弹出“设置数据系列格式”对话框，选择左侧列表框中的“数据标记选项”，在右侧的设置选项中将“数据标记类型”设置为“内置”，将“类型”选择为“圆点”，将“大小”修改为“3”，不必关闭对话框。如图5-119所示。

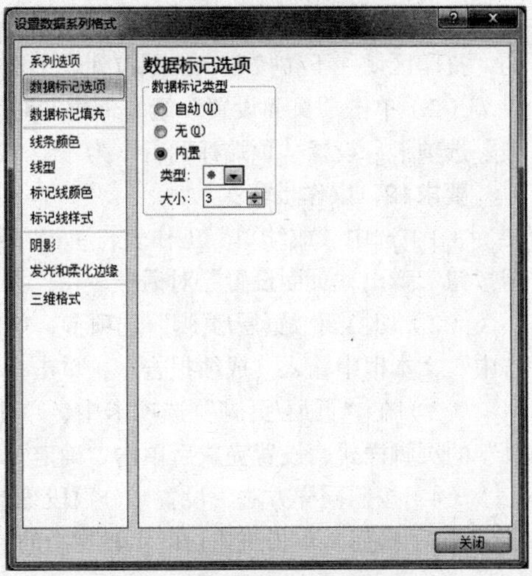

图 5-119　设置数据系列格式

（5）在图表中单击“水平坐标轴”（年龄数），“设置数据系列”对话框即转换成了“设置坐标轴格式”对话框，选择左侧列表框中的“坐标轴选项”，在右侧的设置选项中选择“最小值”为“固定”，并在右侧的文本框中输入最小值“20”；按照同样方法，将最大值设置为“55”，“主要刻度单位”设置为“5”，无须关闭对话框。

（6）单击图表中的“垂直坐标轴”（平均成绩数据），对话框切换成了“设置坐标轴格式”，选择左侧列表框中的“坐标轴选项”，在右侧的设置选项中选择“最小值”为“固定”，并在右侧的文本框中输入最小值“40”；按照同样方法，将最大值设置为“100”，单击“关闭”按钮。

（7）选中图表对象，单击“图表工具”|“布局”选项卡下“分析”组中的“趋势线”下拉按钮，在下拉列表中选择“其他趋势线选项”，弹出“设置趋势线格式”对话框，选择左侧列表框中的“趋势线选项”，在右侧的设置选项中勾选最下方的“显示公式”“显示R平方值”复选框，设置完成后单击“关闭”按钮。如图5-120所示。

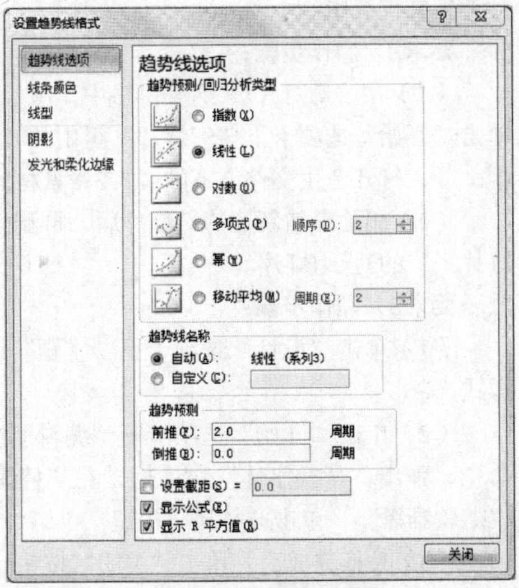

图 5-120　设置趋势线格式

（8）参考考生文件夹中的“成绩与年龄.png”示例文件，在图表对象中将“趋势线公式”文本框移动到左侧位置。

（9）单击“图表工具”|“布局”选项卡下“标签”组中的“图表标题”下拉按钮，在下拉列表中选择“图表上方”，输入图表标题为“我单位中青年职工Office应用水平更高”。

（10）选中该图表对象，单击“图表工具”|“设计”选项卡下“位置”组中的“移动图表”按钮，弹出“移动图表”对话框，选择“新工作表”，在右侧的文本框中输入工作表名“成绩与年龄”，

单击“确定”按钮。

（11）选中新插入的“成绩与年龄”工作表，将其拖动到最右侧位置，在工作表名中单击鼠标右键，在弹出的快捷菜单中选择“工作表标签颜色”，在级联菜单中选择“标准色-绿色”。

要求11，操作步骤：

（1）选择“成绩单”工作表的B2:M336数据区域，单击“页面布局”选项卡下“页面设置”组中的“打印区域”下拉按钮，在下拉列表中选择“设置打印区域”。

（2）单击“页面设置”组右下角的对话框启动器按钮，弹出“页面设置”对话框，切换到“工作表”选项卡，设置“顶端标题行”为“$2:$2”，设置完成后单击“确定”按钮。

要求12，操作步骤：

（1）选中“成绩单”工作表，单击“页面布局”选项卡下“页面设置”组中右下角的对话框启动器按钮，弹出“页面设置”对话框，在“页面”选项卡下将“方向”设置为“横向”。

（2）切换到“页眉/页脚”选项卡，单击“自定义页眉”按钮，弹出“页眉”对话框，在对话框的“中”文本框中输入“成绩报告”，单击“确定”按钮。

（3）在“页眉/页脚”选项卡中，单击“页脚”下拉按钮，在下拉列表框中选择“第1页，共?页”的页脚样式，设置完成后单击“确定”按钮。

（4）按照同样方法，设置“分数段统计”工作表和“成绩与年龄”工作表的页眉和页脚。

（5）最后，单击快速访问工具栏中的“保存”按钮，并关闭Excel系统。

四、演示文稿

解析

要求1，操作步骤：

打开考生文件夹下的“PPT素材.pptx”文件，单击“文件”标签，在文件操作页面下单击“另存为”按钮，弹出“另存为”对话框，将演示文稿以文件名“PPT.pptx”（“.pptx”为文件扩展名）保存到考生文件夹中。

要求2，操作步骤：

（1）在“幻灯片/大纲”窗格中，鼠标定位在第1张幻灯片之前，按Enter键新建一张幻灯片，然后单击“开始”选项卡下“幻灯片”组中的“新建幻灯片”下拉按钮，在下拉列表中选择“幻灯片（从大纲）”，打开考生文件夹下的“1-3张素材.txt”文件，系统导入文字并新建了6张幻灯片。

（2）删除最初新建的幻灯片后，再删除标题为“第1张幻灯片：”“第2张幻灯片：”和“第3张幻灯片：”的3张幻灯片。

要求3，操作步骤：

（1）单击“设计”选项卡下“主题”组中的“其他”下拉按钮，在下拉列表中选择“聚合”主题样式。

（2）单击“开始”选项卡下“编辑”组中的“替换”下拉按钮，在下拉列表中选择“替换字体”命令，弹出“替换字体”对话框，在“替换”下拉列表中选择“黑体”，“替换为”下拉列表中选择“微软雅黑”，单击“替换”按钮。

（3）替换完成后，单击“关闭”按钮，关闭“替换字体”对话框。

（4）单击“视图”选项卡下“母版视图”组中的“幻灯片母版”按钮，切换到“幻灯片母版”视图，选中左侧窗格中的第一个母版视图，单击“插入”选项卡下“图像”组中的“剪贴画”按钮，在右侧出现“剪贴画”窗格，在“搜索文字”下方的文本框中输入搜索关键字，比如输入“花”，单击“搜索”按钮，任意单击一张结果图片，此时剪贴画即插入到母版视图中。

（5）选中插入的剪贴画对象，单击“图片工具”|“格式”选项卡，在“图片样式”组中选择一种图片样式，在“调整”组中单击“颜色”下拉按钮，在下拉列表中选择一种着色样式。

（6）适当调整剪贴画的大小并使其处于幻灯片母版的右上角。选中该剪贴画对象，单击鼠标右键，在弹出的快捷菜单中选择“置于底层-置于底层”命令，使其不遮挡其他文本或对象。设置完成后，关闭幻灯片母版视图。

要求4，操作步骤：

（1）选中第1张幻灯片，单击“开始”选项卡下“幻灯片”组中的“版式”下拉按钮，在下拉列表中选择“标题幻灯片”。

（2）选中标题文本框，单击“动画”选项卡下“动画”组中的“飞入”动画效果。

（3）选中副标题文本框，单击“动画”组中的任一进入动画效果，在“计时”组中将“开始”设置为“上一动画之后”，将“延迟”设置为“03.00”。

（4）继续单击选中标题文本框，单击“高级动画”组中的“添加动画”下拉按钮，在下拉列表中选择“退出”组中的“飞出”动画效果，在“计时”组中，将“开始”设置为“上一动画之后”，将“延迟”设置为“05.00”。

（5）选中副标题文本框，单击“高级动画”组中的“添加动画”下拉按钮，在下拉列表中选择任一退出动画效果，在“计时”组中，将“开始”设置为“上一动画之后”，将“延迟”设置为“03.00”。

要求5，操作步骤：

（1）选中第2张幻灯片，单击“开始”选项卡下“幻灯片”组中的“版式”下拉按钮，在下拉列表中选择“图片与标题”版式。

（2）单击图片占位符中的“插入来自文件的图片”按钮，弹出“插入图片”对话框，浏览考生文件夹，找到“pic1.jpg”文件，单击“插入”按钮。

（3）选中目录内容文本框，单击“开始”选项卡下“段落”组中的“编号”下拉按钮，在下拉列表中选择编号样式“1、2、3……”。

（4）继续选中目录内容文本框，单击“段落”组中的“分栏”下拉按钮，在下拉列表框中选择“两列”，适当增大目录内容的字号。

（5）选中目录内容文本框中的第1项内容“基本介绍”，单击鼠标右键，在弹出的快捷菜单中选择“超链接”，弹出“插入超链接”对话框，在左侧的“链接到：”列表框中选择“本文档中的位置”，在右侧列表框中选择“3.基本介绍”，单击“确定”按钮。如图5-121所示。

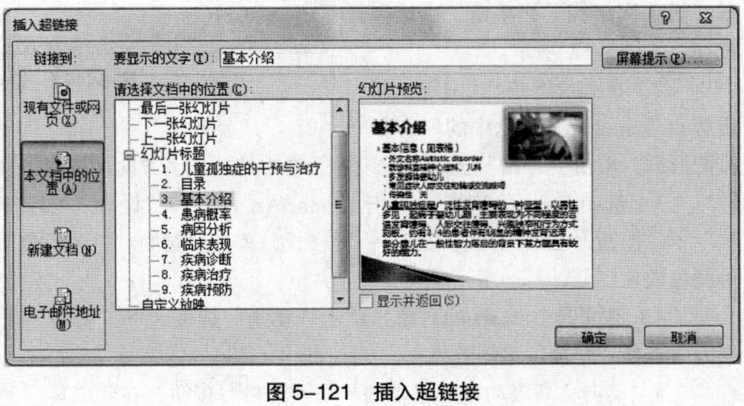

图 5-121　插入超链接

（6）按照同样的方法，设置其他目录项的超链接。

要求6，操作步骤：

（1）选中第3张幻灯片，单击“开始”选项卡下“幻灯片”组中的“版式”下拉按钮，在下拉列表中选择“两栏内容”版式。

（2）单击“设计”选项卡下“背景”组中的“背景样式”下拉按钮，在下拉列表中选择“样式5”。

（3）在幻灯片右侧的内容占位符中，单击“插入表格”按钮，弹出“插入表格”对话框，将列数修改为“2”，将行数修改为“5”，单击“确定”按钮。

（4）将“基本信息（见表）”下方的5行2列文本移动到右侧的表格中，根据表格中的内容，适当调整表格的大小。

要求7，操作步骤：

（1）选中第6张幻灯片，在“幻灯片/大纲”窗格中，单击“大纲”标签，将光标置于需要分页的内容之后，第一处为“……他们对语言的感受和表达运用能力均存在某种程度的障碍。”段落之后，按Enter键产生一个空行，然后单击两次“开始”选项卡下“段落”组中的“降低列表级别”按钮，系统即在分页后新建了一张幻灯片，将右侧幻灯片中的标题“临床表现”4个字复制、粘贴到新建幻灯片标题中。

（2）按照同样的方法，将光标放置于第二处分页位置“……没有去观看的兴趣或去参与的愿望。”段落之后，按Enter键产生一个空行，然后单击两次“开始”选项卡下“段落”组中的“降低列表级别”按钮，并粘贴标题文字。

（3）按照同样的方法，将光标放置于第三处分页位置“……患者可有重复刻板动作，如反复拍手、转圈、用舌舔墙壁、跺脚等。”段落之后，按Enter键产生一个空行，然后单击两次“开始”选项卡下“段落”组中的“降低列表级别”按钮。

要求8，操作步骤：

（1）选中第11张幻灯片中的内容文本框，单击“开始”选项卡下“段落”组中的“转换为SmartArt图形”下拉按钮，在下拉列表中选择“其他SmartArt图形”，弹出“选择SmartArt图形”对话框，在对话框左侧列表中选择“层次结构”，在右侧的列表中选择“表层次结构”，单击“确定”按钮。如图5-122所示。

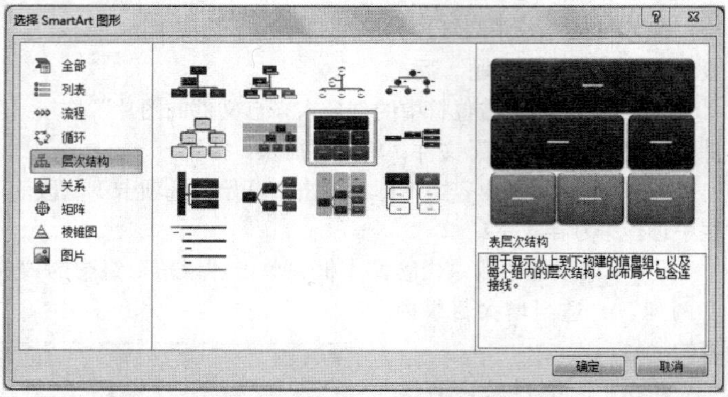

图 5-122　选择 SmartArt 图形

（2）在键盘上按住Ctrl键，用鼠标点选SmartArt对象中的所有竖排图形框，单击“开始”选项卡“段落”组中的“文字方向”按钮，在下拉列表中选择“竖排”。

（3）选中SmartArt对象，单击“SmartArt工具”|“设计”选项卡下“SmartArt样式”组中的“其他”下拉按钮，在下拉列表中选择一种样式，单击左侧的“更改颜色”下拉按钮，在下拉列表中选择一种颜色效果。

（4）继续选中SmartArt对象，单击“动画”选项卡下“动画”组中的“其他”下拉按钮，在下拉列表中选择“弹跳”动画效果。

（5）单击“高级动画”组中的“动画窗格”按钮，右侧出现“动画窗格”窗格，单击动画对象右侧的下拉箭头，在下拉列表中选择“效果选项”，弹出动画对话框，在“效果”选项卡中将“声音”设置为“风铃”，切换到“SmartArt动画”选项卡，将“组合图形”设置为“逐个按分支”，最后单击“确定”按钮，并关闭“动画窗格”窗格。

（6）在该幻灯片页面中，拖动水平滚动条至最左侧，将文本框中的红色文字剪切到幻灯片页面的“备注”框中，然后将原文本框删除。

要求9，操作步骤：

（1）单击“插入”选项卡下“文本”组中的“幻灯片编号”按钮，弹出“页眉和页脚”对话框，在“幻灯片”选项卡中勾选“幻灯片编号”“标题幻灯片中不显示”和“页脚”复选框，在“页脚”对应的文本框中输入文本“儿童孤独症的干预与治疗”，单击“全部应用”按钮。如图5–123所示。

（2）将光标置于最后一张幻灯片之后，单击“开始”选项卡下“幻灯片”组中的“新建幻灯片”下拉按钮，在下拉列表中选择“重用幻灯片”，右侧出现“重用幻灯片”窗格，单击“浏览”按钮，在下拉列表中选择“浏览文件”，弹出“浏览”对话框，浏览考生文件夹，找到“结束片.pptx”文件，单击“打开”按钮。

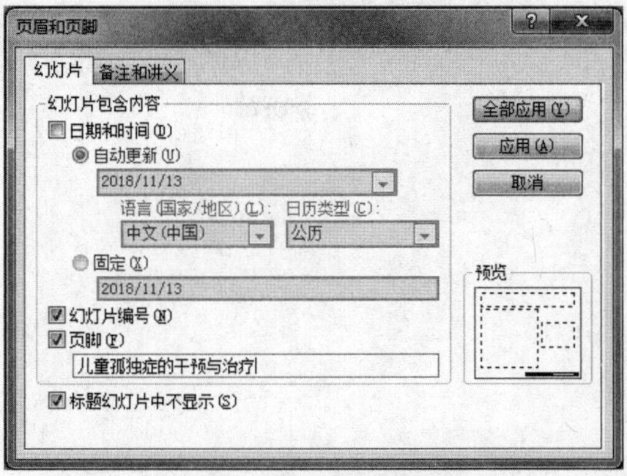

图 5–123　页眉和页脚设置

（3）此时，在“重用幻灯片”窗格中出现一页幻灯片，在窗格底部勾选“保留源格式”选项，然后单击该幻灯片使其插入到演示文稿中，再关闭“重用幻灯片”窗格。

（4）单击“切换”选项卡下“切换到此幻灯片”组中的“其他”下拉按钮，在下拉列表中选择一种切换效果，然后单击“计时”组中的“全部应用”按钮。

最后，单击快速访问工具栏中的“保存”按钮，关闭演示文稿文件；再单击右上角的关闭按钮，关闭PowerPoint系统。

二级MS Office高级应用题库试卷（9）~（42）

参考答案及解析请见软件。